水体污染控制与治理科技重大专项"十三五"成果系列丛书

农村生活污水处理设施运行维护与管理

罗安程◎主编

OPERATION, MAINTENANCE AND
MANAGEMENT OF RURAL DOMESTIC SEWAGE
TREATMENT FACILITIES

U0211161

ZHEJIANG UNIVERSITY PRESS
浙江大学出版社
·杭州·

图书在版编目(CIP)数据

农村生活污水处理设施运行维护与管理 / 罗安程主编. — 杭州:浙江大学出版社,2023.5

ISBN 978-7-308-23649-2

Ⅰ. ①农… Ⅱ. ①罗… Ⅲ. ①农村-生活污水-污水处理-水处理设施-维修 Ⅳ. ①X703

中国国家版本馆 CIP 数据核字(2023)第 063426 号

农村生活污水处理设施运行维护与管理

NONGCUN SHENGHUO WUSHUI CHULI SHESHI YUNXING WEIHU YU GUANLI

罗安程　主编

责任编辑	汪荣丽
责任校对	沈巧华
封面设计	雷建军
出版发行	浙江大学出版社
	(杭州市天目山路 148 号　邮政编码 310007)
	(网址:http://www.zjupress.com)
排　　版	杭州晨特广告有限公司
印　　刷	浙江临安曙光印务有限公司
开　　本	787mm×1092mm　1/16
印　　张	18.25
字　　数	400 千
版 印 次	2023 年 5 月第 1 版　2023 年 5 月第 1 次印刷
书　　号	ISBN 978-7-308-23649-2
定　　价	85.00 元

《农村生活污水处理设施运行维护与管理》
编委会

主　编　罗安程

副主编　梁志伟　叶红玉　厉　兴　许明海

　　　　刘宏远　廖　敏　刘　锐　王云龙

编　委　（以姓氏笔画为序）

王　荣　王付超　王绪寅　方　超　叶林奕　朱国平

许　枫　阮奇龙　李博古　杨铁峰　吴利霞　何起利

宋小燕　宋凯宇　郁强强　金　凡　周依玫　周敏捷

胡　彬　钟江波　施猛猛　费耀伟　姚　轶　顾菁菁

徐　松　徐红梅　黄旭东　黄静杰　曹　杰　盛晓琳

颉亚玮　蒋心诚　傅招旗　曾小伟　曾祎祺　谢　杰

谢晓梅　潘晨龙　魏梦碧

前　言

　　人类步入文明社会后,为了满足自身发展的需要,对自然资源进行了无止境的掠夺与索取,使得地球环境产生了巨大的变化。人类历史上最早对环境产生显著影响的行为是农业活动。可以说,农村农业对地球的影响最为久远,也最为深刻。人类进入工业文明时期后,工业带来的污染和危害远远超过了农业。但是,人类是"智慧"生物,能认识到自身的命运与环境之间的关系,并开展了环境保护行动,使工业污染在短短的几十年内得到了有效控制。此时,农村农业产生的污染再一次凸显。我国是一个以农业人口为主的大国,其农村产生的污染总量远远超过城市。因此,如果不加强农村环境的保护,那么全面提高我国的环境质量,实现"中国式现代化",几乎是一句空话。

　　改革开放初期,迅速发展的乡镇企业虽然提高了农村经济水平,但是受到当时认知水平和技术水平的限制,污染未能得到有效控制,农村的生态环境恶化现象十分普遍。20 世纪 90 年代,情况仍未好转。1995 年,《中国环境状况公报》首次列入了农村的环境状况;1999 年,其更是明确指出"农村环境质量有所下降"。21 世纪初,我国政府提出了一系列针对农村农业污染的控制措施。近年来,党和国家越来越重视农村生态环境保护工作,以绿色发展引领乡村振兴,以"绿水青山就是金山银山"理念指导农村发展,我国农村生态环境得到了全面改善。

　　一直以来,我国农村生活污水除了农耕利用外,其余都是未经处理直接排入环境的。直至 21 世纪初,国家才逐步认识到农村生活污水处理对保护水环境的重要意义。农村生活污水治理是农村环境整治和实施乡村振兴战略的重要内容。2003 年,浙江省在全国首个生态示范县——安吉县的山川乡、昆铜乡率先开展了农村生活污水处理工程建设工作,并于次年在县域范围内整村推广,为我国农村生活污水治理积累了丰富的经验。2014 年,浙江省全面铺开"五水共治"行动,打响了大规模全面治理水环境的第一枪,其中,农村生活污水治理是重中之重。在此行动中,全省建设了近 10 万座不同规模的污水处理设施,其运行维护(本书简称"运维")管理成为摆在浙江省政府面前的一项艰巨的任务。2015 年,浙江省人民政府办公厅发布了《关于加强农村生活污水治理设施运行维护管理的意见》(浙政办发〔2015〕86 号),为污水处理设施的运行维护管理工作提供

1

了政策纲领。在省、市、县各级政府的努力下,浙江现已逐步建立了具有一定完善程度的处理设施运维体系及保障服务机制。尽管如此,浙江省仍面临着处理设施点多面广、分布分散、工艺类型复杂以及涉及部门众多等问题,需要大量管理和技术人员参与其中。但笔者在实际工作中发现,管理部门和第三方运维单位很难招募和组织到如此大量的相关专业人员。解决该难题的当务之急是对现有从业人员开展技术培训。事实上,各级政府和运维单位已经组织了大量的讲座、培训班,以期尽快形成组织有序的专业队伍,提高管理人员的专业能力。但到目前为止,尚缺少一本专门针对农村生活污水处理设施运维管理的专业书。鉴于此,编者组织了浙江大学、浙江省生态环境科学设计研究院、浙江工业大学、浙江省农业科学院、浙江清华长三角研究院、浙江省村镇建设与发展研究会、诚邦设计集团有限公司、中国电建集团华东勘测设计研究院有限公司、浙江双良商达环保有限公司、浙江问源环保科技股份有限公司、浙江天沣环境科技有限公司、杭州青泓科技有限公司的相关专业人员,在水体污染控制与治理科技重大专项“十三五”项目“分散生活污水处理设施智慧监测控制系统设备与平台”(课题编号:2017ZX07206－004)和“太湖流域浙江片‘五水共治’长效管理机制创新与水环境治理技术集成推广应用”(课题编号:2018ZX07208－009)的资助和技术支撑下,编写了本书,以期为运维单位技术人员、政府管理人员、企业管理人员以及科研院所和大专院校的学者提供参考用书。

本书立足于我国农村生活污水处理现状,重点根据浙江省在处理工程建设、运维管理等实施过程中出现的问题,以具体需求为目标,用通俗易懂的方式表述,以便非环境专业运维管理与研究人员阅读。本书的编写人员都来自农村生活污水处理工作一线,参与过处理工程的设计建设、运维管理、技术研发和标准制定等工作,具有丰富的实践经验。本书采用的资料大多来自实际工程,以图文并茂的形式编写,提高可读性。

本书由浙江大学罗安程教授主编,各章编写分工如下:第一章由费耀伟、罗安程、王云龙、顾菁菁、方超、周依玫、魏梦碧编写,第二章由叶红玉、姚轶、宋凯宇、蒋心诚、胡彬编写,第三章由刘宏远、黄静杰编写,第四章由许明海、谢杰、王付超、朱国平、周敏捷、吴利霞、曾祎祺编写,第五章由廖敏、谢晓梅编写,第六章由刘锐、郁强强、金凡、宋小燕、叶林奕、梁志伟编写,第七章由厉兴、何起利、曾小伟、王荣、刘锐、曹杰编写。

本书在编写过程中引用和参考了不少国内同行的研究成果与工程案例,也得到各级政府领导和同行专家的帮助,在此表示衷心的感谢。因编写人员的能力和水平有限,书中难免存在错误与不足,敬请读者批评指正。

编者
2023 年 2 月

目 录

Contents

第1章 农村生活污水处理设施运维理论基础 ·· 1

1.1 环境与环境问题 ··· 2

   1.1.1 环境的概念 ·· 2

   1.1.2 环境要素 ·· 3

   1.1.3 环境功能 ·· 3

   1.1.4 环境问题 ·· 4

   1.1.5 环境污染 ·· 4

1.2 水环境与水循环 ··· 5

   1.2.1 水循环 ··· 5

   1.2.2 水资源 ··· 6

   1.2.3 水体污染 ·· 7

   1.2.4 水质与水质指标 ··· 8

   1.2.5 水环境容量与水体自净 ·· 12

   1.2.6 水体富营养化 ·· 12

1.3 农村水环境现状与治理的意义 ·· 13

   1.3.1 农村与社会主义新农村的概念 ··· 13

   1.3.2 农村水环境现状及污染来源 ··· 14

   1.3.3 农村生活污水治理在水环境改善中的意义 ································· 16

1.4 农村生活污水的定义及性质 ·· 16

   1.4.1 农村生活污水的定义及来源 ··· 16

   1.4.2 农村生活污水的特征 ·· 16

   1.4.3 农村生活污水处理设施运维难点 ·· 17

   1.4.4 农村生活污水处理工艺中的常见问题 ····································· 18

1.5 农村生活污水处理技术方法及原理 ··· 19

   1.5.1 物理处理 ··· 20

1.5.2 化学处理 ·· 23

1.5.3 生物处理 ·· 23

1.5.4 自然生态处理 ·· 37

1.5.5 农村生活污水处理常见的工艺组合 ·············· 41

第2章 农村生活污水治理法律法规标准与政策 ············· 47

2.1 生态环境法律法规标准与政策体系 ················· 48

2.1.1 生态环境法律法规体系 ····················· 48

2.1.2 生态环境标准体系 ·························· 50

2.1.3 生态环境政策体系 ·························· 52

2.2 农村生活污水治理法律法规标准与政策 ············· 53

2.2.1 农村生活污水治理相关法律法规 ··········· 55

2.2.2 农村生活污水治理相关标准指南 ··········· 56

2.2.3 农村生活污水治理相关政策 ················ 61

2.3 浙江省农村生活污水治理政策法规标准体系介绍 ··· 66

2.3.1 政策法规 ·································· 68

2.3.2 标准与导则 ································ 70

2.4 农村生活污水治理的专项规划和监督管理 ··········· 74

2.4.1 农村生活污水治理专项规划的编制及实施 ······· 75

2.4.2 农村生活污水治理的监督管理 ·············· 77

第3章 农村生活污水管网系统及运维 ·························· 79

3.1 排水体制及农村排水体制现状 ····················· 80

3.1.1 合流制排水系统 ·························· 80

3.1.2 分流制排水系统 ·························· 81

3.1.3 农村排水体制现状 ························ 82

3.2 农村生活污水收集设施 ··························· 83

3.2.1 农村生活污水排放特点 ···················· 83

3.2.2 农村生活污水收集方式 ···················· 84

3.2.3 农村雨水收集方式 ························ 86

3.3 常用排水管材和附属设施 ························· 87

3.3.1 管材特点 ·································· 87

3.3.2 农村生活污水收集管材选用因素 ··········· 90

3.3.3 农村生活污水管材选用 ···················· 90

3.3.4 附属设施 ·································· 92

3.4 排水管网技术要点 ·············· 95
 3.4.1 管网布置 ·············· 95
 3.4.2 排水管网设计要求 ·············· 98
 3.4.3 管道施工技术要点 ·············· 101
 3.4.4 农村排水收集管网的常见问题 ·············· 104
3.5 农村生活污水收集管网的管理与维护 ·············· 105
 3.5.1 农村污水管网的管理 ·············· 105
 3.5.2 管网及附属设施维护 ·············· 107
 3.5.3 排水管道清通、检测与修复 ·············· 109

第4章 农村生活污水处理设施运维 ·············· 117
4.1 预处理设施运维 ·············· 118
 4.1.1 格栅井 ·············· 118
 4.1.2 隔油池 ·············· 119
 4.1.3 调节池 ·············· 120
 4.1.4 沉砂池 ·············· 121
 4.1.5 初沉池 ·············· 121
4.2 主体处理设施运维 ·············· 123
 4.2.1 厌氧生物膜池 ·············· 123
 4.2.2 净化沼气池 ·············· 124
 4.2.3 厌氧—缺氧—好氧(缺氧—好氧)工艺 ·············· 125
 4.2.4 序批式活性污泥法 ·············· 127
 4.2.5 生物接触氧化法 ·············· 128
 4.2.6 生物滤池 ·············· 129
 4.2.7 生物转盘 ·············· 131
 4.2.8 膜生物反应器 ·············· 132
 4.2.9 人工湿地 ·············· 133
 4.2.10 稳定塘 ·············· 134
 4.2.11 混凝沉淀池 ·············· 136
 4.2.12 过滤设施 ·············· 138
 4.2.13 消毒设施 ·············· 139
4.3 一体化设备运维 ·············· 139
 4.3.1 一体化设备介绍 ·············· 139
 4.3.2 一体化设备的优缺点 ·············· 140
 4.3.3 一体化设备运行常见的问题及解决对策 ·············· 141

4.4 常用设备的运维 ……………………………………… 141
　4.4.1 水 泵 ………………………………………… 141
　4.4.2 风 机 ………………………………………… 145
　4.4.3 搅拌机 ………………………………………… 149
　4.4.4 曝气装置 ……………………………………… 150
　4.4.5 仪器仪表 ……………………………………… 151
4.5 运维固废管理 …………………………………………… 161
　4.5.1 运维固废的来源 ……………………………… 161
　4.5.2 运维固废处理 ………………………………… 162

第5章　农村生活污水处理设施运维水质监测 …………… 163
5.1 农村生活污水样品的采集与保存 ……………………… 164
　5.1.1 农村生活污水监测点位 ……………………… 164
　5.1.2 监测准备 ……………………………………… 164
　5.1.3 现场监测调查 ………………………………… 166
　5.1.4 采样方式、采样频次及采样位置 …………… 166
　5.1.5 样品采集及注意事项 ………………………… 167
　5.1.6 现场监测项目的测定 ………………………… 168
　5.1.7 样品保存、运输和交接 ……………………… 169
5.2 检测项目与分析方法的基本要求 ……………………… 169
5.3 数据处理和结果表示 …………………………………… 170
　5.3.1 数据处理 ……………………………………… 170
　5.3.2 有效数字及近似计算规则 …………………… 170
　5.3.3 结果表示 ……………………………………… 171
5.4 农村生活污水处理设施排放主要管控指标的监测方法 … 173
　5.4.1 pH ……………………………………………… 173
　5.4.2 悬浮物 ………………………………………… 173
　5.4.3 化学需氧量 …………………………………… 173
　5.4.4 五日生化需氧量 ……………………………… 174
　5.4.5 氨 氮 ………………………………………… 174
　5.4.6 总 氮 ………………………………………… 175
　5.4.7 总 磷 ………………………………………… 176
　5.4.8 石油类和动植物油类 ………………………… 176
　5.4.9 总大肠菌群与粪大肠杆菌 …………………… 177
5.5 其他指标监测方法 ……………………………………… 177
　5.5.1 水 温 ………………………………………… 177

5.5.2 色 度 …………………………………… 178

5.5.3 溶解氧 …………………………………… 178

5.5.4 氯化物 …………………………………… 179

5.5.5 全盐量 …………………………………… 179

5.5.6 阴离子表面活性剂 ……………………… 179

5.6 数据的记录与存档 ……………………………… 180

5.6.1 原始数据的记录 ………………………… 180

5.6.2 记录数据的要求 ………………………… 181

5.6.3 数据管理与资料存档 …………………… 181

5.7 实验室配置与药品保存的基本要求 …………… 183

5.7.1 实验室设计原则 ………………………… 183

5.7.2 实验室基础配置总体要求 ……………… 183

5.7.3 实验室主体功能布局要求 ……………… 184

5.7.4 实验室试剂的保存与使用 ……………… 186

5.8 实验室废弃物处置 ……………………………… 188

5.8.1 一般要求 ………………………………… 188

5.8.2 实验室废弃物分类方法 ………………… 188

5.8.3 固体及液体废弃物处置 ………………… 189

5.8.4 废气处理 ………………………………… 190

5.8.5 实验废弃物包装 ………………………… 190

5.8.6 实验废弃物储存 ………………………… 192

5.8.7 安全措施 ………………………………… 193

第6章 农村生活污水处理设施智慧管理系统 …………… 195

6.1 农村生活污水处理设施智慧管理系统的结构与功能 …… 196

6.1.1 设施管理的难点和智慧管理的目标 …… 196

6.1.2 智慧管理系统的构成 …………………… 196

6.1.3 智慧管理系统的功能 …………………… 198

6.2 智慧管理系统现场端 …………………………… 198

6.2.1 现场端监控特点与设计原则 …………… 198

6.2.2 现场端监控目标与内容 ………………… 199

6.2.3 电气控制系统 …………………………… 201

6.2.4 运行监测系统 …………………………… 208

6.3 智慧管理系统通信网络端 ……………………… 212

6.3.1 农村生活污水处理设施通信网络的特点和基本要求 …… 212

6.3.2 通信传输方式 …………………………… 212

　　　　6.3.3　系统组网方式 ·· 213
　　　　6.3.4　通信网络的软硬件系统 ······························ 215
　　　　6.3.5　网络安全技术 ·· 217
　　6.4　智慧管理系统平台端 ·· 217
　　　　6.4.1　平台需求与设计原则 ·································· 217
　　　　6.4.2　平台架构 ·· 219
　　　　6.4.3　平台主要功能 ·· 223
　　　　6.4.4　平台运行维护 ·· 228
　　　　6.4.5　平台发展趋势 ·· 229

第7章　农村生活污水处理设施运维的组织实施 ····················· 231
　　7.1　运维组织实施的概况 ·· 232
　　　　7.1.1　运维组织实施的概念 ·································· 232
　　　　7.1.2　运维组织实施的内容 ·································· 232
　　　　7.1.3　运维组织实施的形式 ·································· 233
　　　　7.1.4　运维组织实施的费用构成 ······························ 234
　　　　7.1.5　运维组织实施的相关单位 ······························ 236
　　　　7.1.6　运维组织实施面临的问题 ······························ 236
　　7.2　运维组织实施的全过程管理 ···································· 237
　　　　7.2.1　运维组织实施的前期管理 ······························ 237
　　　　7.2.2　运维组织实施的日常管理 ······························ 244
　　　　7.2.3　运维组织实施的结束管理 ······························ 261
　　　　7.2.4　运维组织实施的监督管理 ······························ 262
　　7.3　运维组织实施的安全生产 ······································ 265
　　　　7.3.1　安全生产的相关概念 ·································· 265
　　　　7.3.2　运维安全生产责任 ···································· 266
　　　　7.3.3　运维安全生产管理 ···································· 267

附　录 ··· 279

第 1 章

农村生活污水处理设施运维理论基础

随着社会和科学技术的不断发展,人类对大自然的改造不断扩大,从中索取的资源越来越多,随之排放的废弃物也与日俱增,不可避免会破坏生态环境。

目前,国家对生态环境问题高度重视,尤其是对农村生活污水治理作出了全面的部署。大力开展环境整治和宣传教育,掌握一定的环境污染防护和治理的知识,实现人与自然和谐发展势在必行。本章以环境和环境问题为切入点,阐述水环境,特别是农村水环境概念以及常见农村生活污水处理知识,以期进一步增强人们的环保意识和可持续发展意识,同时为后续农村环境整治以及农村生活污水处理行业的发展提供一定的理论依据及技术参考。

1.1　环境与环境问题

1.1.1　环境的概念

人类对美好环境的追求似乎是一种与生俱来的秉性,自古以来人类对环境都有着强烈的依赖感和崇拜感。古代典型的环境伦理思想是对自然和环境的尊重。《易经》把天看作父亲,把地看作母亲,也就是说孝顺天地要像孝顺父母一样。宋代理学家程颐在《河南二程全书》中写道:"何为地之美者? 土色之光润,草木之茂盛,乃其验也。"唐代僧人黄妙应的《博山篇·论水》在对水质的描述中提到:"水,其色碧,其味甘,其气香,主上贵……其色淡,其味辛,其气烈,主下贵。"可见,我国对美好环境的追求是有历史渊源的。

人类对其周边环境再熟悉不过了,然而要对环境下科学的定义似乎又不那么容易。纵观近几十年来,人们对环境的认知与定义,是相对于中心事物而言的,是相对于主体的客体,而这个主体就是我们人类。从法律意义上讲,环境的定义在不同国家有不同的表述。法律对环境进行定义的依据是从环境保护的实际需要出发而做出的规定,以确保法律在环境保护工作中的准确实施。《中华人民共和国环境保护法》(第一章第二条)明确指出,环境是指影响人类生存和发展的各种天然的和经过人工改造的自然因素的总体。在环境科学领域,环境的定义是以人类社会为主体的外部世界的总体,包括已经为人类所认识的直接或间接影响人类生存和发展的物理世界的所有事物,如大气、水、海洋、土地、矿藏、森林、草原、野生生物、自然遗迹、人文遗迹、风景名胜区、自然保护区、城市和乡村等。本书所称的"农村环境"也称乡村环境,是指以农村居民为中心的乡村区域范围内各种天然的和经过人工改造的自然因素的总体,包括该区域范围内的土地、大气、动植物、道路、设施、建筑物等。

对人类而言,环境发挥着两方面的功能。一方面,它是人类生存与发展的物质来源;另一方面,它承受着人类活动所产生的废弃物和各种作用的结果。这样的功能决定了人类自身的活动严重影响着环境的发展,因此,人类必须彻底摒弃利己主义,保护好环境,与环境保持和谐、协调的互利关系。

1.1.2　环境要素

环境要素又称环境基质,是构成人类整体环境的各个独立的、性质不同而又服从整体演化规律的基本物质部分。环境要素分为自然环境要素和人工环境要素两类[1]。其中,自然环境要素通常是指水、大气、生物、阳光、岩石、土壤等;人工环境要素则指综合生产力、政治体制、社会行为等。

环境要素组成环境的结构单元,环境的结构单元又组成环境整体或环境系统。如水组成水体,全部水体总称为水圈;大气组成大气层,全部大气层总称为大气圈;土壤构成农田、草地和林地等;岩石构成岩体,全部岩石和土壤构成的固体壳层称为岩石圈;生物体组成生物群落,全部生物群落集称为生物圈。阳光提供的辐射能为其他要素所吸收。各个环境要素通过水循环、生物循环、岩石圈循环和大气循环等过程,形成一个相互渗透、相互作用和相互联系的整体,通过来自地球内部放射性元素蜕变所产生的内生能,以及以太阳辐射能为主的外来能不断进行着物质迁移和能量交换。环境系统间的相互作用见图1-1。

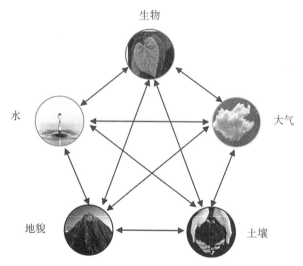

图 1-1　环境系统间的相互作用

1.1.3　环境功能

环境对人类生存的不可或缺性决定了环境具有一定的功能。所谓的环境功能是指,环境要素及其构成的环境状态对人类生产和生活所承担的职能和作用,主要表现在环境为人类提供了栖息地,是人类生存和繁衍的物质基础,没有环境也就没有人类。人类通过生产活动获取生产与生活资料,这些生产活动作用的对象都是构成环境的要素,即人类通过生产劳动改变环境,从而获取生存所必需的物质资料。人类社会是完全依赖环境而存在和发展的。然而,当人类对环境的改变与环境的稳定性不相协调时,环境结构则会朝着不稳定的方向发展,从而制约人类社会的可持续发展。典型的案例是,人类在生产和生活中,对环境的污染和生态的破坏,当破坏程度严重时,人类的生存就会受到威胁。

1.1.4 环境问题

环境问题是指人类活动作用于周围环境,从而引起环境质量变化,这种变化又反过来对人类的生产、生活和健康产生影响的问题。人类活动产生的环境问题并不只是近代社会发展的产物,而是自人类诞生以来就存在的。只是在远古时期,人类对大自然的影响力有限,其干预活动不足以引起大范围的生态环境破坏,因此,环境问题得不到显现。但随着科学技术的发展,人类对环境的影响越来越大,产生的环境问题也随之增多。

引起环境问题的因素有很多,"春华秋实、草长莺飞",固有的自然规律主宰着自然环境的变化,也会产生环境问题;而人类在改造自然环境和创建社会环境的过程中,过度的干预超过了环境的承载能力,导致了人为环境问题的出现。因此,按照根源不同,环境问题可划分为两大类:一类是自然因素引起的,称为原生环境问题,又称第一环境问题,如地震、海啸、洪涝、干旱、风暴、崩塌、滑坡、泥石流、台风、地方病等自然灾害。第二类是人类的生产和生活引起的生态系统破坏和环境污染,也称为次生环境问题。该环境问题又可分为以下两类。

一类是人类不合理开发利用自然资源,超出了环境自身的承载力,从而导致自然资源枯竭和生态环境恶化的现象。也就是说,人类活动引起的自然条件变化,反过来又可影响人类自身的生产和生活,如森林资源锐减、草原退化、沙漠化、物种灭绝、水土流失、自然景观破坏等,造成的严重后果需要相当长的时间才能恢复甚至不可逆转。

另一类是人口激增、经济高速发展所引起的环境破坏与污染,具体是指有害的物质,如工业和农业生产过程中产生的废气、废水、固体废弃物等,对大气、水体、土壤和生物造成的污染。

1.1.5 环境污染

环境污染是指人类直接或间接地排放超出环境自净能力的物质或能量,从而导致环境质量下降,进而对人类的生存与发展、生态系统和财产安全造成不利影响的现象。环境污染的产生是一个从量变到质变的渐变过程,目前环境污染产生的原因主要来自资源的不合理使用与浪费,使有用的资源变为废弃物进入环境,进而对生态环境造成危害。

环境污染类别有很多,按照环境要素、人类活动方式、污染的性质和来源等因素可分为以下几类。

按环境要素分:①大气污染;②水污染;③土壤污染。

按人类活动方式分:①工业污染;②农业污染;③城市污染;④海洋污染。

按污染的性质和来源分:①化学污染;②物理污染(噪声污染、放射性污染、电磁波污染);③生物污染;④固体废弃物污染;⑤能源污染。

环境污染给生态系统带来的直接破坏和影响十分严重,如土地沙漠化、森林资源破坏等。同时,环境污染也会给人类社会和生态系统造成间接影响,有时这种间接影响比直接影响危害更大,也更难消除,如温室效应、臭氧层破坏、酸雨等就是由大气污染衍生出的环境效应。通常,由环境污染衍生的环境效应具有一定的滞后性,在污染发生的时候,不易被察觉或预料到,然而一旦被发现,就表明环境污染已经发展到了相当严重的地步。其中,最直接、最容易被人类所感受到的是以水污染为代表的环境污染。水环境质量恶化、饮用水源不安全等情况将导致人类生活质量、农业生产质量下降,威胁人体健康。

1.2 水环境与水循环

水是地球上最丰富的物质,是人类及其他一切生命的摇篮,新陈代谢、光合作用等生命协调过程均离不开水。地球上的水主要以气、液、固三种形态存在,并且储量有限、无法新生,只能通过水循环的形式进行再生。

1.2.1 水循环

水循环将海洋和陆地有机地连接起来,不断提供再生的水资源,构成了全球性的连续有序的动态大系统,是地球上最重要、最活跃的物质循环之一。地球上水的循环主要有自然循环和社会循环两种。

1. 水的自然循环

地球上的水依靠气、液、固三态的相互转化,不断地交换和运动着。经过地心引力和太阳辐射的作用,地球上各种形态的水从江河湖海或陆地表面蒸发变成水汽上升于空中,而后停留在空中或随气流运动到其他地区,在适当条件下凝结成雨、雪、冰雹后,再以降水的形式降落到海洋或陆地表面。到达地球表面的水经重力的作用,一部分通过地表径流汇入江河湖海形成地表水;另一部分通过地下径流下渗到地下形成地下水。部分地表水和地下水在相互转化的过程中重新蒸发后又回到空中。此后再经过蒸发、输送、凝结、降水、产流和汇流构成一个循环往复的动态系统,这个过程称为水的自然循环(见图 1-2)。

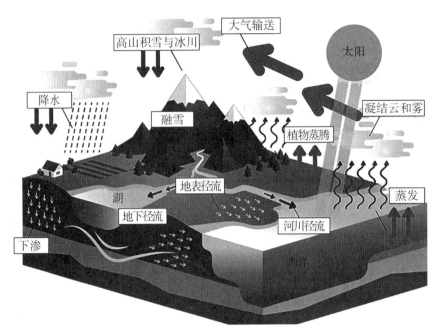

图 1-2　水的自然循环过程示意

图片来源：袁慧玲. 从天上水到地上水，当"水文"遇到"气象"[EB/OL]. (2022-05-05)[2023-02-01].
http://www.xakpw.com/single/23635.

2. 水的社会循环

在水的自然循环当中，人类不断利用其中的地下径流和地表径流来满足生活、生产之需，生活和生产用水使用后最终又排放至天然水体中。这样，在人类社会活动中也构成一个人为的水循环体系，称之为"水的社会循环"。而这种处于社会循环中可被人类利用的水，就被视为水资源。

1.2.2　水资源

1. 水资源的含义

从广义上来说，水资源是指一切可以被利用或有可能被利用的水源，具有足够的数量和质量，并且可以满足在某一地点为某种用途而被利用。根据这个定义，水资源可以理解为人类在生产、生活中所需要的各种水，既包括数量和质量含义，又包括其使用价值和经济价值。

2. 水资源的特征

水是自然界的重要组成物质，是环境中最活跃的组成要素。它在自然环境中不停地运动，参与当中一系列物理的、化学的和生物的过程。水作为一种资源，具有如下特征。

（1）水资源的循环性

水资源具有循环性。在开采利用后，水资源会得到大气降水的补给，处于开采、消耗、补给、恢复的循环之中，不断满足人类利用和生态平衡的需要。

（2）量的有限性

水资源一直处于不断消耗—补给的过程中，从某种意义上来说，水资源具有"取之不尽"的特点，恢复性强，但实际上全球淡水资源储量十分有限，真正能够被人类利用的淡水资源仅占全球水量的 0.796% 左右。从水量动态平衡的观点来看，如果某一期间的水量消耗大于该期间的水量补给，就会打破水资源的平衡，造成一系列不良的环境问题。

（3）分布的不均匀性

水资源在自然环境中具有一定的时间和空间分布。时间和空间分布的不均匀性是水资源的又一特性。不同地区和时间的水资源质量最低的和最高的相差数倍甚至数十倍。

（4）利用的多样性

水资源是人类在生产、生活中广泛利用的资源，其应用涉及农业、工业、水运、水产、旅游和环境改造等多个领域。各领域对水质的要求也各不相同，有的是消耗性用水，有的则是非消耗性用水或是消耗很少的用水。[2]

1.2.3 水体污染

水体通常指江河、湖泊、沼泽、水库、海洋等地表水。在环境科学领域中，水体则是指包括水、水中的溶解性物质、非溶解性的微小悬浮物、水生生物以及底泥在内的完整的生态系统和自然综合体。按类型划分，水体可分为海洋水体和陆地水体，陆地水体又可分为地表水体和地下水体。按区域划分，水体又可分为河流水体、湖泊水体等。水体的不合理开发及利用会导致水体破坏和水体污染。

1. 水体污染的概念

水体污染是指水体中某种物质的介入，导致水体物理、化学、生物等方面的性质发生变化，影响水体的有效利用，进而危害人体健康或者破坏生态环境，造成水质恶化的现象。

2. 水体污染的来源

水体污染主要来源于人为作用。在人类生产生活中的污染源主要有工业、生活和农业三种类型。

（1）工业污染源

工业污染源主要来自工业生产过程中排出的工业废水。工业废水往往排放量较大，成分也较复杂，污染物含量较高。其中，有机物和重金属是工业废水中常见的污染物质。

（2）生活污染源

生活污染源主要来自居民在日常生活中产生的生活污水。生活污水的主要成分为纤维素、淀粉、糖类、脂肪、蛋白质等有机物质，氮、磷、硫等无机盐类及泥沙等杂质。此外，生活污水中还含有多种微生物及病原体。

（3）农业污染源

农业污染源主要包括畜禽养殖、农药和肥料施用等。畜禽养殖废水的产生量和排放量很大，在某些地区已经成为比工业废水更大的污染源。农业上未被作物利用的化肥、农药，有一部分随灌溉后的农业退水或雨后径流流入水体，造成面源污染。

1.2.4 水质与水质指标

水质是水体质量的简称。水质指标是指水样中除水分子外所含其他物质的种类以及数量，同时针对水中存在的具体杂质或污染物，提出相应的最低数量或最低浓度的限制和要求，是判断水质的具体衡量尺度。水质指标主要分为物理性质指标、化学性质指标和生物性质指标三类。[3]

1.物理性质指标

（1）温度

温度较高或较低的污水排放，会使受纳水体水温升高或降低，引起水体的热污染。氧在水中的饱和溶解度随水温升高而减少，较高的水温加速耗氧反应，可导致水体缺氧与水质恶化。

（2）色度

将有色污水用蒸馏水稀释后与蒸馏水在比色管中对比，一直稀释到两个水样没有色差，此时污水的稀释倍数即为色度。色度是一项感官指标，它会影响水体中的藻类等生物进行光合作用。

（3）嗅和味

天然水是无臭无味的，受污染水体的臭味可能来源于还原性氮和硫的化合物、挥发性有机物等。另外，盐分也会给水带来异味，如氯化钠带咸味、硫酸镁带苦味、铁盐带涩味、硫酸钙略带甜味等。

（4）固体物质

水中所有残渣的总和称为总固体（total solid，TS），总固体包括溶解性固体（dissolved solid，DS）和悬浮固体（suspended solid，SS）。水样经过滤后，滤液蒸干所得的固体即为溶解性固体，滤渣脱水烘干后即是悬浮固体。固体残渣根据挥发性能的不同，可分为挥发性固体（volatile solid，VS）和固定性固体（fixed solids，FS）。将固体在600℃的温度下灼烧，挥发掉的量即为挥发性固体，灼烧后的残渣则是固定性固体。溶解性固体一般表示盐类的含量，悬浮固体表示水中不溶解的固体物质含量，挥发性固体反映固体的有机成分含量。

（5）溶解氧

溶解氧（dissolved oxygen，DO）是判断水质的重要指标，指单位体积的水中溶解的氧气数量，单位为毫克每升（mg/L）。影响水中溶解氧的因素很多，如水温、气压、水汽接触面积等，但对于某一特定的水体在一定时间内，上述影响因素是相对稳定的。水中的光合作用、曝气作用等具有增加溶解氧的作用，而呼吸作用、有机物分解耗氧等则具有减少溶解氧的作用。两方面作用的平衡，决定了水中溶解氧的多少。

（6）放射性

水体的放射性污染主要来源于企业或科研单位排放的含放射性污染物的废水，也包括固体放射性污染物淋洗后进入地表径流、向水体投放的放射性废弃物、核试验降落到水体的散落物以及核动力船舶事故泄漏的核燃料等。此外，医院等可能使用放射性物质的机构也是主要的放射性物质污染源。

2.化学性质指标

表示化学性质的污染指标可分为有机物和无机物指标。

（1）有机物指标

水体中有机物的含量是衡量水体质量状况的一个重要指标。由于水体中有机污染物的组成比较复杂，现有技术难以分别测定各类有机物的含量，又因为需氧有机污染物的主要危害是消耗水体中的溶解氧，所以一般可用下面几个指标来表示水体中的有机物含量。

①生物化学需氧量

生物化学需氧量简称生化需氧量（biochemical oxygen demand，BOD），表示水中有机物经微生物分解时所需要的氧气量，用单位体积的水所消耗的氧量（mg/L）表示，BOD越高，表示水中容易被微生物降解的有机物质越多。有机物经微生物氧化分解的过程一般可分为两个阶段：一是碳化阶段，主要是有机物被转化为二氧化碳、水和氨；二是硝化阶段，主要是氨被转化为亚硝酸盐和硝酸盐。由于微生物的活动与温度有关，所以人为规定以 20℃ 作为测定的标准温度。当温度为 20℃ 时，一般生活污水中的有机物需要 20d 左右才能完成第一阶段的氧化分解过程。为了缩短测定时间，同时使有机物的测定结果有可比性，通常采用 20℃ 的条件下培养 5d，作为测定水体中生化需氧量的标准时间，简称五日生化需氧量，用 BOD_5 表示。BOD_5 为第一阶段生化需氧量的 70% 左右。

②化学需氧量

化学需氧量（chemical oxygen demand，COD）是指用化学氧化剂氧化水中有机物质时所需的氧气量。目前，测定 COD 常用的方法有重铬酸钾法和高锰酸钾法。高锰酸钾法用高锰酸钾作为氧化剂，它只能氧化一些容易被氧化的有机物，因而测得的数值比重铬酸钾法低。为了使两者有所区别，现将用重铬酸钾氧化剂测得的耗氧量称作 COD 或 COD_{Cr}，多用于污染严重的水体和各类废水的测定；将用高锰酸钾氧化剂测得的耗氧量称作"高锰酸盐指数"，记作 COD_{Mn}，此法多用于测定污染较轻的天然水或清洁水。

③总有机碳和总需氧量

目前,由于应用的 BOD_5 指标测定时间长,不能快速反映水体被有机物污染的程度,所以国外很多学者都在进行总有机碳(total organic carbon,TOC)和总需氧量(total oxygen demand,TOD)的试验研究,寻求它们与 BOD_5 之间的关系,以实现自动快速测定。

TOC:包括水体中所有有机污染物的含碳量,也是评价水体需氧有机污染物的一个综合指标。

TOD:有机物除含碳外,还含有氢、氮、硫等元素。当有机物被氧化时,碳被氧化为二氧化碳,氢、氮和硫则被氧化为水、一氧化氮、二氧化硫等,此时的需氧量称为总需氧量。

④油类污染物

油类污染物分石油类和动植物油脂两大类。工业含油污水所含的油大多为石油及其组分,含动植物油的污水主要产生于人的生活过程和食品工业。油类污染物进入水体后影响水生生物生长、降低水体的资源价值。大面积油膜将阻碍大气中的氧进入水体,从而降低水体的自净能力。

⑤酚类污染物

酚类化合物是有毒有害污染物。水体受酚类化合物污染后影响水产品的产量和品质。水体中的酚浓度低时,能影响鱼类的洄游繁殖;酚浓度达 0.1~0.2mg/L 时,鱼肉有酚味;酚浓度高时,会引起鱼类大量死亡,甚至绝迹。酚的毒性可抑制水中微生物(如细菌、藻等)的自然生长速度,有时甚至使其停止生长。

⑥表面活性剂

表面活性剂有两类:一类是烷基苯磺酸盐,俗称硬性洗涤剂(alkylbenzene sulfonate,ABS),含磷并易产生大量泡沫,属于难生物降解有机物;另一类是直链烷基苯磺酸盐,俗称软性洗涤剂(linear alkybenzene sulfonate,LAS),属于可生物降解有机物,目前已基本代替了 ABS,泡沫量大大减少,但仍然含有磷。

⑦有机酸、碱

有机酸工业废水含短链脂肪酸、甲酸、乙酸和乳酸等。人造橡胶、合成树脂等工业废水含有机碱,包括吡啶及其同系物质。

⑧有机农药

有机农药有两大类,即有机氯农药与有机磷农药。有机氯农药如 DDT、六六六等,毒性大且难分解,会在自然界不断积累,造成二次污染,故我国已于 20 世纪 80 年代全面禁止生产和使用。如今农业生产普遍采用有机磷农药,常用的有乐果、敌敌畏、内吸磷等。相较于有机氯农药,有机磷农药的危害作用从剧毒到低毒不等,对环境和人体可造成不同程度的危害和影响。

⑨苯类化合物

苯环上的氢被硝基、氨基等取代后生成的芳香族卤化物,主要来源于染料工业废水、炸药工业废水以及电器、塑料、制药、合成橡胶等工业,属于难生物降解有机物。

（2）无机物指标

①pH

pH 主要是指示水的酸碱性。天然水的 pH 一般为 6～9,当受到酸碱污染时,pH 会发生变化,影响水体中生物的生长、降低水体自净能力、腐蚀船舶及水工建构筑物。若天然水体长期遭受酸、碱污染,将使水质逐渐酸化或碱化,从而对正常生态系统产生影响。

②营养元素（氮、磷）

污水中的氮、磷为植物营养元素,从农作物生长角度看,植物营养元素是宝贵的养分资源,但过多的氮、磷进入天然水体却易导致富营养化。

③重金属

重金属主要指汞、镉、铅、铬、镍等生物毒性显著的元素,也包括具有一定毒害性的一般重金属,如锌、铜、锡等。

④无机性非金属有毒有害物

水中无机性非金属有害有毒物主要有砷、含硫化合物、氰化物等。

3.生物性质指标

（1）细菌总数

细菌总数是指 1mL 水样在营养琼脂培养基中经 35℃、48h 培养后所生长出的细菌菌落数。我国《生活饮用水卫生标准》(GB 5749—2006)规定每毫升水中细菌总数不得超过 100 个。细菌总数不能准确指示水样中病原菌的存在情况。

（2）总大肠菌群

总大肠菌群是指 1L 水样中所含有的大肠杆菌个数。该指标之所以能够表征水样是否被病原微生物所污染而具有致病性,是因为大肠杆菌具有与病原菌相似的生理习性和存在时间。当大肠杆菌较多时,存在其他病原菌的可能性就较大。大肠杆菌可作为水是否被病原微生物污染的指示菌种。《生活饮用水卫生标准》(GB 5749—2006) 规定,水样中不得检出总大肠菌群。

（3）粪大肠菌群

粪大肠菌群为总大肠菌群的一个亚种,生长于人和温血动物的肠道中,随粪便排出体外,约占粪便干重的 1/3 以上,故称粪大肠菌群。受粪便污染的水和土壤等物质均含有大量的这类菌群。若粪大肠菌群超出一定限值,即表明水已被粪便污染。

（4）病毒

由于肝炎、小儿麻痹症等多种病毒性疾病可通过水体传染,所以水体中的病毒已引起人们的高度重视。

1.2.5 水环境容量与水体自净

1. 水环境容量

水环境容量是指在满足水环境质量的要求下,水体可容纳污染物的最大负荷量;又指在不影响某一水体正常使用的前提下,满足社会经济可持续发展和保持水生态系统健康的基础上,参照人类环境目标要求,某一水域所能保持水体生态系统平衡的综合能力。因此,水环境容量又称水体负荷量或纳污能力,包括稀释容量和自净容量。水环境容量是客观存在的,它与排放现状无关,只与水量和自净能力有关。水体纳污能力是排污总量控制的基础,其定量评价对于有效地保护水资源具有重要的现实意义。

2. 水体自净

水体自净是指水体中污染物经过水环境中物理、化学和生物等方面的作用,浓度不断降低而使水质恢复的过程。水体自净机制主要分为物理净化、化学净化、生物净化三类。

（1）物理净化

物理净化是指通过稀释、混合、沉淀等物理作用,水体中的悬浮物、胶体等污染物浓度逐渐降低的过程。

（2）化学净化

化学净化是指通过氧化、还原、吸附、凝聚及中和等化学反应,污染物存在形态发生改变和浓度降低的过程。影响化学自净能力的因素主要有污染物形态和化学性质、水体的温度、氧化还原电位、酸碱度等。

（3）生物净化

生物净化是指由于水中微生物的代谢活动,污染物中的有机质被氧化分解并转化为无害、稳定的无机物,从而使污染物浓度降低的过程。生物净化作用受污染物性质和数量、微生物种类及水体温度、供氧状况等条件所影响。

1.2.6 水体富营养化

1. 水体富营养化的概念

水体富营养化通常是指湖泊、水库和海湾等封闭性或半封闭性水体,接纳过多的氮、磷等营养物质后,水体的初级生产力提高,蓝藻、绿藻等特征性藻类异常增殖,造成水质恶化的过程。

水体呈现富营养化状态时,水面藻类异常增殖,成团、成片地覆盖于水体表面,这种现象发生在湖面上称之为"水华"或者"湖旋"（水体呈绿色）。若发生在海湾则称之为"赤潮"（海藻大量繁殖导致海水变红）。富营养化水体的溶解氧降低,透明度下降明显。

2. 水体富营养化发生的场所

水体富营养化会发生在湖泊、水库、池塘等水域,也会发生在枯水期间河流的部分滞留河段以及海湾。这些水域均具有滞留时间长、水体流动缓慢等特点,为水生浮游植物提供了一个稳定、良好的生殖环境。如果水体中的氮、磷元素较丰富,则容易发生富营养化,而其他流动性较大的水域,如江河等则不容易发生富营养化。

3. 水体富营养化与水体污染的区别

从生态学角度来看,水体富营养化与水体污染对水生生态系统功能的影响,既有密切联系又有本质区别。水体污染通常在一开始就与水生生态系统的生产力下降和破坏有关。如某些重金属排入水体,即便一开始浓度较低,对水生生态系统也存在着潜在的危害。水体富营养化则不同,适度的富营养化对水生生态系统的影响是良好的,有助于提高渔业产量。只有当富营养化超过一定范围后,才会对水生生态系统造成破坏,引起水体污染。

4. 水体富营养化对水生态环境质量的影响

水体富营养化既会影响水体的水质,也会造成水的透明度降低,使阳光难以穿透水层,进而影响水中植物的光合作用,造成溶解氧的缺少状态。无论是水中溶解氧过饱和还是溶解氧缺少,都会对水生动物有害,严重时甚至会造成鱼类的大量死亡。水体的富营养化会使水体表面生长着以蓝藻、绿藻为优势种的大量水藻,形成一层"绿色浮渣",致使底层堆积的有机物质在厌氧条件下分解产生有害气体,以及一些浮游生物产生生物毒素对鱼类造成伤害。此外,富营养化水体中还含有亚硝酸盐和硝酸盐,长期饮用这些物质含量超过一定标准的水,人畜也会中毒致病。

1.3 农村水环境现状与治理的意义

1.3.1 农村与社会主义新农村的概念

农村是指以从事农业生产为主的劳动者人群的聚居地,是与城市相对应的区域,较好地保留了大自然的原有景观,具有特定的自然社会经济条件,也称为乡村。农村由集镇和村落组成,以种、养殖产业为主,包括各种林场、果蔬生产以及畜牧和水产养殖场等。

农村是人类社会古老的群居形式,城市是生产力发展到一定阶段的产物。在进入工业化社会之前,人们居住在分散的村落,社会中大部分人口居住在农村。随着人类社会的发展、生产力水平的提高,城市化率越来越高,农村的地域范围逐渐变小,同时受城市化的影响,在基础设施及生活方式方面,农村与城市的差距不断缩小。在国外,农村通常以统计人口界定。例如:在美国,凡人口在 2500 人以下或人口在每平方英里 1500 人以下的地区及城市郊区都算作农村。欧洲各国一般以居住地人口在 2000 人以下者为农村。我国在 1984 年规定,凡县级地方国家机关所在地,或总人口在 2 万人以下的乡,且乡政府驻地非农业人口超过 2000 人的,或总人口在 2 万人以上的乡,且乡政府驻地非农业人口占全乡人口 10% 以上的,均可建镇,乡、镇辖区范围除建成区外均被称作农村。

农村与城市相比有其独有的特点:①人口相对稀少,居民点分散在农业生产的环境之中,具有山水林田等自然风光;②家族聚居现象明显,地方习俗浓厚,民风淳朴;③工业、文化、教育、卫生、商业、金融、交通等社会经济事业发展水平均低于城市。

我国自新中国成立以来一直重视农村的发展与建设,早在 20 世纪 50 年代,我国就提出了"社会主义新农村"这一概念。20 世纪 80 年代初,国家又提出"小康社会"的概念,其中,建设"社会主义新农村"就是小康社会的重要内容之一。2005 年,在党的十六届五中全会上提出的建设"社会主义新农村",则是在新的历史背景中,在全新理念指导下的一次农村综合变革的新起点。"生产发展、生活宽裕、乡风文明、村容整洁、管理民主",是新时代对社会主义新农村建设的总体要求。近年来,随着国家一系列惠及农村举措的出台,社会主义新农村迎来了大发展,在加快经济发展的同时,教育、文化、医疗、社会保障、基础设施、环境保护等农村公共事业也进入了加速发展期。坚持不懈推进社会主义新农村建设,让农村成为农民安居乐业的美丽家园,是我国乡村振兴的必由之路。

1.3.2 农村水环境现状及污染来源

农村水环境是指分布在农村的河流、湖沼、沟渠、池塘、水库等地表水体、土壤水和地下水,是农村生产和农民生活的重要资源。近年来,随着农村经济的发展以及城市化进程的推进,污染产生量大大增加,但治理措施跟不上,导致农村水环境污染问题日益严重,呈现出迅速恶化的趋势。我国大部分流域及湖泊污染仍与农村生活污水未经有效处理有直接关系。农村水污染主要是由农村生活、农业面源、畜禽与水产养殖、农家乐及农产品加工等过程所产生。

1. 农村生活污染

农村生活污染主要包括农村生活污水污染和农村生活垃圾污染两个方面。

农村生活污水长期以来由于面广、分散、难以收集等,大多未经处理直接外排,造成农村河、湖、塘等地表水体黑臭,严重影响农村水环境质量,是我国社会主义新农村和美丽乡村建设的瓶颈问题之一。未经处理的生活污水也是疾病传染扩散的源头,容易造成地区性传染病、地方病和人畜共患疾病。据统计,全国 60 多万个建制村,农村生活污水年产生量有 80 多亿吨,其中有农村生活污水处理设施的村落占比从 2007 年的 3% 快速增长到 2017 年的 25%。[4]浙江省经过"千万工程""五水共治"等行动计划,基本实现规划保留村生活污水有效治理全覆盖。但从全国层面上看,农村生活污水处理设施的规划、建设、运维等仍十分薄弱。

我国农村地区生活垃圾年产生量高达 3 亿吨左右,一直以来都缺少垃圾收集与处理处置措施。改革开放前,农村的生活垃圾成分比较简单,主要为日常生活和生产过程中产生的厨余垃圾和人畜排泄物等。随着改革开放的不断深入,国家经济实力的不断增强,农民的生活方式也随之发生了改变,工业生产过程中的产品和生活用品进入了农村,使得农村的垃圾成分也变得日益复杂。这些垃圾通常被随意堆弃于道路两旁、沟塘、河道等场所,随着雨水浸渍和冲刷进入河道和湖泊中,造成水质恶化。此外,受资金和技术的限制,一些中小城市常常把城市垃圾向农村"输送",将垃圾填埋场设在农村,早期大部分垃圾填埋场均未按照规范设置,导致生活垃圾随意堆放,长期散发恶臭,垃圾渗滤液也随雨水排入附近水体,时间久了还会渗入地下,对地下水、土壤造成严重的污染。未经处理的垃圾成为农村河、塘、湖、库的重要污染源。

2. 农业面源污染

我国作为农业生产大国,农业是农村地区重要的支柱产业,农民为了追求农作物的产量,往往在农业生产中大量使用化肥、农药,忽视了化肥及农药的流失对水环境的影响。根据国家统计局《中国统计年鉴 2021 年》及农业农村部《到 2020 年化肥农药使用量零增长行动方案》等资料,2020 年,我国化肥年施用量约为 5250 万吨,而利用率仅约 40%。未被利用的化肥和农药则通过农田排灌及地表径流等方式流入农村地表水,引起地表水水体富营养化,然后渗入地下,造成地下水总矿化度、硝酸盐、亚硝酸盐、氯化物及重金属含量升高,严重污染农村水环境。[5]

3. 畜禽与水产养殖污染

畜禽与水产养殖是我国农村经济发展的重要产业,主要有以猪、牛、羊为主的畜禽养殖和以鱼、虾为代表的水产养殖。养殖业虽然促进了农村经济发展,但也造成了严重的水环境污染问题。据生态环境部、国家统计局、农业农村部共同发布的《第二次全国污染源普查公报》,2017 年,畜禽养殖业水污染物中,化学需氧量排放量约 671.43 万吨、氨氮排放量约 9.73 万吨、总氮排放量约 46.91 万吨、总磷排放量约 9.65 万吨。由于处理率不足,废水中大量氮、磷资源直接排放进入水体,成为我国河流、湖泊和东南沿海水体污染、富营养化的主要污染源。同时,大部分畜禽粪便未得到合理利用,在受到雨水冲刷时随地表径流进入农村水环境,给农村水环境、土壤环境都造成一定的污染。[6]

4. 农家乐及农产品加工污染

发展乡村旅游是近年来统筹城乡发展、促进农村经济、推进社会主义新农村和美丽乡村建设的重要举措之一,在某些地区以农家乐等为主要形式的乡村旅游成了当地农村居民增收的主要渠道,是解决"三农"问题的有效途径,同时伴随的还有以乡村特色农产品加工业为主的产业发展。这些产业的发展在促进经济增长的同时,也带来了水环境污染问题。乡村旅游业发展带来的宾馆饭店产生的生活和餐饮污水在配套处理设施不完善时,污水随意排放,直接威胁农村水环境的健康安全。

1.3.3 农村生活污水治理在水环境改善中的意义

我国农村地域辽阔,地表水域大多分布在农村地区,尤其是水系源头,基本上都发源于农村。农村水环境质量直接影响我国水系水质。据 2020 年度《中国水资源公报》,全国总用水量为 5812.9 亿立方米,耗水总量为 3141.7 亿立方米。其中,农业耗水量为 2354.6 亿立方米,占耗水总量的 74.9%;生活耗水量为 349.3 亿立方米,占耗水总量的 11.1%。另外,我国大部分农村地区污水收集与处理系统不完善甚至缺失,生活污水常不经处理就排入地势低洼的河流、湖泊和池塘等地表水体中或渗入地下,严重超出了水体的自净能力,污染了各类水源,一些河、沟、塘、池甚至发黑发臭,逐步对地表水、地下水及诸多源头水系造成威胁。近年来,随着农业生产方式的改变以及农村生活质量的提高,农村地区排污量增加,水环境污染问题日益凸显,部分地区水生态甚至已经遭到了毁灭性破坏,并且短期内无法恢复。农村生活污水造成的环境污染不仅是农村水源地潜在的安全隐患,还会加剧淡水资源的危机,成为农村人居环境改善需要解决的迫切问题。

农村生活污水对农村经济与生活的影响主要表现在以下三方面:首先,影响居民人身健康,不利于社会主义新农村和美丽乡村的建设;其次,影响农业生产,污染的水体无法进行水产养殖、牲畜饮用、作物灌溉等农业活动;最后,影响农村相关非农业产业的发展,如乡村旅游、商业投资等,恶化的环境条件无法吸引投资人。因此,农村生活污水的妥善治理可有效改善水环境质量,对提高农村生活品质、实现乡村振兴具有十分重要的意义。

1.4 农村生活污水的定义及性质

1.4.1 农村生活污水的定义及来源

在国家层面上,农村生活污水的概念长期以来并没有一个严格的定义。在开展农村生活污水治理的工作中,各地政府根据当地的实际需要给出了自己的定义,规定了哪些污水可以纳入农村生活污水的范畴。本书采纳浙江省《农村生活污水集中处理设施水污染物排放标准》(DB 33/ 973—2021)中的定义,即:农村日常生活中产生的污水,以及从事农村公益事业、公众服务和民宿、餐饮、洗涤、美容美发等经营活动所产生的污水。

1.4.2 农村生活污水的特征

我国幅员辽阔,农村村落数量众多,不同地区经济文化、生活习惯、自然条件等差异很大,生活污水产生量、污染浓度、排放规律等都有很大差别。这些差别与设施的运维与管理有着密切的联系。因此,在开展污水处理设施运维相关工作前,十分有必要了解农村生活污水的主要特征。

在水源方面,平原地区农村主要以使用自来水为主;山区、半山区农村大多有打井的习惯,用水一般以自来水、井水和河水三者结合使用,自来水为饮用水源,河水、井水作为辅助用水,主要用于厨房用水、洗涤用水、冲刷地面、饲养家禽等。农村分散式的地理分布特征造成污水分散排放、难以集中收集,且随着农民生活水平的提高和生活方式的改变,农村生活污水的产生量也日益增长。

在水质方面,我国农村生活污水一般不含重金属和有毒有害物质,一般情况下,农村生活污水中 $BOD_5 \leqslant 250mg/L$,$COD_{Cr} \leqslant 450mg/L$,$NH_3-N \leqslant 40mg/L$,$TP \leqslant 7mg/L$,$SS \leqslant 200mg/L$。农村生活污水虽浓度低,但变化幅度较大,给污水处理设施的日常运维带来一定的影响。

在可生化性方面,一般情况下,农村生活污水中 BOD_5 与 COD_{Cr} 的比值大于 0.3,可生化性较好,污染物易被微生物降解,故可通过生化方法加以处理。但在实际农村生活污水处理中,因农村地区生产生活的方式不同,也存在 BOD_5 与 COD_{Cr} 的比值小于 0.3 的情况,此时需要投加碳源,以保障农村生活污水处理设施的正常运行。

在水质水量波动方面,农村生活污水主要包括冲厕水、厨房污水、生活洗涤污水等。部分地区还可能存在畜禽粪尿、农产品废弃物和生活垃圾堆放过程等产生的高浓度污水,且污水中有机污染物、氮和磷含量不稳定。受人口数量与作息时间的影响,早、中、晚炊事、洗漱时间为用水高峰期,用水量很大,其他时间用水量很小,流量可视为零。一天内水量波动较大,给污水处理设施的投资建设和运维带来巨大压力。当雨污分流不彻底或遇到暴雨季节时,进入农村生活污水处理设施的污水浓度较低,基本无须处理即可达标。此时,需要运维人员调整提升泵启停频率及溢流管阀门状态,避免对处理设施造成冲击,以降低农村生活污水处理设施使用寿命。我国多数农村生活污水处理设施因规模较小而未设置调节池,由于各地区、各时间段的农村生活污水中污染物浓度不一,容易对农村生活污水处理设施的处理能力产生影响,因此,运维人员需要根据水质水量的波动范围,调整加药浓度或曝气时间等参数,以确保出水达标。[7]

1.4.3 农村生活污水处理设施运维难点

近年来,各省(区、市)纷纷开展农村生活污水的治理工作,建成了数量众多的污水处理设施,这为农村水环境的改善提供了保障,同时也带来了巨大的运维工作量。从技术层面上看,生活污水处理设施的运维并没有太大的难度,但考虑到农村地区社会与经济的特殊性,其运维管理存在诸多困难,只有了解了这些难点,才能更精准地制定运维规划与实施方案。

1. 水质水量易变,适应能力不足

对单个污水处理点来说,人口基数小、变动大,引起不同时间段水质水量的波动很大,这就要求选配抗冲击负荷能力强的工艺。如果建成的污水处理设施未能适应这种变化,就会给运维带来极大的困难。另外,经常出现新增的污染源,如豆腐加工、小五金加工、农产品季节性加工等,这类污染源水质种类多变、水量不稳、污染物浓度高,一旦进入生活污水处理设施,基本上会对污水处理系统产生毁灭性的冲击,是常见的运维难点。因此,在运维前,应对污水来源的现状及处理工艺的技术特点、处理能力等进行充分的了解,必要时还需要进行适当的整改。

2.缺乏运维先例,管理经验不足

我国仅在近几年内才规模化开展农村生活污水治理工作,不仅治理经验不足,更缺乏运维管理经验,国外也没有相似案例可以参考。目前,我国尚未建立统一的农村生活污水治理的标准、规范和导则,大部分省份也没有建立完善的运维管理相关规范与政策体系。污水处理设施建设、运维、监管规范依然欠缺,导致农村生活污水治理与运维管理缺乏依据。较多地方套用城镇污水处理技术模式,但由于农村的水污染特征、技术、经济条件等与城镇不同而出现"水土不服",治理技术、建设质量和效果都得不到保证。因此,制定完善的农村生活污水运维标准、规范和导则,以指导各地因地制宜地开展运维和管理已迫在眉睫。

3.财政负担沉重,运维资金不足

近年来,农村生活污水的治理主要依靠中央及各地政府的财政支撑。在设施建设方面,面对农村地域广、居住分散、地势高低不一、管网线路长、综合成本偏高的现状,各地政府财政在投资建设方面压力很大。资金不足造成工程的建设质量差、管网配套不齐全等问题,从而进一步加大了运维难度。农村生活污水治理技术类型很多,但真正具有经济可行及长期稳定运行的适用技术并不多。另外,农村生活污水处理设施的处理规模普遍较小,缺乏规模效应,导致实际处理成本相对较高。目前,农村生活污水处理设施运维收费机制尚未完全建立,仅依靠政府财政支持,高额的运维费用是地方政府长期背负的一副重担。经济条件薄弱地区,运维资金不足直接导致农村生活污水收集率较低或治理设施零维护。运维成本较高是农村生活污水治理设施无法长期稳定运行的又一难点。

4.处理设施量大,技术力量不足

农村生活污水处理设施数量众多,通常一个县的设施数量在数百上千不等,如果要对这些设施进行正常运维,就需要大量的专业人员,而目前我国大部分地区极度缺乏这类专业管理和技术人员,根本无法满足现有农村生活污水处理市场的需求。

1.4.4　农村生活污水处理工艺中的常见问题

农村生活污水治理工作,在我国完全是史无前例的,实属典型的"摸着石头过河"的行为。因此,在实施过程中存在着各种各样的问题就不难理解了。调研结果表明,目前已建的污水处理设施中,有不少处理设施存在一定程度的质量问题,这也是农村生活污水处理后排放水质不达标的原因之一。常见的问题主要有以下几方面。

1. 机械套用常规处理工艺,工艺设计不成熟

不同地区、不同时段的农村生活污水水质水量变化较大,需要因地制宜并结合当地水质等客观因素进行工艺选择及设计。但农村生活污水处理经验尚浅,部分地区直接采用常规污水处理工艺或组合工艺进行污水处理,并未对相关设计参数进行调整,造成大多数工艺在农村生活污水处理过程中遭遇"水土不服"的情况,进而对处理效果造成一定的影响。[8]

2. 工艺设计复杂,构筑物及设备较多

与城镇污水处理厂不同,农村生活污水的处理需要以简单、低维护为主,但部分地区照搬城镇污水处理厂的处理工艺,采用的工艺较为复杂。例如,膜生物反应器(membrane bio-reactor,MBR)在农村生活污水处理工程中应用时,如果能正常运行,则污水处理效果良好,但工艺中涉及了加药、动力提升、膜片(丝)清洗等多个处理工序,一方面,工艺自身包含设备多,导致工艺故障的概率提高;另一方面,工艺运维要求高,农村生活污水运维人员的专业性通常不及城镇污水处理厂的运维人员,运维能力跟不上,更容易造成出水水质不达标。显然,这类工艺不适宜在运维能力跟不上的区域使用。

3. 自动化程度不高,工艺处理不稳定

一般来说,农村生活污水处理工艺自动化程度不高,无法在水质波动的同时及时进行相应的调整。此外,部分工艺受外在环境影响也较大,如在农村生活污水中应用较多的常规型人工湿地工艺,受限于植物的生长,处理效果受季节性影响较大且不稳定,比较容易出现排放水质不达标的现象。

4. 构筑物及设备美观度差,与环境融入效果不佳

农村生活污水工艺处理单元多由池体、罐体以及设备构成,与周边环境融入效果不佳。同时,由于农村生活污水工作处在不断摸索的阶段,农村生活污水的治理仍以达标排放为主,目前无法兼顾到处理设施的美观度、与周边环境相协调等方面,容易引发村民的反感与排斥,不利于农村生活污水处理工作的推进。因此,在工程设计时,应尽量加强景观元素的配套设计,将污水处理与景观进行结合。

1.5 农村生活污水处理技术方法及原理

农村生活污水通常由收集、处理和排放系统构成(见图 1-3),产生的生活污水由户内收集管道收集后,经户用格栅、室外管网系统进入分散式或集中式污水处理设施,经处理达标后可排放或综合利用。

农村生活污水处理设施包括预处理单元、处理单元、排放计量单元等。其中,预处理单元又可分为格栅井、沉砂池、调节池等。常用的农村生活污水处理方法主要有物理处理、化学处理、生物处理、自然生态处理等。

图 1-3　农村生活污水收集与处理形式

1.5.1　物理处理

污水的物理处理主要是指通过重力或机械力等物理作用,使污水水质发生变化的处理过程。物理处理既可以单独使用,也可以与化学处理或生物处理结合使用,与化学处理或生物处理结合使用时又被称为初级处理或一级处理。物理处理可以用在一些污水的深度处理当中。污水的物理处理主要以去除污水中的漂浮物和悬浮物为主,采用的主要方法有:

筛滤截留法——筛网、格栅、过滤、膜分离等;

重力分离法——沉砂池、沉淀池、隔油池、气浮池等;

离心分离法——旋流分离器、离心机等。[9]

在农村生活污水处理中,常用的物理处理设备主要有隔油池、格栅、调节池、沉砂池等。

1.隔油池

隔油池(见图 1-4)通常设置在厨房和污水处理站点预处理单元,是一种利用油与水的密度差产生的上浮作用来去除含油污水中可浮性油类物质的污水预处理构筑物。隔油池多采用平流式构造,含油污水通过进水管进入隔油池并沿水平方向缓慢流动,在流动过程中,由于油的密度比水小,所以油品不断上浮,而后由设置在池面的挡板截留,经日常清掏去除。经过隔油处理的污水可通过挡板底部经隔油池出水口进入后续处理环节。

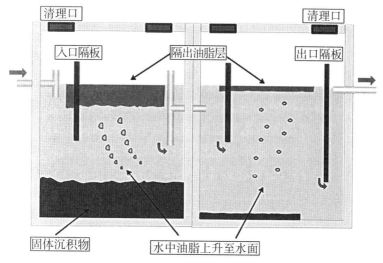

图 1-4 隔油池示意

农村生活污水处理中需要去除的油一般是指炊事及餐饮中的动植物油,多采用不锈钢隔油池以及钢筋混凝土结构的隔油池。按照安装位置不同,隔油池又可分为地埋式隔油池和地上式隔油池。池内水的流速一般为 0.002~0.01m/s,食用油污水流速一般不大于 0.005m/s,停留时间为 0.5~1.0min。

2.格栅

格栅(见图 1-5)是污水处理站点预处理单元中最主要的辅助设备。由于农村生活污水中常常混入毛发、纤维、布条等杂物,为防止污水处理站点管道阀门和水泵叶轮堵塞,一般在污水处理站点的预处理单元设置 1~2 道格栅,将粗大杂物截流下来。

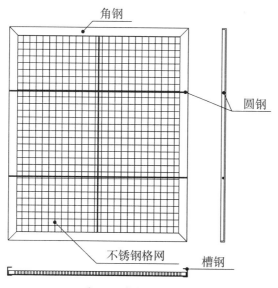

图 1-5 格栅结构示意

根据外形特点不同,格栅可分为平面格栅与曲面格栅两种。平面格栅由栅条与框架组成。曲面格栅又可分为固定曲面格栅与旋转鼓筒式格栅两种。根据栅条净间距,格栅又可分为粗格栅(40～100mm)、中格栅(10～40mm)、细格栅(1.5～10mm)三种。

在农村生活污水处理设施中,因设施规模小、分布广,多采用成品耐腐蚀的平面格栅,按迎水流方向设置粗、细格栅共 2 道,粗格栅间距宜为 16～25mm,细格栅间距宜为 1.5～10mm。

3.调节池

调节池(见图 1-6)是指用以调节水流量、均化水质的构筑物。农村生活污水水量的日变化非常大,短暂的瞬时流量和污染浓度有可能超出污水处理设施的正常处理能力。为了稳定进水水量和水质,确保处理设施稳定运行,农村生活污水处理设施应建设调节池或具有调节功能的相关单元。

调节池的有效容积应根据污水水质、水量变化确定,必须考虑污水处理设施本身的抗冲击负荷能力,调节池有效停留时间不宜小于 12h,特殊情况下可增加调节池容积。当调节池容积过大时,池内应增设搅拌装置,保证可正常调节污水水质。调节池中的提升泵(组)应按处理设施的处理能力计算流量,宜设置提升泵以防堵塞装置。调节池宜为地下式,可与集中隔油池、集中沉砂池合建,应设置检修口和清淤排泥设施。

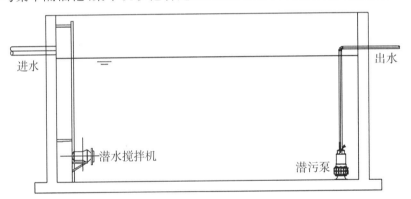

图 1-6 调节池构成示意

4.沉砂池

沉砂池(见图 1-7)是污水处理设施中另一个重要的组成单元。农村生活污水在从户内到污水处理站点的流动过程中不可避免地会混入泥沙,如果不预先进行沉降分离去除,就会造成管网堵塞、机泵磨损等现象,干扰甚至破坏污水处理设施、设备和生化系统。沉砂池以重力分离为基础,控制进水流速,使得比重大的无机颗粒下沉,而有机悬浮颗粒能够随水流带走,从而保证后续单元的正常运行。

农村生活污水处理设施沉砂池多数为平流沉砂池,多与格栅池、隔油池、调节池等构筑物合建。排砂多采用间歇抽吸排砂或采用重力排砂,以节省能耗。平流沉砂池工艺运行的关键在于,污水在池内的水平流速和停留时间。水平流速决定沉砂池所能去除的砂粒粒径大小,停留时间决定砂粒去除效率。

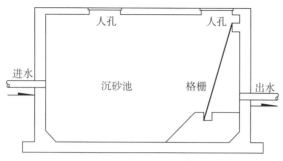

图 1-7 沉砂池—格栅池合建构成示意

在出水水质要求高或其他特殊情况下，也会采用气浮、膜分离等处理技术，提高出水水质。

1.气浮技术

气浮是气浮机的一种简称。气浮机的溶气系统在水中产生大量细微气泡后，使空气以高度分散的微小气泡形式附着在悬浮物颗粒上，形成整体密度小于水的气泡颗粒复合体，悬浮粒子随气泡一起浮升到水面，形成泡沫浮渣，从而使水中悬浮物得以分离。气浮技术是替代沉淀的一种方法，同时还具有一定的除磷效果，在出水水质有特殊要求的场所有一定的应用。

2.膜分离技术

膜分离技术是以分离膜为核心，进行分离物质的一门新兴技术。在压力差、浓度差或电位差的推动力下，利用膜的选择透过性仅让水流通过而将离子或某些微粒截流下来，以达到过滤的效果。

1.5.2 化学处理

利用化学反应和传质作用分离和去除污水中的污染物或将污染物转化为无害物质的过程称为污水的化学处理。它的主要处理对象是污水中呈溶解或胶体状态的污染物质。以通过投加药剂产生化学反应为基础的处理方式主要有氧化还原、中和、混凝等；以传质作用为基础的处理方法主要有萃取、汽提、吹脱、吸附、离子交换以及电渗吸等。

农村生活污水较少采用化学法处理，但在某些场合会采用投加药剂的化学处理，如化学除磷、混凝等，主要是利用聚合氯化铝（polymeric aluminum chloride，PAC）、聚丙烯酰胺（polyacrylamide，PAM）等化学药剂与污水中污染物分子间的吸附架桥作用，使污水中细微悬浮粒子和胶体脱稳，然后经相互碰撞和附聚搭接形成较大颗粒和絮凝体而沉淀下来，达到污水净化效果。农村生活污水中的加药单元多布置在污水处理系统中的沉淀池进水口的位置。

1.5.3 生物处理

生物处理通常是处理设施的核心单元，涉及微生物、动植物等的生物处理过程。污水的生物处理是指微生物在酶的催化作用下,利用其新陈代谢功能,对污水中的污染物质进行转化分解。所谓微生物,是指人类肉眼看不见或看不清的生物的总称,主要包括细菌、放线菌和蓝细菌等原核生物,真菌、微型藻类等真核生物以及病毒类等非细胞生物。微生物能不断与周围环境快速进行物质交换,农村生活污水具备微生物生长繁殖的条件,因而微生物能从农村生活污水中获取养分,同时降解和利用各类污染物质,使农村生活污水得到净化。因此,以微生物代谢为核心的生物处理技术在农村生活污水处理中得到广泛应用。

在农村生活污水处理中,微生物以悬浮或者附着两种形态存在,分别在污水处理构筑物中形成活性污泥及生物膜。

1.基本原理

（1）活性污泥

活性污泥是由多种多样的好氧微生物和兼性厌氧微生物（兼有少量的厌氧微生物）与污水中有机和无机物混合交织在一起,形成的絮状体或称绒粒。

活性污泥净化作用与水处理工程中混凝剂的作用相似,有"生物絮凝剂"之称,既能分解和吸收水中溶解性污染物,也能絮凝有机和无机非溶解态污染物。与化学混凝剂相比,活性污泥由有生命的微生物组成,可以实现自我繁殖,拥有生物"活性",可以连续反复使用,因此,从综合性能来看,活性污泥比化学混凝剂优越。

活性污泥中微生物之间的关系是食物链的关系。活性污泥吸附和生物降解有机物的过程像"接力赛",其过程可分三步:第一步是在有氧的条件下,活性污泥中的絮凝性微生物吸附污水中的有机物。第二步是活性污泥中的水解性细菌水解大分子有机物为小分子有机物,同时,微生物合成自身细胞。污水中的溶解性有机物直接被细菌吸收,在细菌体内氧化分解,其中间代谢产物被另一群细菌吸收。第三步是原生动物和微型后生动物吸收或吞食未彻底分解的有机物及游离细菌[10]（见图1-8）。

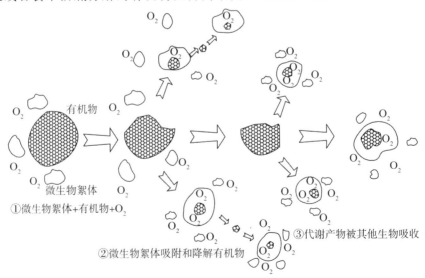

图1-8 好氧活性污泥吸附和生物降解有机物的过程

（2）生物膜

生物膜是由多种多样的好氧微生物和兼性厌氧微生物黏附在填料、生物滤池滤料上或黏附在生物转盘盘片上的一层黏性、薄膜状的微生物混合群体。它是生物膜法净化污（废）水的工作主体。生物膜在滤池内的分布不同于活性污泥，生物膜附着在滤料上不动，仅依靠污水流经生物膜，使污水与生物膜发生反应。生物膜在滤池中是分层的，上层生物膜中的生物膜生物（絮凝性细菌及其他微生物）和生物膜面生物（固着型纤毛虫、游泳型纤毛虫及微型后生动物）吸附污水中的大分子有机物，将其水解为小分子有机物。同时，生物膜生物吸收溶解性有机物和经水解的小分子有机物进入体内，并进行氧化分解，利用吸收的营养构建自身细胞。上一层生物膜的代谢产物流向下层，被下一层生物膜生物吸收，进一步被氧化分解为 CO_2 和 H_2O。老化的生物膜和游离细菌被滤池扫除生物吞食。通过以上微生物化学和吞食作用，污水得到净化。生物膜结构见图1-9。

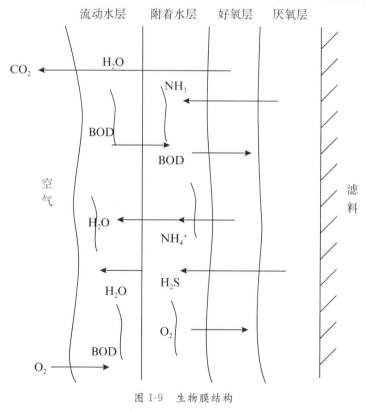

图 1-9　生物膜结构

填料是生物膜的载体，对截留悬浮物起作用，因此也是生物膜技术的关键。一般情况下，应根据污水处理要求确定需要的总生物量和填料附着生物量，以确保生物填料附着生物膜厚度和生物膜活性。各类不同填料实物见图1-10。

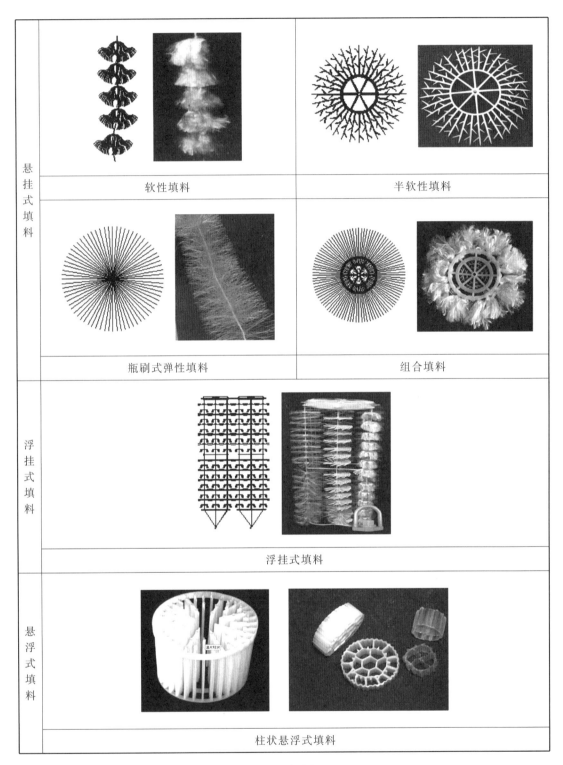

图 1-10 填料实物

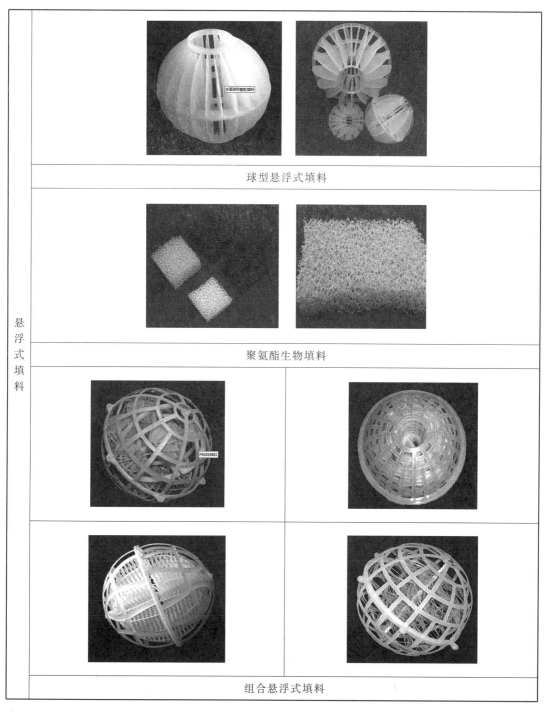

图 1-10　填料实物（续）

2.典型生物处理工艺

农村生活污水的水质特征决定了生物处理技术是其核心技术,目前在我国已得到广泛的应用。其中,典型的生物处理技术主要有厌氧生物膜池、厌氧—缺氧—好氧活性污泥法(AAO)、序批式活性污泥法(sequencing batch reactor activated sludge process,SBR)、氧化沟、膜生物反应器(MBR)、生物接触氧化法、生物滤池等技术。

(1)厌氧生物膜池

厌氧生物膜池(见图1-11)是在厌氧状态下,污水中的有机物被厌氧细菌分解、代谢、消化,使得污水中的有机物含量大幅度减少的一种高效的污水处理构筑物。污水中大分子有机物在厌氧生物膜池中被分解为小分子有机物,能有效降低后续处理单元的有机污染负荷,有利于提高污染物的去除效果。正常运行时,厌氧生物膜池对COD和SS的去除效果可达40%~60%,具有投资费用省、施工简单、无动力运行、维护简便等特点,且厌氧生物膜池池体可埋于地下,其上方可覆土种植植物,比较适宜农村整体的环境要求,可应用于大部分农村地区。

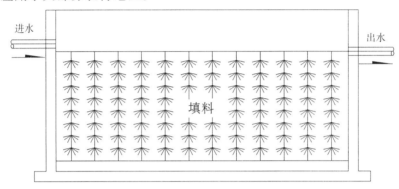

图1-11　厌氧生物膜池结构示意

厌氧生物膜池的水力停留时间一般为2~5d,为保证厌氧生物膜池中微生物膜与污水充分接触,增加厌氧生物膜池中的微生物量,池中应增加填料,使微生物附着生长于填料上。

(2)AAO

AAO是厌氧—缺氧—好氧生物脱氮除磷工艺的简称。它在原来AO工艺基础上,嵌一个缺氧池,并将好氧池出水的混合液回流到缺氧池中,同时实现磷的摄取和硝化脱氮过程,组合起来即为AAO工艺(见图1-12)。

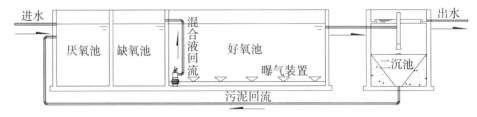

图1-12　AAO工艺的基本运行模式

AAO生物脱氮除磷系统的活性污泥中,菌群主要由硝化菌和反硝化菌、聚磷菌组成。在好氧段,硝化菌将有机氮氨化而来的氨氮以及随水流入的氨氮,通过生物硝化作用,转化成硝酸盐;在缺氧段,反硝化菌将内回流带入的硝酸盐通过生物反硝化作用,转化成氮气排入大气中,从而达到脱氮的目的;从好氧段回流污泥中的聚磷菌在厌氧段释放磷,并吸收低级脂肪酸等易降解的有机物;而在好氧段,聚磷菌超量吸收磷,并通过剩余污泥的排放,将磷除去。这一工艺或以此工艺为核心开发的相关设备在农村生活污水处理中应用极为广泛。

AAO工艺关键设计参数如表1-1所示。

表1-1　AAO工艺关键设计参数*

项目名称		符号	单位	参考值
反应池五日生化需氧量污泥负荷	$BOD_5/MLVSS$	L_S	$kg/(kg \cdot d)$	$0.07 \sim 0.21$
	$BOD_5/MLSS$		$kg/(kg \cdot d)$	$0.05 \sim 0.15$
反应池混合液悬浮固体(MLSS)平均质量浓度		X	kg/L	$2.0 \sim 4.5$
反应池混合液挥发性悬浮固体(MLVSS)平均质量浓度		X_v	kg/L	$1.4 \sim 3.2$
MLVSS在MLSS中所占的比例	设初沉池	y	g/g	$0.65 \sim 0.7$
	不设初沉池		g/g	$0.5 \sim 0.65$
设计污泥泥龄		θ_c	d	$10 \sim 25$
污泥产率系数(VSS/BOD_5)	设初沉池	Y	kg/kg	$0.3 \sim 0.6$
	不设初沉池		kg/kg	$0.5 \sim 0.8$
厌氧水力停留时间占反应时间比例			$\%$	$1 \sim 2$
缺氧水力停留时间占反应时间比例			$\%$	$2 \sim 4$
好氧水力停留时间占反应时间比例			$\%$	$8 \sim 12$
总水力停留时间		HRT	h	$11 \sim 18$
污泥回流比		R	$\%$	$40 \sim 100$
混合液回流比		R_i	$\%$	$100 \sim 400$
需氧量(O_2/BOD_5)		O_2	kg/kg	$1.1 \sim 1.8$
BOD_5总处理率		η	$\%$	$85 \sim 95$
NH_3-N总处理率		η	$\%$	$80 \sim 90$
TP总处理率		η	$\%$	$50 \sim 80$
TN总处理率		η	$\%$	$60 \sim 80$

注:* 参数引自《厌氧—缺氧—好氧活性污泥法污水处理工程技术规范》(HJ 576—2010),适用于城镇及农村生活污水设计计算,当水质差异较大时,设计参数应通过试验或类似工程确定。

(3)SBR

间歇式活性污泥法或序批式活性污泥法简称SBR工艺,是近十几年来活性污泥处理系统中较引人注目的一种废水处理工艺(见图1-13)。SBR工艺是现行的活性污泥法的一个变形,它的反应机制以及污染物质的去除机制和传统活性污泥法基本相同,仅运行操作不同。普通的SBR反应池为矩形,主要包括进出水管、排泥管、曝气装置和滗水器等几部分。曝气方式可以采用鼓风曝气或射流曝气。滗水器是一类专用的排水设备,其实质是一种可以随水位高度变化而调节的出水堰,排水口淹没在水面以下一定深度,可以防止浮渣进入。[11]

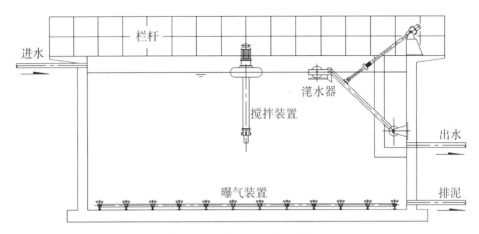

图 1-13　SBR 工艺的基本构成

SBR 的操作模式由进水、反应、沉淀、排水和闲置期等 5 个基本过程组成(见图 1-14)。它的运行方式为进水、反应、沉淀滗水、排水、待机等工序在一池内完成,从污水流入开始到待机时间结束算作一个周期。在一个周期内,一切过程都在一个设有曝气或搅拌装置的反应池内依次进行,这种操作周期周而复始反复进行,以达到不断进行污水处理的目的。因此,不需要传统活性污泥法中必须设置的沉淀池、回流污泥泵等装置。传统活性污泥法是在空间上设置不同设施进行固定的连续操作;而 SBR 是在单一的反应池内,可以从时间上安排曝气、缺氧和厌氧的不同状态,实现脱氮除磷的目的。

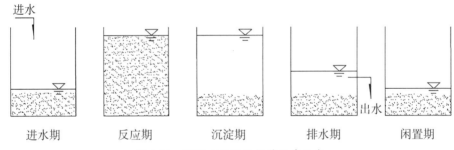

图 1-14　SBR 工艺运行操作工序示意

SBR 单独用于农村生活污水处理的并不多见,但以此为核心技术开发的设备仍有报道。相关人员设计研发了一体化 SBR 处理设施对农村生活污水进行处理,出水水质可达《城镇污水处理厂污染物排放标准》(GB 18918—2002)一级标准下的 B 标准;[12] 利用一体化空气提升 SBR 法处理低 C/N 农村生活污水,COD、NH_3—N 等出水水质指标均可满足《城镇污水处理厂污染物排放标准》(GB 18918—2002)二级标准。[13]

SBR 工艺关键设计参数如表 1-2 所示。

表 1-2　SBR 工艺关键设计参数*

项目名称		符号	单位	参考值
反应池五日生化需氧量污泥负荷	BOD₅/MLVSS	L_S	kg/(kg·d)	0.15~0.25
	BOD₅/MLSS		kg/(kg·d)	0.07~0.15
反应池混合液悬浮固体(MLSS)平均质量浓度		X	kg/m³	2.5~4.5
总氮负荷率(TN/MLSS)			kg/(kg·d)	≤0.06
污泥产率系数(VSS/BOD₅)	设初沉池	Y	kg/kg	0.3~0.6
	不设初沉池		kg/kg	0.5~0.8
厌氧水力停留时间占反应时间比例			%	5~10
缺氧水力停留时间占反应时间比例			%	10~15
好氧水力停留时间占反应时间比例			%	75~80
总水力停留时间		HRT	h	20~30
污泥回流比		R	%	20~100
混合液回流比		R_i	%	≥200
需氧量(O₂/BOD₅)		O₂	kg/kg	1.5~2.0
活性污泥容积指数		SVI	mL/g	70~140
充水比		m		0.30~0.35
BOD₅总处理率		η	%	85~95
TP总处理率		η	%	50~75
TN总处理率		η	%	55~80

注:* 参数引自《序批式活性污泥法污水处理工程技术规范》(HJ 577—2010),适用于城镇及农村生活污水
设计计算,当水质差异较大时,设计参数应通过试验或类似工程确定。

(4)氧化沟

氧化沟(见图 1-15)是一种改良的活性污泥法,一般不设初沉池,通常采用延时曝气,其曝气池呈封闭的沟渠形,污水和活性污泥混合液在其中循环流动,因此被称为"氧化沟",又称"环形曝气池"。

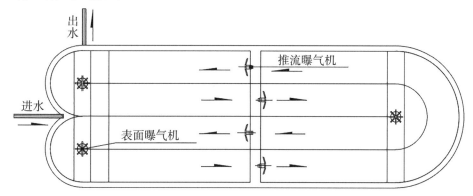

图 1-15　氧化沟工艺的基本构成

氧化沟工艺关键设计参数如表 1-3 所示。

表 1-3　氧化沟工艺关键设计参数*

项目名称		符号	单位	参考值
反应池五日生化需氧量污泥负荷	BOD₅/MLVSS	L_s	kg/(kg·d)	0.10～0.21
	BOD₅/MLSS		kg/(kg·d)	0.07～0.15
反应池混合液悬浮固体(MLSS)平均质量浓度		X	kg/L	2.0～4.5
反应池混合液挥发性悬浮固体(MLVSS)平均质量浓度		X_v	kg/L	1.4～3.2
MLVSS 在 MLSS 中所占的比例	设初沉池	y	g/g	0.65～0.7
	不设初沉池		g/g	0.5～0.65
BOD₅ 容积负荷		L_v	kg/(m³·d)	0.20～0.7
总氮负荷率(TN/MLSS)		L_{TN}	kg/(kg·d)	≤0.06
设计污泥泥龄(供参考)		θ_c	d	12～25
污泥产率系数(VSS/BOD₅)	设初沉池	Y	kg/kg	0.3～0.6
	不设初沉池		kg/kg	0.5～0.8
厌氧水力停留时间占反应时间比例			%	1～2
缺氧水力停留时间占反应时间比例			%	1～4
好氧水力停留时间占反应时间比例			%	6～12
总水力停留时间		HRT	h	8～18
污泥回流比		R	%	50～100
混合液回流比		R_i	%	100～400
需氧量(O₂/BOD₅)		O_2	kg/kg	1.1～1.8
BOD₅ 总处理率		η	%	85～95
TP 总处理率		η	%	50～75
TN 总处理率		η	%	55～80

注：* 参数引自《氧化沟活性污泥法污水处理工程技术规范》(HJ 578—2010)，适用于城镇污水及工业废水的设计计算，当水质差异较大时，设计参数应通过试验或类似工程确定。

（5）MBR

MBR 是一种由膜分离单元与生物处理单元相结合的新型水处理技术。与其他活性污泥工艺不同的是，MBR 采用膜过滤而不是沉淀池来实现泥水分离，利用膜分离设备将生化反应池中的活性污泥和大分子有机物截留，省掉二沉池。膜将活性污泥截留在生化池内从而提高了生化池的污泥浓度和生化速率，同时通过膜过滤得到更好的出水水质。根据微生物生长环境的不同，MBR 可分为好氧和厌氧两大类。MBR 的核心部件是膜组件，从材料上可以分为有机膜和无机膜两大类。根据膜组件形式的不同，可以分为管式、板式和中空纤维式；根据膜组件安放位置的不同，可分为内置式和外置式。其中，外置式 MBR 是指膜组件与生物反应池分开设置,膜组件在生物反应池的外部,生物反应池反应后的混合液进入膜组件进行分离,分离后的清水予以排出,剩余的混合液回流到生物反应池中继续参与反应(见图 1-16)。

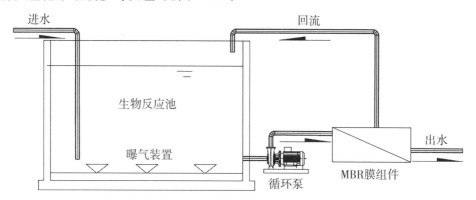

图 1-16　外置式膜生物反应器

内置式 MBR 是将膜组件直接安放在生物反应器中,通过泵的负压抽吸作用或重力作用得到膜过滤出水。由于膜浸没在反应器的混合液中,亦称浸没式或一体式 MBR(见图 1-17)。在内置式 MBR 中,膜组件下方设置曝气装置,依靠空气和水流的扰动减缓膜污染,一般曝气是连续的,而泵的抽吸是间断的。为了有效地防止膜污染,有时在反应器内设置中空轴,通过中空轴的旋转使安装在轴上的膜也随着转动。MBR 在农村生活污水处理中有一定的应用,采用 MBR/人工湿地组合工艺处理农村生活污水,具有较好的处理效果,出水水质达到《城镇污水处理厂污染物排放标准》(GB 18918—2002)一级标准下的 A 标准。[14]

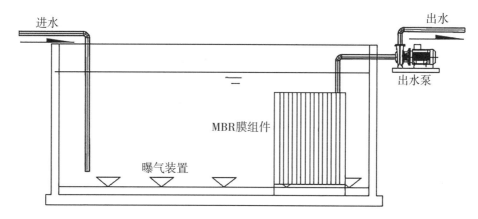

图 1-17　内置式膜生物反应器

MBR 工艺关键设计参数如表 1-4 所示。

表 1-4　MBR 工艺关键设计参数[*]

项目名称		符号	单位	参考值
膜池混合液悬浮固体浓度[1]	中空纤维膜	X_m	gMLSS/L	6～15
	平板膜			10～20
MLVSS 在 MLSS 中所占比例		y	kgMLVSS/kgMLSS	0.4～0.7
反应池五日生化需氧量污泥负荷		L_s	kgBOD$_5$/(kgMLSS·d)	0.03～0.1
总污泥泥龄		θ_t	d	15～30
缺氧区(池)至厌氧区(池)的混合液回流比		R_1	—	1～2
好氧区(池)至缺氧区(池)的混合液回流比		R_2	—	3～5
膜池至好氧区(池)的混合液回流比		R_3	—	4～6
污泥总产率系数[2]	设初沉池	Y_t	kgMLSS/kgBOD$_5$	0.25～0.45
	不设初沉池		kgMLSS/kgBOD$_5$	0.5～0.9
污泥理论产率系数[2]		Y	kgMLVSS/kgBOD$_5$	0.3～0.6
污泥内源呼吸衰减系数[2]		k_d	d^{-1}	0.05～0.2
硝化菌最大比增长速率[2]		μ_{nm}	d^{-1}	0.06
最大比硝化速率[2]		v_{nm}	kgNH$_4^+$—N/(kgMLSS·d)	0.02～0.1
硝化作用中氨氮去除的半速率常数[2]		K_n	mgNH$_4^+$—N/L	0.05～1.0
反硝化脱氮速率[2]		K_{dn}	kgNO$_3^-$—N/(kgMLSS·d)	0.03～0.06
单位污泥的含磷量		P_x	kgP/kgMLVSS	0.03～0.07

注:1 指其他反应区(池)的设计 MLSS 可根据回流比衡算得到;2 指在 20℃条件下的取值。

* 参数引自《膜生物反应器城镇污水处理工艺设计规程》(T/CECS 152—2017),适用于城镇污水及农村生活污水的工艺设计。

(6)生物接触氧化法

生物接触氧化法也称淹没式生物滤池(见图 1-18),即:在反应器内设置填料,经过充氧的废水与长满生物膜的填料相接触,在生物膜的作用下,废水得到净化。

生物接触氧化法在运行初期,少量的细菌附着于填料表面,由于细菌的繁殖逐渐形成很薄的生物膜,在溶解氧和食物都充足的条件下,微生物的繁殖十分迅速,生物膜逐渐增厚。溶解氧和污水中的有机物通过扩散作用进入生物膜后被微生物吸收利用。但当生物膜达到一定厚度时,氧已经无法向生物膜内层扩散,好氧菌死亡,而兼性细菌、厌氧菌在内层开始繁殖,形成厌氧层,利用死亡的好氧菌为基质,并在此基础上不断生成厌氧菌。经过一段时间后,厌氧菌数量开始下降,加上代谢产物气体的逸出,内层生物膜大块脱落。在生物膜已脱落的填料表面,新的生物膜又重新形成。在接触氧化池内,由于填料表面积较大,所以生物膜发展的每一个阶段都是同时存在的,使去除有机物的能力稳定在一定的水平上。

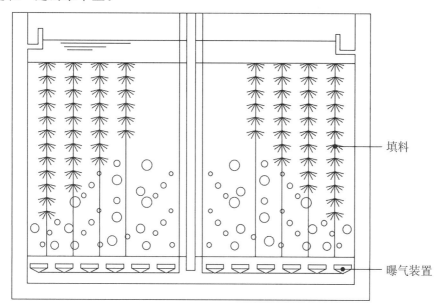

填料

曝气装置

图 1-18　生物接触氧化池基本构造

生物接触氧化法在除碳脱氮时,需增设缺氧池,关键设计参数如表 1-5 所示。

表 1-5　接触氧化工艺关键设计参数*

项目名称	符号	单位	参考值
五日生化需氧量填料容积负荷	M_c	kgBOD₅/(m³填料·d)	0.4～2.0
硝化填料容积负荷	M_N	kgTKN/(m³填料·d)	0.5～1.0
好氧池悬挂填料填充率	η	%	50～80
好氧池悬浮填料填充率	η	%	20～50
缺氧池悬挂填料填充率	η	%	50～80
缺氧池悬浮填料填充率	η	%	20～50
水力停留时间	HRT	h	4～16
	HRT_{DN}		0.5～3.0(缺氧段)
污泥产率系数	Y	kgVSS/kgBOD₅	0.2～0.6
出水回流比	R	%	100～300

注:* 参数引自《生物接触氧化法污水处理工程技术规范》(HJ 2009—2011),适用于城镇及农村生活污水的工艺设计。

(7)生物滤池

生物滤池(见图 1-19)是在间歇砂滤池和接触滤池的基础上发展起来的人工生物处

理法。[15]在生物滤池中,废水通过布水器(布水管或布水盘等)均匀地分布在滤池表面,滤池中装满了石子等填料(一般称为滤料),废水沿着滤料的空隙从上向下流到池底,通过集水沟或排水渠,流出池外。

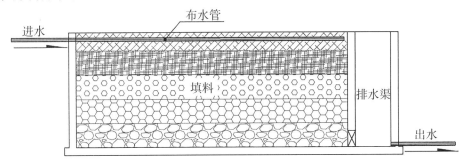

图1-19　生物滤池基本构成

污水通过滤池时,填料截留了污水中的悬浮物,同时把污水中的胶体和溶解性物质吸附在自己的表面,其中的有机物使微生物很快繁殖起来,这些微生物又进一步吸附废水中呈悬浮、胶体和溶解状态的物质,逐渐形成生物膜。生物膜成熟后,栖息在生物膜上的微生物摄取污水中的有机污染物作为营养,对污水中的有机物进行吸附氧化作用,因而污水在通过生物滤池时能得到净化。

生物滤池工艺关键设计参数如表1-6所示。

表1-6　生物滤池工艺关键设计参数[*]

种类	容积负荷	水力负荷(滤速)	空床水力停留时间
碳氧化滤池	$3.0 \sim 6.0 kgBOD_5/(m^3 \cdot d)$	$2.0 \sim 10.0 m^3/(m^2 \cdot h)$	40～60min
硝化滤池	$0.6 \sim 1.0 kgNH_3—N/(m^3 \cdot d)$	$3.0 \sim 12.0 m^3/(m^2 \cdot h)$	30～45min
碳氧化/硝化滤池	$1.0 \sim 3.0 kgBOD_5/(m^3 \cdot d)$ $0.4 \sim 0.6 kgNH_3—N/(m^3 \cdot d)$	$1.5 \sim 3.5 m^3/(m^2 \cdot h)$	80～100min
前置反硝化滤池	$0.8 \sim 1.2 kgNO_3^-—N/(m^3 \cdot d)$	$8.0 \sim 10.0 m^3/(m^2 \cdot h)$	20～30min
后置反硝化滤池	$1.5 \sim 3.0 kgNO_3^-—N/(m^3 \cdot d)$	$8.0 \sim 12.0 m^3/(m^2 \cdot h)$	20～30min

注:[*] 参数引自《生物滤池法污水处理工程技术规范》(HJ 2014—2012),适用于城镇污水及与城镇污水水质相类似的工业废水处理工程。

(8)生物转盘

生物转盘(见图1-20)是由许多平行排列、部分浸没在一个水槽(接触反应槽)中的圆盘(盘片)组成的生物膜法污水处理技术。

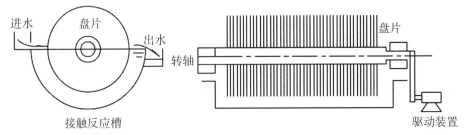

图1-20　生物转盘基本构成示意

生物转盘处理系统中的转盘,在接触反应槽内以较低的线速度进行转动时,槽内充满污水,转盘和空气、污水交替接触。一段时间后,转盘上将附着生长一层生物膜,转盘浸入污水时,污水中的有机污染物为生物膜所吸附降解;当转盘转动离开污水与空气接触时,生物膜上的固着水层从空气中吸收氧,并将其传递到生物膜与污水中,使接触反应槽内污水的溶解氧含量达到一定的浓度。转盘上附着的生物膜与污水及空气之间,除有机物与氧气的传递外,还进行着二氧化碳、氨气等物质的传递。随着处理时间的延长,生物膜逐渐增厚,内部形成厌氧层,并逐渐老化。老化的生物膜在污水水流与盘面之间产生的剪切力作用下剥落,在后续的二沉池内被截留形成污泥。

生物转盘工艺关键设计参数如表 1-7 所示。

表 1-7　生物转盘工艺关键设计参数*

项目名称	符号	单位	参考值
容积面积比	G	L/m²	5～9
BOD₅面积负荷	L_A	kg BOD₅/(m² 盘片·d)	0.005～0.02
水力负荷	L_q	m³ 污水/(m² 盘片·d)	0.04～0.2

注:* 参数引自《室外排水设计标准》(GB 50014—2021),适用于城镇污水及农村生活污水的工艺设计。

1.5.4　自然生态处理

自然生态处理是指利用自然界的机制及生物成员,在人为控制下使其发挥最大的能力来进行污水处理的技术。该技术可有效去除有机物、病原体、重金属、氮磷等,在面源污染及农村生活污水治理中应用广泛。典型的自然生态处理技术有稳定塘、污水的土地处理和人工湿地处理系统。

1. 稳定塘

稳定塘又称生物塘或氧化塘,是一种利用自然池塘天然的净化能力,通过微生物、藻类等自然界生物群体对污水进行处理的构筑物的总称。稳定塘系统由细菌、藻类、原生动物、后生动物、水生植物等组成,在太阳能的推动下,塘内的微生物为藻类提供二氧化碳、碳酸盐等生存所必需的物质,同时,藻类为微生物提供氧气进行好氧作用,从而构成一个菌藻共生的生态系统。污水在塘内缓慢流动并作长时间停留,通过塘中存在的多条食物链的代谢活动以及综合作用,将污水中的有机污染物和其他污染物质进行转换和降解,从而去除污水中的污染物,实现污水的净化。稳定塘具有建设和运行费用低、维护简便、操作简单、无须污泥处理等优点。

2. 污水的土地处理

污水的土地处理是指经过适当处理的污水有控制地分配到土地表层,以土地为主要处理系统,利用土壤—微生物—植物组成的生态系统,通过绿色植物根系的吸收和降解作用、土壤中微生物的降解吸附作用、土壤有机或无机胶体的络合及沉淀作用、土壤和植物的机械截留作用等对污水中的污染物进行处理,使污水得到净化的处理方法。这种方法能够将污水中的营养元素保留,成为促进植物生长的有益成分,加快植物的生长,是一种资源化、无害化和稳定化的处理方法。

根据系统中水流运动的速率和流动轨迹的不同,污水土地处理系统可分为快速渗滤系统、慢速渗滤系统、地表漫流系统和地下渗滤系统四种类型。

(1)快速渗滤系统

快速渗滤系统是将污水有计划地灌溉至快速渗滤田表面,通过土壤渗滤净化后自然流入地下,是一种高效、低耗、经济的污水处理及再生方法。通常以渗透性能良好的砂土、砾石性砂土等作为快速渗滤系统的土壤,灌水与晒田反复循环进行,使滤田表面的土壤处于厌氧与好氧交替运行状态,依靠土壤微生物分解截留有机物,从而使污水得到净化。快速渗滤流系统是利用土壤来净化和储存污水,而后回收利用。因此,要求进入土地的污染物浓度不能过高,需要进行适当的预处理,以免造成地下水污染。

(2)慢速渗滤系统

慢速渗滤系统适用于渗水性能较好的壤土、砂质壤土以及气候温润的地区。种植的植物以经济作物为主,污水以喷灌和沟灌形式入田,污水负荷低,渗流速度慢,故污水的净化效率较高,出水水质好。慢速渗滤系统的控制因素较多,主要受灌水率、灌水方式、作物类型、污水预处理等因素的影响。

(3)地表漫流系统

地表漫流系统是用喷灌及漫灌的方式,将污水有控制地排放到土地表层,污水在地面形成薄层,均匀地顺坡流下,在流动过程中少量污水被植物摄取、蒸发和渗入地下。地表漫流系统适用于渗透性的黏土或亚黏土,地面上一般种植青草或其他作物以供微生物栖息,并防止土壤流失。在污水流经草地的过程中,悬浮物被截留,有机物被微生物分解,氮、磷被草根和土壤吸收或吸附。

(4)地下渗滤系统

地下渗滤系统是将污水有控制地投配至距地表约0.5m深度、具有一定构造和良好渗透性能的土层中,使污水在土壤的毛细管浸润和渗滤作用下,向周围扩散,通过过滤、沉淀、吸附和降解等作用,达到净化污水要求的土地处理系统。

3.人工湿地处理系统

人工湿地处理系统(见图1-21)是由人工建造和控制运行的与沼泽地类似的地面,将污水、污泥有控制地投配到经人工建造的湿地上,污水与污泥在沿一定方向流动的过程中,对污水、污泥进行处理的一种技术。

人工湿地处理系统主要通过基质、植物、微生物作用,经过物理、化学和生物作用,实现污水中有机物、氮磷等污染物的去除。

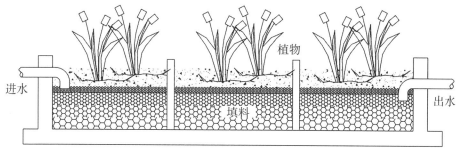

图 1-21　人工湿地处理系统

（1）基质作用

污水流经湿地系统时，水流中的悬浮固体颗粒直接在基质颗粒表面被拦截。水中悬浮固体颗粒和溶解性污染物迁移到基质表面时，容易通过基质表面的黏附作用而去除。此外，由于湿地床体长时间处于浸水状态，因此，床体很多基质区域内形成了土壤胶体。土壤胶体本身具有极大的吸附性能，也能够截留和吸附进水中的悬浮固体颗粒物和溶解性污染物。

（2）植物作用

湿地植物是人工湿地处理系统中的重要组成部分，是人工湿地可持续性去除污染物的核心。首先，植物通过吸收同化作用直接从污水中吸收富集营养物质，如氮和磷等，最后通过植物收割而使这些物质离开水体。其次，湿地植物根系密集、发达，交织在一起拦截固体颗粒，降低污水悬浮物浓度。再次，植物根系为微生物的生长提供了营养、氧及附着表面，从而提高了整个人工湿地处理系统的微生物量，促进微生物分解代谢污水中污染物的作用。最后，植物还能为水体输送氧气，有利于微生物进行好氧分解代谢污水中的污染物。

（3）微生物作用

人工湿地处理系统中的微生物是降解水体中污染物的主力军。在湿地环境中存在着大量的好氧菌、厌氧菌、硝化菌、反硝化菌。通过微生物的一系列生化反应，污水中的污染物都能得到有效降解。污染物一部分转化为微生物生物量，另一部分转化为对环境无害的无机物质回归自然界中。此外，人工湿地处理系统中还存在一些原生动物、后生动物，甚至昆虫，它们也能参与吞食湿地系统中的有机颗粒，同化吸收营养物质，在某种程度上也能去除污水中的污染物。[16]

总体来说，人工湿地污水处理系统是一种较好的污水处理方式，比较适合水量、水质变化不大，管理水平不高的城镇和农村生活污水处理。

人工湿地的主要设计参数，宜根据试验资料确定，无试验资料时，可根据表 1-8 的数据进行取值。

表 1-8 人工湿地关键设计参数[*]

项目		Ⅰ区		Ⅱ区		Ⅲ区	
		常规处理	深度处理	常规处理	深度处理	常规处理	深度处理
表流人工湿地	BOD₅表面负荷 [g/(m²·d)]	1.5～3.5	1.0～2.0	2.5～4.5	1.5～3.0	3.5～5.5	2.0～4.0
	NH₃—N表面负荷 [g/(m²·d)]	1.0～2.0	0.5～1.0	1.5～2.5	0.8～1.5	2.0～3.5	1.2～2.5
	TN表面负荷 [g/(m²·d)]	1.0～2.5	0.5～1.5	1.5～3.0	1.0～2.0	2.0～3.5	1.5～2.5
	TP表面负荷 [g/(m²·d)]	0.08～0.20	0.05～0.10	0.10～0.25	0.08～0.15	0.15～0.30	0.10～0.20
	水力负荷 [m³/(m²·d)]	≤0.05	≤0.10	≤0.08	≤0.15	≤0.10	≤0.20
	水力停留时间(d)	≥8.0	≥5.0	≥6.0	≥4.0	≥4.0	≥3.0
水平潜流人工湿地	BOD₅表面负荷 [g/(m²·d)]	4～6	3～5	5～8	4～6	6～10	5～8
	NH₃—N表面负荷 [g/(m²·d)]	1.5～3.0	1.0～2.0	2.5～4.0	1.5～3.0	3.0～5.0	2.0～4.0
	TN表面负荷 [g/(m²·d)]	2.0～4.5	1.5～3.5	2.5～5.5	2.0～4.0	3.0～6.5	2.5～4.5
	TP表面负荷 [g/(m²·d)]	0.20～0.35	0.10～0.25	0.25～0.40	0.15～0.30	0.30～0.50	0.20～0.40
	水力负荷 [m³/(m²·d)]	≤0.15	≤0.30	≤0.25	≤0.40	≤0.35	≤0.50
	水力停留时间(d)	≥3.0	≥3.0	≥2.0	≥2.0	≥1.0	≥1.0
垂直潜流人工湿地	BOD₅表面负荷 [g/(m²·d)]	5～7	4～6	6～8	5～7	7～10	6～8
	NH₃—N表面负荷 [g/(m²·d)]	2.0～3.5	1.5～2.5	3.0～4.5	2.0～3.5	3.5～5.5	2.5～4.0
	TN表面负荷 [g/(m²·d)]	2.5～5.0	2.0～4.0	3.0～6.0	2.5～4.5	3.5～7.0	3.0～5.0
	TP表面负荷 [g/(m²·d)]	0.20～0.40	0.10～0.30	0.25～0.45	0.20～0.35	0.35～0.50	0.25～0.40
	水力负荷 [m³/(m²·d)]	≤0.2	≤0.4	≤0.4	≤0.5	≤0.6	≤0.8
	水力停留时间(d)	≥3.0	≥3.0	≥2.0	≥2.0	≥1.0	≥1.0

注：* 参数引自《污水自然处理工程技术规程》(CJJ/T 54—2017)，适用于农村生活污水及与生活污水性质类似的其他污水处理工程；Ⅰ区、Ⅱ区、Ⅲ区分别代表年平均气温低于8℃、8～16℃、高于16℃的污水自然处理工程所在地区。

1.5.5 农村生活污水处理常见的工艺组合

由于农村生活污水的可生化性较好,多种处理技术均可用于农村生活污水的处理环节。但鉴于农村社会、经济与环境条件较为复杂,且各地区污水处理排放的环境要求不同,常用的农村生活污水处理工艺流程由多种技术相互组合而成,以满足不同场景的需求。以下是常见的几种工艺组合。

1. AO 和 AAO 工艺

(1)工艺概况

AO 和 AAO 工艺是农村生活污水处理的主要工艺之一,在实际应用中,以一体化集成形式居多。该工艺主要包括格栅井、调节池、厌氧池、好氧池等单元,AAO 还包括缺氧池等单元。AO 和 AAO 脱氮除磷工艺均为农村生活污水处理中常见的处理工艺,主要是利用厌氧菌、好氧菌等微生物的作用,去除水中的 COD、SS、TN、TP 等污染物,其特点是通过污水回流实现同步脱氮除磷的效果。AO 和 AAO 工艺流程分别见图 1-22、图 1-23。

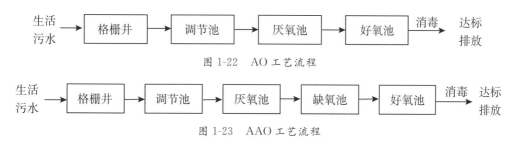

图 1-22 AO 工艺流程

图 1-23 AAO 工艺流程

(2)工艺特点

AO 和 AAO 工艺成熟,在运维正常的情况下,脱氮率可达 80%以上,磷去除率可达 75%以上,工程占地小、施工与施工管理便利,便于招投标。但要求运维管理水平高,在管理大批量站点时难度较大,尤其是以活性污泥法为核心的处理站点,运行工艺参数难以控制在最适范围内。

(3)适用范围

AO 和 AAO 工艺适用于处理设施可使用面积有限、施工工期紧张、区域交通及水电条件便捷、运维管理条件较好的村庄或农村居住区。

(4)常见问题

①抗冲击负荷能力弱,对水质、水量的变化适应性不佳。

②需要一定量的能耗。

③运维管理工作量较大。

2.厌氧+人工湿地工艺

（1）工艺概况

厌氧+人工湿地工艺是最早用于农村生活污水达标处理的工艺组合之一。污水处理设施包括格栅井、厌氧池、人工湿地、出水井等单元，是把厌氧处理技术与人工湿地技术相结合的工艺组合。污水自管网收集并经格栅井后进入厌氧池，利用厌氧菌在缺氧环境下，去除污水中的有机物，厌氧单元出水进入人工湿地，利用人工湿地中的土壤、砂石等介质及植物与微生物等微生态系统的分解与同化作用实现污水净化，厌氧+人工湿地工艺流程见图1-24。

图1-24 厌氧+人工湿地工艺流程

（2）工艺特点

厌氧+人工湿地工艺技术成熟、投资费用省、运行费用低、维护管理简便。设计负荷适当时，出水水质好，尤其是脱氮效果良好，但该工艺占地面积大，容易受病虫害影响，当缺乏良好的维护管理时，仍然会出现出水水质恶化的现象。

（3）适用范围

该工艺组合虽然占地面积大，但运行费用低、管理方便，适用于有一定空闲土地或把景观用地与污水处理相结合的场合，以及对要求后期运维管理便利的村镇。[17]

（4）常见问题

①人工湿地维护便利，但不是零维护，仍需要一定程度的运维管理，湿地植物需要定期进行收获，填料需要定期更换，否则出水水质会恶化。

②抗冲击负荷能力较弱，水质波动对其处理效果影响较大，尤其是污染源有较大变化时，常常会造成湿地出水异常，甚至毁坏整个湿地。

③湿地堵塞，过水能力下降，当普通人工湿地长期运行或负荷过高时，极易发生堵塞，造成湿地积水、污水溢出等事故，只能通过更换填料等才能正常运行，运行成本大大增加。

3.AO(AAO)+人工湿地工艺

（1）工艺概况

AO(AAO)+人工湿地工艺组合的特点是在原AO(AAO)后端增加了人工湿地，在我国很多地方都采用了这一工艺组合。整个工程主要包括格栅井、调节池、AO(AAO)组合池、人工湿地等单元。污水经过AO(AAO)工艺处理后，进入人工湿地做进一步处理。这一组合充分综合了AO(AAO)良好的COD去除率和人工湿地稳定的氮磷去除率的优势，使出水水质进一步稳定，提高了达标排放率，同时也提高了抗冲击负荷能力和运维的便利性。AO(AAO)+人工湿地工艺流程见图1-25和图1-26。

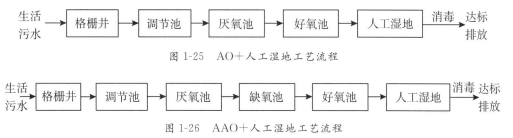

图 1-25　AO＋人工湿地工艺流程

图 1-26　AAO＋人工湿地工艺流程

（2）工艺特点

AO（AAO）＋人工湿地工艺污水处理效果好且运行稳定，污泥产量少，对水力负荷和有机负荷的适应范围较大，有较强的抗冲击能力，但投资费用增加，运维较厌氧＋人工湿地工艺复杂。

（3）适用范围

该工艺组合适用于人口密度高、污水排放量大、出水水质要求高且运维力量相对较弱的地区。

（4）常见问题

主要问题是 AO、AAO 工艺段和人工湿地的管理维护，与"AO、AAO 工艺"和"厌氧＋人工湿地工艺"基本相同。

4.厌氧＋生物滤池工艺

（1）工艺概况

厌氧＋生物滤池工艺组合是在厌氧处理后端连接生物滤池的一种工艺组合，在我国农村地区有不少应用。污水处理设施主要包括格栅井、调节池、厌氧池、生物滤池等单元。污水自管网收集经调节池调节水质水量后，进入厌氧池，在厌氧菌的作用下，去除部分有机物，然后进入生物滤池，通过滤池填料表面形成的生物膜的作用，降低污水中有机物及氮磷的含量，从而净化污水。厌氧＋生物滤池工艺流程见图 1-27。

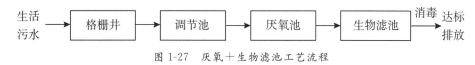

图 1-27　厌氧＋生物滤池工艺流程

（2）工艺特点

厌氧＋生物滤池工艺能耗少，操作简便，污水处理能力较强，生物滤池内可保持较高的微生物浓度，出水中的 SS 含量较低。不足之处是，维护不当时滤料容易堵塞，需要严格控制进水中的 SS 含量，必要时需采取反冲或更换填料等措施。

（3）适用范围

该工艺组合适用于人口居住相对集中，污水处理规模在 5～200 吨/天的村域。

（4）常见问题

①不同类型滤池效果差异很大，某些滤池出水水质不稳定。

②受场地布置影响大，容易出现布水不均匀从而影响净化效率。

③某些滤池有蚊虫滋生和臭气污染的问题。

5.AO(AAO)＋生物滤池工艺

（1）工艺概况

AO(AAO)＋生物滤池工艺主要包括格栅井、调节池、AO(AAO)组合池、生物滤池等单元，这两种工艺组合分别是在 AO(AAO)工艺的基础上增设了生物滤池等单元，与厌氧＋生物滤池工艺相比，增加了好氧曝气单元，其有机物去除效率更高，AO(AAO)＋生物滤池工艺流程见图 1-28、图 1-29。

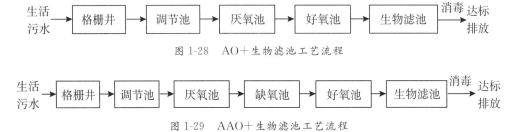

图 1-28　AO＋生物滤池工艺流程

图 1-29　AAO＋生物滤池工艺流程

（2）工艺特点

该工艺组合处理效率较高、操作简便，占地面积较小，能够很大限度地过滤掉污水中的杂质及有机物，现场处理效果较好。

（3）适用范围

该工艺组合适用于人口居住相对集中，土地面积有限的村域。

（4）常见问题

主要问题是 AO、AAO 工艺段和生物滤池的管理维护，与"AO、AAO 工艺"和"厌氧＋生物滤池工艺"基本相同。

6.MBR 工艺

（1）工艺概况

MBR 工艺主要包括格栅井、调节池、厌氧池、MBR 池、出水井等单元，用于农村生活污水处理中的 MBR 系统一般为一体化设备。各户的生活污水经管网收集后，再经格栅过滤后进入调节池，在调节池内调节水质、水量后由泵提升至厌氧池，在厌氧池内，进水与来自 MBR 池的内回流硝化液混合后进行生物脱氮，厌氧池出水进入 MBR 池。池内有膜组件，可大大提高活性污泥的浓度，进而去除污水中的大部分污染物。MBR 池出水经自吸泵抽吸后排入出水井，最后排至受纳水体。MBR 工艺流程见图 1-30。

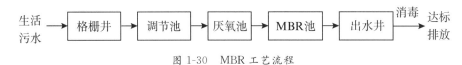

图 1-30　MBR 工艺流程

（2）工艺特点

与许多传统的生物水处理工艺相比，MBR 工艺具有出水水质优质稳定、剩余污泥产量少、占地面积小、易于实现自动控制等优点。但 MBR 工艺也存在造价高、运行能耗高、容易出现膜污染等问题,给运行及操作管理带来不便。

(3)适用范围

该工艺组合适用于资金预算充足、管理技术力量有保障,对水质要求较高,空闲土地较少的村域。

(4)常见问题

①工艺涉及的设备较多,运行维护需要有专门的技术人员。

②加药及清洗不当,容易出现 MBR 膜丝断裂或污堵。

③运维成本高是限制 MBR 工艺在农村生活污水处理中广泛运用的主要因素。

主要参考文献

[1]邓仕槐.环境保护概论[M].成都:四川大学出版社,2014.

[2]刘满平.水资源利用与水环境保护工程[M].北京:中国建材工业出版社,2005.

[3]蒋展鹏,杨宏伟.环境工程学[M].3 版.北京:高等教育出版社,2013.

[4]张毅敏,高月香,巴翠翠,等.我国农村水污染现状及防治对策[J].中华环境,2018(5):31-33.

[5]路明.我国农村环境污染现状与防治对策[J].农业环境与发展,2009,61(1):42-45.

[6]陈博,王垂涨.生态文明建设背景下农村环境污染治理研究[J].资源节约与环保,2020(8):137-138.

[7]汤博,许明珠,许志荣,等.浙江省农村生活污水处理工艺对比分析及适用性研究[J].湖北农业科学,2016,55(14):3597-3600.

[8]叶红玉,王浙明,金均,等.农村生活污水治理政策体系探讨:以浙江省为例[J].农业环境与发展,2011,28(6):90-95.

[9]高廷耀,顾国维,周琪.水污染控制工程(下册)[M].4 版.北京:高等教育出版社,2014.

[10]周群英,王士芬.环境工程微生物学[M].4 版.北京:高等教育出版社,2015.

[11]潘涛,李安峰,杜兵,等.废水污染控制技术手册[M].北京:化学工业出版社,2013.

[12]彭杰,黄天寅,曹强,等.一体化 SBR 农村生活污水处理设施设计[J].水处理技术,2015,41(1):132-134.

[13]张冰,贾晓竞,杨海真.一体化空气提升 SBR 处理低 C/N 农村生活污水研究[J].水处理技术,2014,40(10):63-66.

[14]蒋岚岚,刘晋,钱朝阳,等.MBR/人工湿地工艺处理农村生活污水[J].中国给

水排水,2010,26(4):29-31.

[15]张自杰,林荣忱,金儒霖,等.排水工程(下册)[M].5版.北京:中国建筑工业出版社,2015.

[16]罗安程.农村生活污水处理知识160问[M].杭州:浙江大学出版社,2013.

[17]叶红玉,曹杰,王浙明,等.浙江省农村生活污水处理技术模式导向研究[J].环境科学与管理,2012,37(3):95-99.

第 2 章

农村生活污水治理法律法规标准与政策

"不以规矩，不能成方圆"，"有法可依、有章可循"是人类世界形成社会属性的基础。在农村生活污水治理工作中，如果没有相应的法律法规、政策、标准等作为行动保障，治理计划将无法开展、设施质量将无法保证、各方行为将无法监管、绩效成果将无法考核。然而，我国在很长的一段时间内，农村生活污水治理主要参照城镇污水治理法律法规标准的要求执行，一度缺失专门针对农村生活污水治理的法律法规标准。近二十年来，我国在农村环境综合整治的探索过程中，从中央到地方，坚定不移逐步加强农村人居环境建设，在政策法规标准上取得了可喜的成果。尤其是浙江省率先承担起农村生活污水治理先试先行的重任，目前已形成比较完整的农村生活污水治理政策法规标准体系，填补了国内政策体系的空白，对浙江省农村生活污水处理设施的工程设计、施工建设、运行维护起到了重要的保障作用，亦可作为全国其他省份的借鉴参考。考虑到我国农村生活污水治理相关法律法规标准与政策数量多、类型多、交叉多，本章在简述我国生态环境法律法规标准与政策体系的基础上，着重对农村生活污水治理的主要法律法规标准与政策的框架体系、发展历程、管理分类等进行梳理、归纳与分析，以期从法律法规、标准与政策的角度，在一定程度上揭示农村生活污水治理的发展规律及导向。

2.1 生态环境法律法规标准与政策体系

法律法规标准与政策是国家管理的重要手段。法律法规是指现行有效的法律、行政法规、司法解释、部门规章、标准及其他规范性文件，以及对于上述法律法规的修改和补充。标准是指通过标准化活动，按照规定的程序经协商一致制定，为各种活动或其结果提供规则、指南或特性，供共同使用和重复使用的文件。政策是国家政权机关、政党组织和其他社会政治集团为了实现自己所代表的阶级、阶层的利益与意志，以权威形式标准化地规定在一定的历史时期内，应该达到的奋斗目标、遵循的行动原则、完成的明确任务、实行的工作方式、采取的一般步骤和具体措施。[1]生态环境法律法规、标准与政策体系归属于国家法律法规、标准与政策整个大体系，而农村生活污水治理法律法规、标准与政策体系则归属于生态环境法律法规、标准与政策体系。生态环境法律法规政策与标准的制定是为了保护和改善环境，防治污染和其他公害，保障公众健康，推进生态文明建设，促进经济社会可持续发展，保障我国实现可持续发展，是环境管理工作的重要内容，是国家和地方环境管理的依据和重要支撑。根据属性细分，生态环境法律法规、标准与政策体系又可以分为生态环境法律法规体系、标准体系和政策体系。

2.1.1 生态环境法律法规体系

我国的生态环境法律法规体系是以《中华人民共和国宪法》中关于环境保护的规定为根本，以《中华人民共和国环境保护法》为基础，由国家生态环境部门和其他部门发布的生态环境单行法、行政法规、行政规章、生态环境标准以及大量的规范性文件，还有相邻部门法中关于生态环境保护的规定、我国缔结或参加的环境保护国际公约等组成,是一个相辅相成的有机整体。从 1949 年新中国成立至 1973 年全国第一次环境保护会议的召开,是我国环境保护事业的兴起和环境法的孕育产生时期,总体来看起步较晚。环境立法在经历了初期发展的艰难时期后,从 1979 年《中华人民共和国环境保护法(试行)》的颁布实施,我国的环境立法得以快速建立,经过 40 多年的发展,逐渐成长为较为独立和完善的法律体系。目前,我国已制定国家级环境保护单行法规 10 部,环境保护行政法规 6 件,环境部门规章 70 余件,地方环境法规和规章 900 余件,还制修订了大量的环境标准。此外,还有资源管理、城市建设、村镇建设等相邻法规。总体上,形成了比较完善的生态法律法规标准与政策体系(见图2-1)。

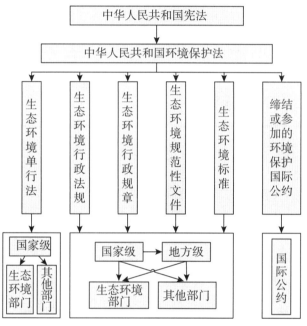

图 2-1　我国生态环境法律法规体系

从法律法规内容上来看,我国的环境法律法规体系主要包括:关于保护自然资源和环境的法律法规、关于防治环境污染和其他公害的法律法规、关于保护城市和乡村等区域环境的法律法规,以及关于对环境进行组织、管理、监督、监测的法律法规和环境保护标准。从法律法规的渊源来看,可以分为:①全国人民代表大会制定的宪法中的环境保护条款;②全国人民代表大会及其常务委员会制定的各种环境法律;③国务院及其管理部门发布的有关环境的行政法规和规章;④地方人民代表大会及其常务委员会和地方人民政府依照法定权限制定和发布的地方性环境法规和规章;⑤我国缔结的或参加的有关保护环境的各种国际公约和条约。

环境保护单行法又名单行性专门环境法规,是相对综合性环境法律而言,专门对某种环境要素或对环境资源开发、利用、保护、改善及其管理的某个方面的问题作出规定的法规,包括《中华人民共和国水污染防治法》《中华人民共和国大气污染防治法》《中华人民共和国土壤污染环境防治法》《中华人民共和国固体废物污染环境防治法》《中华人民共和国环境噪声污染防治法》《中华人民共和国放射性污染防治法》《中华人民共和国海洋环境保护法》《中华人民共和国环境影响评价法》等。除此之外,其他部门中关于生态环境保护的法律还有《中华人民共和国水土保持法》《中华人民共和国野生动物保护法》《中华人民共和国防沙治沙法》等。

环境行政法规是指国务院根据宪法和环境法律的规定,依法制定和发布的有关环境保护的规范性文件的总称,包括《水污染防治行动计划》《大气污染防治行动计划》《土壤污染防治行动计划》等。

环境部门规章亦称"环境行政规章",由国务院各部委单独或联合发布的有关环境保护的规范性文件的总称,通常就环境法律和环境行政法规执行中的问题或者各部委从事环境管理工作中的一般事项作出具体规定。

地方性环境法规则是由地方人民代表大会及其常务委员会制定和颁布的有关保护环境的规范性文件的总称。

2.1.2 生态环境标准体系

生态环境保护标准是落实环境保护法律法规的重要手段,同时也是支撑环境保护工作的重要基础。自 1973 年第一个环境保护标准——《工业"三废"排放试行标准》发布以来,截至 2019 年底,我国已发布各类环境保护标准 2011 项,其中环境质量标准 17 项,污染物排放标准 186 项,环境监测标准 1171 项,环境基础标准 41 项,管理规范标准 596 项,构建起了"两级五类"环境保护标准体系。随着新《中华人民共和国环境保护法》等环境保护法律法规及新《中华人民共和国标准化法》出台,国务院机构改革及职能调整,以及生态环境部对生态环境标准制修订与实施工作提出新思路,生态环境部对《国家环境保护标准制修订工作管理办法》进行了修订,于 2020 年 12 月出台了《生态环境标准管理办法》(生态环境部令 第 17 号),在"两级五类"标准体系基础上,增加"生态环境风险管控标准"类别,形成了最新的"两级六类"生态环境标准体系(见图 2-2)。

生态环境标准分为国家生态环境标准和地方生态环境标准"两级",标准代码为 GB 或者 GB/T 的为国家标准,标准代码为 DB 或者 DB/T 的为地方标准,GB 和 DB 表示强制性标准,GB/T 和 DB/T 表示推荐性标准。地方生态环境标准是对国家生态环境标准未规定的项目作出补充规定,或者对国家相应标准中已规定的项目作出更加严格的规定。地方生态环境标准包括地方生态环境质量标准、地方生态环境风险管控标准、地方污染物排放标准和地方其他生态环境标准。例如,《城镇污水处理厂污染物排放标准》(GB 18918—2002),是一个强制性的国家标准;《农村生活污水处理工程技术标准》(GB/T 51347—2019),是一个推荐性的国家标准;《农村生活污水处理设施建设和改造技术规程》(DB33/T 1199—2020),是一个推荐性的地方标准。"六类"指生态环境质量标准、生态环境风险管控标准、污染物排放标准、生态环境监测标准、生态环境基础标准、生态环境管理技术规范。生态环境标准被赋予了一定的法律效力,强制性生态环境标准必须执行。推荐性生态环境标准被强制性生态环境标准或者规章、行政规范性文件引用并赋予其强制执行效力的,被引用的内容必须执行,推荐性生态环境标准本身的法律效力不变。

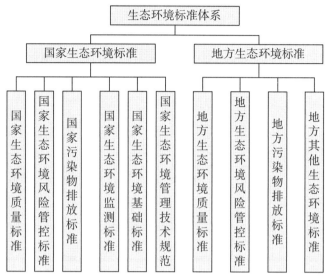

图 2-2 我国生态环境标准体系

以下仅对国家生态环境标准做简单介绍。

1.生态环境质量标准

它是为保护生态环境、保障公众健康、增加民生福祉、促进经济社会可持续发展,控制环境中有害物质和因素的生态环境风险而制定的。它是一定时期内衡量环境优劣程度的标准。地方各级人民政府应当根据相应的环境质量标准对本辖区内环境质量负责,采取措施改善环境质量。当辖区内环境质量不能达到质量标准时,辖区环境保护行政主管部门须采取限期整改、制订达标计划等一系列措施。

2.生态环境风险管控标准

它是为保护生态环境、保障公众健康、推进生态环境风险筛查与分类管理,维护生态环境安全,控制生态环境中的有害物质和有害因素而制定的。制定生态环境风险管控标准,应当根据环境污染状况、公众健康风险、生态环境风险、环境背景值和生态环境基准研究成果等因素,区分不同保护对象和用途功能,科学合理确定风险管控要求。

3.污染物排放标准

它是为改善生态环境质量,控制排入环境中的污染物或者其他有害因素,根据生态环境质量标准和经济、技术条件而制定的。制定污染物排放标准,应当反映所管控对象(区域)的污染物排放特征,以污染防治可行技术和可接受生态环境风险等为主要依据,科学合理确定污染物排放控制要求。

4.生态环境监测标准

它是为监测生态环境质量和污染物排放情况,开展达标评定和风险筛查与管控,规范布点采样、分析测试、监测仪器、卫星遥感影像质量、量值传递、质量控制、数据处理等监测技术要求而制定的。生态环境监测标准包括生态环境监测技术规范、生态环境监测分析方法标准、生态环境监测仪器及系统技术要求、生态环境标准样品等。制定时应当配套支持生态环境质量标准、生态环境风险管控标准、污染物排放标准的制定和实施，以及优先控制化学品环境管理、国际履约等生态环境管理及监督执法需求，采用稳定可靠且经过验证的方法，在保证标准的科学性、合理性、普遍适用性的前提下，提高便捷性，易于推广使用。

5. 生态环境基础标准

它是为统一规范生态环境标准的制定技术工作和生态环境管理工作中具有通用指导意义的技术要求而制定的。生态环境基础标准包括生态环境标准制定技术导则，生态环境通用术语、图形符号、编码和代号（代码）及其相应的编制规则等。

6. 生态环境管理技术规范

它是为规范各类生态环境保护管理工作的技术要求而制定的，包括大气、水、海洋、土壤、固体废弃物、化学品、核与辐射安全、声与震动、自然生态、应对气候变化等领域的管理技术指南、导则、规程、规范等。制定生态环境管理技术规范应当有明确的生态环境管理需求，内容科学合理，针对性和可操作性强，有利于规范生态环境管理工作。

2.1.3　生态环境政策体系

环境政策体现了国家对环境保护的态度、目标和措施，已成为各国最重要的社会公共政策之一。广义的环境政策是指国家为保护环境所采取的一系列控制、管理、调节措施的总和，包括环境法律法规，它代表了一定时期内国家权力系统或决策者在环境保护方面的意志、取向和能力。而狭义的环境政策是与环境法律法规相平行的一个概念，指在环境法律法规以外的有关政策安排。[2] 本节介绍环境政策主要是狭义角度的，指的是从国家到地方发布的一系列政策文件。

1. 按颁布主体划分

从颁布主体来看，我国环境政策可分为国家环境政策与地方环境政策，地方环境政策的制定必须贯彻国家环境政策的精神。从政策内涵来看，各主体颁布的环境政策又可以分为宏观、中观、微观 3 个层级[3]，见图2-3。

宏观环境政策是在考察整个国家或地方的总体环境基础上制定的，既能保证环境保护事业的内部得到协调发展，又能保证环境

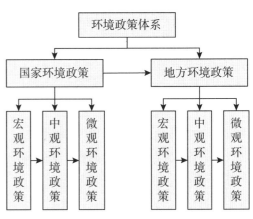

图 2-3　我国生态环境政策体系

保护事业与整个经济、社会发展协调一致的一些大政方针,是指导环境保护工作的重要政策。在我国,宏观环境政策主要包括:①确定环境保护在现代化建设中的地位和作用的政策;②确定环境保护与其他部门如何协调的政策;③确定环境保护发展战略和奋斗目标的政策;④确定环境保护事业内部结构的政策等。

中观环境政策是在宏观环境政策的指导下制定的,指导环境保护事业内部的某个方面工作的政策。例如,确定在农村环境整治方面重点要解决农村生活污水治理的政策就是一个中观环境政策,它指导了农村环境整治方面的防治工作和管理工作。在环境政策体系中,中观政策起着承上启下的中间骨架作用,即:既具体体现宏观环境政策,又统率各种微观环境政策。

微观环境政策是在宏观和中观环境政策指导下制定的,指导解决特定环境问题的具体政策措施,是中观环境政策的具体化,属于数量最多的一类政策。例如,在确定把农村生活污水治理作为重点的中观政策之后,就要确定若干治理农村生活污水的具体政策,如如何规划、建设改造、运维管理等微观政策。在环境政策体系中,微观环境政策是最基础的,其可实施性也最强。

2. 按内容范畴划分

按内容范畴划分,生态环境政策可划分为环境管理政策、环境技术政策、环境经济政策、环境产业政策等。[4]

环境管理政策是从宏观控制的角度,综合运用法律、行政、经济、技术和教育等手段,对环境活动进行全过程控制的各项工作路线、方针、原则、制度以及其他各种对策的总称。

环境技术政策是国家为了解决一定历史阶段的环境问题,针对环境技术制定的具体规定,是国家技术政策的重要组成部分。环境技术政策所确定的技术目标,需要既具有可行性又具有先进性。

环境经济政策是指按照市场经济规律的要求,运用价格、税收、财政、信贷、收费、保险等经济手段,调节或影响市场主体的行为,以实现经济建设与环境保护协调发展的政策手段。

环境产业政策是为了指导环境产业发展方向而制定的政策,强调在经济结构战略性调整中,促进环保产业结构优化,制定措施促进环保产业社会化、环保产业运营市场化、产品标准化等。

2.2　农村生活污水治理法律法规标准与政策

虽然我国生态环境政策法律法规标准体系总体上渐趋完善,但由于我国长期以来形成的城乡二元发展结构,农村生态环境保护工作尚处于起步阶段,农村生态环境相关的政策法律法规标准严重缺失。其中,农村生活污水治理涉及全国 5 亿多农民的人居环境问题,极其需要专门的政策法律法规标准的引导。近些年来,农村生活污水治理法律法规标准与政策得到了一定程度的发展。并且,已成为生态环境政策法律法规标准体系中的一个相对完整的小体系。追溯近 50 多年的发展情况,我国的农村生活污水治理法律法规标准与政策大致上经历了政策标准的空白阶段、农村环境综合整治时期的探索阶段和农村生活污水专项治理时期的强化阶段。从 20 世纪 70 年代到 21 世纪初是政策标准的空白阶段。该阶段农村环境保护工作尚未提上议事日程,国家基本没有出台针对农村生活污水治理的相关法律法规标准与政策。2002—2011 年属于探索阶段。党的十六大召开以后,我国开始关注突出的农村环境问题,开展了农村环境综合整治,陆续出台了一批农村生活污水治理政策文件,农村生活污染方面的技术规范也开始制定,为探索农村生活污水治理奠定了良好的基础。2012—2022 年属于强化阶段。党的十八大报告专章论述了生态文明,首次提出推进“绿色发展、循环发展、低碳发展”和建设“美丽中国”,而中国要美,农村必须美。党的十九大报告中首次提出了“乡村振兴战略”,在此大背景下,农村生活污水治理成为改善农村人居环境、提升农村生态环境质量的重点和难点。2019 年,中央农办等九部委联合出台了《关于推进农村生活污水治理的指导意见》等一系列政策文件和法规标准,我国农村生活污水治理工作全面铺开,作为专项工作独立登上历史舞台。不断完善的农村生活污水治理政策与法律法规标准,对农村生活污水治理工作发挥着极其重要的引导和规范作用。我国农村生活污水治理主要法律法规、标准与政策清单如表 2-1 所示。

表 2-1 我国农村生活污水治理主要法律法规、标准与政策清单

序号	文件名称	文件编号	发布机构
1	中华人民共和国宪法	/	全国人大
2	中华人民共和国环境保护法	中华人民共和国主席令 (第九号)	全国人大
3	中华人民共和国水污染防治法	2017 年 6 月 27 日 第二次修正	全国人大
4	“十三五”生态环境保护规划	国发〔2016〕65 号	国务院
5	关于全面推行河长制的意见	厅字〔2016〕42 号	中共中央办公厅、 国务院办公厅
6	关于实施乡村振兴战略的意见	2018 年中央一号文件	中共中央、国务院
7	水污染防治行动计划	国发〔2015〕17 号	国务院
8	全国农村环境综合整治“十三五”规划	环水体〔2017〕18 号	环境保护部、财政部
9	农村人居环境整治三年行动方案	中办发〔2018〕5 号	中共中央办公厅、 国务院办公厅
10	关于加快推进长江经济带农业面源污染治理的指导意见	发改农经〔2018〕1542 号	发改委等 5 部门
11	农业农村污染治理攻坚战行动计划	环土壤〔2018〕143 号	国务院、生态环境部、 农业农村部

序号	文件名称	文件编号	发布机构
12	农村黑臭水体治理工作指南(试行)	环办土壤函〔2019〕826 号	生态环境部
13	关于加快制定地方农村生活污水处理排放标准的通知	环办水体函〔2018〕1083 号	住建部、生态环境部
14	农村生活污水处理设施水污染物排放控制规范编制工作指南(试行)	环办土壤函〔2019〕403 号	生态环境部
15	关于推进农村生活污水治理的指导意见	中农发〔2019〕14 号	中农办等九部门
16	县域农村生活污水治理专项规划编制指南(试行)	环办土壤函〔2019〕756 号	生态环境部
17	农村生活污水处理工程技术标准	GB/T 51347—2019	国家市场监督管理总局、国家标准化管理委员会
18	村庄整治技术标准	GB/T 50445—2019	国家市场监督管理总局、住建部
19	农村生活污染防治技术政策	环发〔2010〕20 号	环境保护部
20	农村生活污水处理设施运行效果评价技术要求	GB/T 40201—2021	国家市场监督管理总局、国家标准化管理委员会
21	小型生活污水处理设备标准	T/CCPITCUDC—001—2021	中贸建设行业分会
22	小型生活污水处理设备评估认证规范	T/CCPITCUDC—002—2021	中贸建设行业分会
23	村庄生活污水处理设施运行维护技术规程	T/CCPITCUDC—003—2021	中贸建设行业分会

2.2.1 农村生活污水治理相关法律法规

目前,国家层面尚未出台专门针对农村生活污水的法律法规,但在国家的根本法、环境保护基本法以及水污染治理单行法中,都有直接或间接涉及农村生活污水治理的相关内容,尤其是新修订的《中华人民共和国环境保护法》《中华人民共和国水污染防治法》明确对农村生活污水治理的支持,足以见得农村生活污水治理工作在整个农村生态环境保护工作中的分量。一些走在前列的省份为农村生活污水治理法律法规的建立健全进行了积极的探索,浙江省于 2019 年 9 月,颁布了《浙江省农村生活污水处理设施管理条例》,填补了国内农村生活污水治理方面专门法规的空白,成为中国首部专门针对农村生活污水处理设施管理的立法,也标志着我国农村生活污水治理的法律法规体系已具雏形。目前支撑农村生活污水治理的国家法律条款主要包括以下几条。

1.《中华人民共和国宪法》中的相关规定

《中华人民共和国宪法》是国家的根本大法,是国家法律体系中的最高法。宪法把保护生态环境、维护环境安全规定为国家的基本职责,虽然未直接对农村生活污水治理作出规定,但为各类环境保护法律、法规和规章的立法提供了依据。

2.《中华人民共和国环境保护法》中的相关规定

《中华人民共和国环境保护法》作为环境保护的基本法,对农村生活污水治理提出明确的要求,在第三十三条中要求各级人民政府应当加强对农业环境的保护,促进农业环境保护新技术的使用,加强对农业污染源的监测预警。县级、乡级人民政府应当提高农村环境保护公共服务水平,推动农村环境综合整治。在第五十条中要求各级人民政府应当在财政预算中安排资金,支持农村饮用水水源地保护、生活污水和其他废弃物处理、畜禽养殖和屠宰污染防治、土壤污染防治和农村工矿污染治理等环境保护工作。

3.《中华人民共和国水污染防治法》中的相关规定

《中华人民共和国水污染防治法》是为了防治水污染,保护水生态,保障饮用水安全而制定的法律。其中在第四章第四节"农业和农村水污染防治"中对农村生活污水治理作了较详细的规定。第五十二条指出,国家支持农村污水、垃圾处理设施的建设,推进农村生活污水、垃圾集中处理。地方各级人民政府应当统筹规划建设农村污水、垃圾处理设施,并保障其正常运行。

2.2.2 农村生活污水治理相关标准指南

农村生活污水治理相关标准指南的制修订,直接反映了不同时期农村生活污水治理技术和管理要求的变化发展。较早的相关标准如环境保护部(现为生态环境部)发布的《农村生活污染控制技术规范》(HJ 574—2010),农村生活污水治理仅是该标准下的一小部分内容,随着农村生活污水治理工作的加强,还发布了若干专门的技术标准。特别是2019年,在生态环境部等九部委的推动下,各地纷纷出台了各自的农村生活污水处理设施污染物排放标准。目前,国家层面针对规划编制、处理技术、监督管理农村生活污水治理发布了10多项标准指南;排放标准除了浙江制修订为2个标准,其他各1个标准,全国共有34个标准,为水质、规划、设计、验收、运维和监管提供首要的标准依据。总体上来说,我国农村生活污水治理标准体系的建设尚处于起步阶段,下面对主要标准指南做简要介绍。

1.农村生活污水处理设施水污染物排放标准

在农村生活污水治理工作开展的早期,其处理设施的水污染物排放要求需援引其他排放标准,参考标准主要包括《城镇污水处理厂污染物排放标准》(GB 18918—2002)、《农田灌溉水质标准》(GB 5084—1992)、《污水综合排放标准》(GB 8978—1996)等。由于援引标准不具有针对性,在进行管理时存在诸多问题[5],主要包括:①控制指标的选择不符合农村地区当时的技术经济和管理水平。②执行不同级别标准的可操作性不强,标准执行过程容易造成混乱。③因标准不统一,各地后续监管以及对建设项目的管理要求存在较大的差异。为此,生态环境部发布《关于加快制定地方农村生活污水处理排放标准的通知》(环办水体函〔2018〕1083 号)和《农村生活污水集中处理设施水污染物排放控制规范编制工作指南(试行)》(环办土壤函〔2019〕403 号)等文件,极大地推进了全国各地排放标准的制定工作。目前,我国农村生活污水处理设施水污染物排放标准已形成了以各省(区、市)根据环境管理的需要,单独制订了地方农村生活污水排放控制要求的总体格局,详见表 2-2、表 2-3。

表 2-2　国内各地已发布的农村生活污水排放标准情况

序号	发布省(区、市)	标准名称	备注
1	宁夏回族自治区	《农村生活污水处理设施水污染物排放标准》(DB 64/ 700—2020)	20200228 发布
2	河北省	《农村生活污水排放标准》(DB 13/ 2171—2020)	20201218 发布
3	重庆市	《农村生活污水集中处理设施污染物排放标准》(DB 50/ 848—2018)	20190408 发布
4	北京市	《农村生活污水处理设施水污染物排放标准》(DB 11/ 1612—2019)	20190107 发布
5	上海市	《农村生活污水处理设施水污染物排放标准》(DB 31/T 1163—2019)	20190614 发布
6	四川省	《农村生活污水处理设施水污染物排放标准》(DB 51/ 2626—2019)	20191217 发布
7	江西省	《农村生活污水处理设施水污染物排放标准》(DB 36/ 1102—2019)	20190717 实施
8	黑龙江省	《农村生活污水处理设施水污染物排放标准》(DB 23/ 2456—2019)	20190827 发布
9	山东省	《农村生活污水处理处置设施水污染物排放标准》(DB 37/ 3693—2019)	20190927 发布
10	陕西省	《农村生活污水处理设施水污染物排放标准》(DB 61/ 1227—2018)	20181229 发布
11	广东省	《农村生活污水处理排放标准》(DB 44/ 2208—2019)	20191122 发布
12	天津市	《农村生活污水处理设施水污染物排放标准》(DB 12/ 889—2019)	20190709 发布
13	山西省	《农村生活污水处理设施污染物排放标准》(DB 14/ 726—2019)	20191101 发布
14	江苏省	《农村生活污水处理设施水污染物排放标准》(DB 32/ 3462—2020)	20200513 发布
15	河南省	《农村生活污水处理设施水污染物排放标准》(DB 41/ 1820—2019)	20190606 发布

续表

序号	发布省（区、市）	标准名称	备注
16	湖南省	《农村生活污水处理设施水污染物排放标准》（DB 43/ 1665—2019）	20191225 发布
17	甘肃省	《农村生活污水处理设施水污染物排放标准》（DB 62/T 4014—2019）	20190814 发布
18	福建省	《农村生活污水处理设施水污染物排放标准》（DB 35/ 1869—2019）	20191112 发布
19	广西壮族自治区	《农村生活污水处理设施水污染物排放标准》（DB 45/ 2413—2021）	20211227 发布
20	新疆维吾尔自治区	《农村生活污水处理排放标准》DB 65/ 4275—2019	20191024 实施
21	内蒙古自治区	《农村生活污水处理设施污染物排放标准（试行）》（DB HJ/ 001—2020）	20200401 发布
22	辽宁省	《农村生活污水处理设施水污染物排放标准》（DB 21/ 3176—2019）	20200930 发布
23	吉林省	《农村生活污水处理设施水污染物排放标准》（DB 22/ 3094—2020）	20200401 发布
24	山东省	《农村生活污水处理处置设施水污染物排放标准》（DB 37/ 3693—2019）	20190927 发布
25	湖北省	《农村生活污水处理设施水污染物排放标准》（DB 42/ 1537—2019）	20191224 发布
26	海南省	《农村生活污水处理设施水污染物排放标准》（DB 46/ 483—2019）	20191104 发布
27	贵州省	《农村生活污水处理水污染物排放标准》（DB 52/ 1424—2019）	20190901 发布
28	西藏自治区	《农村生活污水处理设施水污染物排放标准》（DB 54/T 0182—2019）	20191220 发布
29	陕西省	《农村生活污水处理设施水污染物排放标准》（DB 61/ 1227—2018）	20181229 发布
30	青海省	《农村生活污水处理排放标准》（DB 63/T 1777—2020）	20200526 发布
31	云南省	《农村生活污水处理设施水污染物排放标准》（DB 53/T 953—2019）	20190923 发布
32	浙江省	《农村生活污水集中处理设施水污染物排放标准》（DB 33/ 973—2021）	20210909 发布
33	浙江省	《农村生活污水户用处理设备水污染物排放要求》（DB 33/T 2377—2021）	20210922 发布

注：截至 2021 年 12 月。

表2-3 部分省市地方标准情况

序号	基本控制项目	江苏地标 DB 32/T 3462—2018			上海地标 DB 31/T 1163—2019		福建地标 DB 35/1869—2019			浙江地标 DB 33/973—2015		浙江地标 DB 33/973—2021(>5m³)		浙江地标 DB 33/T 2377—2021(≤5m³)	
		一级A	一级B	二级	一级A	一级B	一级	二级A	二级B	一级	二级	一级	二级	一级	二级
1	pH(无量纲)	6~9			6~9		6~9			6~9		6~9		6~9	
2	悬浮物(SS)	10	20	30	10	20	20	30	50	20	30	20	30	20	30
3	COD$_{Cr}$	50	60	100	50	60	60	100	120	60	100	60	100	60	100
4	氨氮(以N计)	5(8)	8(15)	25(30)	8	15	8	25(15)	25(15)	15	25	8(15)	25(15)	8(15)	25
5	总氮(以N计)	20	30	—	15	25	20	—	—	—	—	20	—	20	—
6	总磷(以P计)	1	3	—	1	2	1	3	—	2	3	2(1)	3(2)	2(1)	3
7	动植物油	3	3	5	1	3	3	5	8	3	5	3	5	3	3
8	粪大肠菌群	—	—	—	—	—	—	—	—	10000		10000		10000	
9	阴离子表面活性剂	0.5	1	2	0.5	1	—	—	—	—	—	—	—	—	—

序号	基本控制项目	山东地标 DB 37/3693—2019		广东地标 DB 44/2208—2019				黑龙江地标 DB 23/T 2456—2019			河南地标 DB 41/1820—2019			湖南地标 DB 43/T 1665—2019		
		一级	二级	特排	一级	二级	三级	一级	二级	三级	一级	二级	三级	一级	二级	三级
1	pH(无量纲)	6~9		6~9				6~9			6~9			6~9		
2	悬浮物(SS)	20	30	20	20	30	50	20	30	50	20	30	50	20	30	50
3	COD$_{Cr}$	60	100	40	60	70	100	60	100	120	60	80	100	60	100	120
4	氨氮(以N计)	8(15)	15(20)	5(8)	8(15)	15	25	8(15)	25(30)	15	8(15)	15(20)	20(25)	8(15)	25(30)	25(30)
5	总氮(以N计)	20	—	20	20	—	—	20	35	35	20	—	—	20	—	—
6	总磷(以P计)	1.5	—	1	1	—	—	1	3	5	1	2	—	1	3	—
7	动植物油	5	10	1	3	—	—	3	5	20	3	5	5	3	5	—
8	粪大肠菌群	10000	—	—	—	—	—	—	—	—	—	—	—	—	—	—

续表

序号	基本控制项目	天津地标 DB 12/889—2019		甘肃地标 DB 62/T 4014—2019				北京地标 DB 11/1612—2019				
		一级A	一级B	一级	二级	三级A	三级B	一级A	一级B	二级A	二级B	三级
1	pH(无量纲)	6~9	6~9	6~9	6~9	6~9	5.5~8.5	6~9	6~9	6~9	6~9	6~9
2	悬浮物(SS)	20	20	20	30	50	100	15	20	20	20	30
3	COD_{Cr}	50	60	60	80	120	200	30	30	50	60	100
4	氨氮(以N计)	5(8)	8(15)	8(15)	15(25)	25(30)	—	1.5(2.5)	—	5(8)	8(15)	25
5	总氮(以N计)	20	—	20	—	—	—	15	20	—	—	—
6	总磷(以P计)	1	2	2	3	—	—	0.3	0.5	0.5	1	—
7	动植物油	3	5	3	5	15	—	0.5	—	1	3	—
8	粪大肠菌群	—	—	—	—	—	—	—	—	—	—	—

序号	基本控制项目	河北地标 DB 13/2171—2015				山西地标 DB 14/726—2019			重庆地标 DB 50/848—2018				陕西地标 DB 61/1227—2018	
		一级A	一级B	二级	三级	一级	二级	三级	特排	一级	二级	三级	一级	二级
1	pH(无量纲)	6~9	6~9	6~9	6~9	6~9	6~9	6~9	6~9	6~9	6~9	6~9	6~9	6~9
2	悬浮物(SS)	10	20	40	50	20	30	50	20	30	50	50	20	30
3	COD_{Cr}	50	60	100	80	50	60	80	60	80	100	80	80	150
4	氨氮(以N计)	5(8)	8(15)	15	15(20)	5(8)	8(15)	15(20)	15	20	25	15(20)	15	—
5	总氮(以N计)	15	20	—	—	20	30	—	20	—	—	—	—	—
6	总磷(以P计)	0.5	1	—	—	1.5	3	—	2	3	4	—	2	3
7	动植物油	1	3	10	10	3	5	10	5	5	10	10	5	10
8	粪大肠菌群	1000	10000	10000	—	—	—	—	—	—	—	—	—	—

2.技术规程及指南

(1)《县域农村生活污水治理专项规划编制指南(试行)》(环办土壤函〔2019〕756号)

2019年,生态环境部为贯彻落实《农村人居环境整治三年行动方案》《农业农村污染治理攻坚战行动计划》,指导各地以县级行政区域为单元,科学规划和统筹治理农村生活污水,编制印发了《县域农村生活污水治理专项规划编制指南(试行)》(以下简称《指南》),指导全国各地开展《县域农村生活污水治理专项规划》(以下简称《规划》)编制工作,提高《规划》的科学性、系统性和可操作性。《指南》介绍了《规划》编制主体、编制路线及成果要求,从总则、区域概况、污染源分析、污水处理设施建设、设施运行管理、工程估算与资金筹措、效益分析及保障措施等方面制定大纲,指导各地《规划》的规范编制。

(2)《农村生活污水处理工程技术标准》(GB/T 51347—2019)

2019年,住建部将原行业标准《村庄污水处理设施技术规程》(CJJ/T 163—2011)修订为《农村生活污水处理工程技术标准》(GB/T 51347—2019),该标准中对农村生活污水收集、处理设施设计水量和水质、处理技术、设施施工运维等提出了要求,指出对于污水集中处理可采用构筑物或预制化装置,推荐了去除COD、总氮、总磷的主要技术路线;对化粪池提出了宜选用预制成品、生活杂排水不得排入化粪池、污水在化粪池中停留时间宜采用24~36h等规定;对处理出水有消毒要求的应增加消毒措施。

(3)《村庄整治技术标准》(GB/T 50445—2019)

2008年,住建部为落实乡村振兴战略,规范村庄整治工作技术要求,改善农民的生产生活条件,提升农村的人居环境质量,发布了《村庄整治技术标准》(GB/T 50445—2019),并于2019年对该标准进行了修订。新修订的标准体现了更多关于农村生活污水处理的内容。其中,排水设施和卫生厕所改造这一节中对农村生活污水治理提出了要求,规定污水处理应根据处理规模、排水去向确定相应的地方排放标准,宜就地资源化利用;未经处理的污水严禁直接排放至自然沟渠和河道。位于城镇污水处理厂服务范围内的村庄,应建设和完善污水收集系统,将污水纳入城镇污水处理厂集中处理;位于城镇污水处理厂服务范围外的村庄,应联村或单村建设污水处理站,联户或分户处理同时对雨水收集、村庄污水处理站设计规模、选址、处理工艺的选择提出要求,并对人工湿地、生物滤池、稳定塘、自然生物处理等工艺提出了要求,明确了农村生活污水处理的粪便处理要求。

2.2.3 农村生活污水治理相关政策

1.综合性政策

随着国家不断加强农村的环境保护工作,农村生活污水治理逐渐发展为农村环境综合整治工作的重要工作内容。2002年,党的十六大提出了全面建设小康社会的奋斗目标和统筹城乡经济社会发展的要求,着眼于尽快改变农村建设无规划、环境脏乱差、公共服务建设滞后等问题以后,紧接着是 2003 年十六届三中全会提出了"科学发展观",2005 年,国务院发布了《关于落实科学发展观加强环境保护的决定》(国发〔2005〕39 号),2005 年,又发布了《中共中央、国务院关于推进社会主义新农村建设的若干意见》(中发〔2006〕1 号),2008 年,国务院办公厅转发环保总局等部门《关于加强农村环境保护工作意见的通知》(国办发〔2007〕63 号),以及 2008 年召开了全国首次农村环境保护工作电视电话会议,提出"以奖促治"政策,密集出台了一系列的配套文件,包括 2009 年国务院办公厅转发环境保护部等部门《关于实行"以奖促治"加快解决突出的农村环境问题实施方案的通知》(国办发〔2009〕11 号)、2009 年财政部和环境保护部共同出台了《中央农村环境保护专项资金管理暂行办法》(财建〔2009〕165 号)、2010 年环境保护部印发的《关于深化"以奖促治"工作促进农村生态文明建设的指导意见》(环发〔2010〕59 号)、2016 年国务院印发的《"十三五"生态环境保护规划》、2018 年中共中央办公厅和国务院办公厅印发的《农村人居环境整治三年行动方案》等政策文件及规划。从各类相关政策、规划的内容来看,随着时间的推移,我国对农村生活污水治理的重视程度逐年提升。

为了进一步梳理农村生活污水治理相关综合性政策导向,以下选择了有代表性的几个政策文件进行简要介绍。

(1)《"十三五"生态环境保护规划》

《"十三五"生态环境保护规划》是国务院于 2016 年印发的用于指导"十三五"期间全国环境保护工作的纲领。其中明确提出,要继续推进农村环境综合整治,整县推进农村生活污水处理统一规划、建设、管理。积极推进城镇污水、垃圾处理设施和服务向农村延伸,开展农村厕所无害化改造。到 2020 年,新增完成环境综合整治建制村 13 万个。推进13 万个建制村环境综合整治,建设污水垃圾收集处理利用设施,梯次推进农村生活污水治理。目前,《规划》已超额完成,"十三五"期间,我国农村生活污水治理水平有了明显提升。

(2)《关于全面推行河长制的意见》

河长制发源于浙江省,在推进浙江省"五水共治"中发挥了重要作用。如今河长制已成为国家为进一步加强河湖管理保护工作,落实属地责任,健全长效机制推行的重要举措。2016 年,中共中央办公厅、国务院办公厅专门印发了《关于全面推行河长制的意见》,明确在全国江河湖泊全面推行河长制。该意见指出,要加强水环境治理,强化水环境质量目标管理,以生活污水、生活垃圾处理为重点,综合整治农村水环境,推进美丽乡村建设。

(3)《关于实施乡村振兴战略的意见》

实施乡村振兴战略,是党的十九大作出的重大决策部署。2018 年,中共中央、国务院发布的《关于实施乡村振兴战略的意见》中明确要求,实施农村人居环境整治三年行动计划,以农村垃圾、污水治理和村容村貌提升为主攻方向,整合各种资源,强化各种举措,稳步有序推进农村人居环境突出问题治理。坚持不懈推进农村"厕所革命",大力开展农村户用卫生厕所建设和改造,同步实施粪污治理,加快实现农村无害化卫生厕所全覆盖,努力补齐影响农民群众生活品质的短板。总结推广适用于不同地区的农村生活污水治理模式,加强技术支撑和指导。

（4）《水污染防治行动计划》

2015 年,国务院发布《水污染防治行动计划》,简称"水十条"。"水十条"是国家为切实加大水污染防治力度,保障国家水安全制定的法规。其中推进农业农村污染防治章节中提出要加快农村环境综合整治。以县级行政区域为单元,实行农村生活污水处理统一规划、统一建设、统一管理,有条件的地区积极推进城镇污水处理设施和服务向农村延伸。深化"以奖促治"政策,实施农村清洁工程,开展河道清淤疏浚,推进农村环境连片整治。

（5）《全国农村环境综合整治"十三五"规划》

2017 年,环境保护部、财政部联合印发《全国农村环境综合整治"十三五"规划》(环水体〔2017〕18 号)。该规划明确指出到 2020 年,新增完成环境综合整治的建制村 13 万个,累计达到全国建制村总数的三分之一以上。建立健全农村环保长效机制,整治过的 7.8 万个建制村的环境不断改善,确保已建农村环保设施长期稳定运行。引导、示范和带动全国更多建制村开展环境综合整治。全国农村饮用水水源地保护得到加强,农村生活污水和垃圾处理、畜禽养殖污染防治水平显著提高,农村人居环境明显改善,农村环境监管能力和农民群众环保意识明显增强。该规划还对农村生活污水处理提出具体建设内容,要求重点在村庄密度较高、人口较多的地区,开展农村生活垃圾和污水污染治理,其中生活污水处理设施建设,包括污水收集管网、集中式污水处理设施或人工湿地、氧化塘等分散式处理设施。经过整治的村庄,生活污水处理率超过 60%。

（6）《农村人居环境整治三年行动方案》

2018 年,中共中央办公厅、国务院办公厅为加快推进农村人居环境整治,进一步提升农村人居环境水平,印发了《农村人居环境整治三年行动方案》。该方案提出了梯次推进农村生活污水治理,根据农村不同区位条件、村庄人口聚集程度、污水产生规模,因地制宜采用污染治理与资源利用相结合、工程措施与生态措施相结合、集中与分散相结合的建设模式和处理工艺。推动城镇污水管网向周边村庄延伸覆盖。积极推广低成本、低能耗、易维护、高效率的污水处理技术,鼓励采用生态处理工艺。加强生活污水源头减量和尾水回收利用。将农村水环境治理纳入河长制、湖长制管理。同时,要求健全治理标准和法治保障,健全农村生活垃圾污水治理技术、施工建设、运行维护等标准规范,各地区要区分排水方式、排放去向等,分类制定农村生活污水治理排放标准。

（7）《关于加快推进长江经济带农业面源污染治理的指导意见》

《关于加快推进长江经济带农业面源污染治理的指导意见》是国家发展改革委、生态环境部、农业农村部、住房和城乡建设部、水利部为推动长江沿江 11 个省(市)推进农业农村面源污染治理于 2018 年联合印发的,其中要求加强农村生活污水治理。根据村庄区位、人口规模和密度、地形条件等因素,因地制宜采用集中与分散相结合、工程措施与生态措施相结合、污染治理与资源利用相结合的治理模式,积极推动城镇污水管网向周边村庄延伸覆盖,加强生活污水源头减量和尾水回收利用,以房前屋后河塘沟渠为重点实施清淤疏浚,采取综合措施恢复水生态,逐步消除农村黑臭水体。

(8)《农业农村污染治理攻坚战行动计划》

《农业农村污染治理攻坚战行动计划》是生态环境部、农业农村部为加快解决农业农村突出环境问题,打好农业农村污染治理攻坚战于 2018 年印发的。该计划要求梯次推进农村生活污水治理。各省(区、市)要区分排水方式、排放去向等,加快制修订农村生活污水处理排放标准,筛选农村生活污水治理实用技术和设施设备,采用适合本地区的污水治理技术和模式。以县级行政区域为单位,实行农村生活污水处理统一规划、统一建设、统一管理。开展协同治理,推动城镇污水处理设施和服务向农村延伸,加强厕所改造与农村生活污水治理的有效衔接,将农村水环境治理纳入河长制、湖长制管理,保障农村污染处理设施长效运行。

(9)《农村黑臭水体治理工作指南(试行)》

为贯彻落实《农村人居环境整治三年行动方案》《关于推进农村黑臭水体治理工作的指导意见》,指导各地组织开展农村黑臭水体治理工作,解决农村突出水环境问题,生态环境部于 2019 年编制了《农村黑臭水体治理工作指南(试行)》。其中针对农村生活污水治理做了指导,要求充分考虑城乡发展、经济社会状况、生态环境功能区划和农村人口分布等因素,因地制宜选择建设模式和处理工艺。有条件的地区推进城镇污水处理设施和服务向城镇近郊的农村延伸。离城镇生活污水管网较远、人口密集且不具备利用条件的村庄,可建设集中处理设施实现达标排放。人口较少、地形地势复杂的村庄,以卫生厕所改造为重点开展农村生活污水治理。

2. 专门政策

2018 年以后,国家越来越重视农村生活污水治理工作,农村生活污水逐渐成为一项专项工作。针对全国各地在前期推进过程中遇到的诸如应如何制定农村生活污水治理目标计划和有序推进农村生活污水治理任务、如何因地制宜地选择技术和处理模式等问题,发布了一系列农村生活污水治理相关政策文件,包括《关于推进农村生活污水治理的指导意见》《关于加快制定地方农村生活污水处理排放标准的通知》《农村生活污水处理设施水污染物排放控制规范编制工作指南(试行)》等。虽然国家出台的专项政策文件数量并不多,但均在农村生活污水治理历史进程中具有划时代意义。以下选择了几个主要的政策文件做简要介绍。

(1)《关于推进农村生活污水治理的指导意见》

2019 年 7 月,中央农村工作领导小组、农业农村部、生态环境部、住房和城乡建设部、水利部、科技部、国家发展改革委、财政部、银保监会等九部门联合印发了《关于推进农村生活污水治理的指导意见》,其中指出,到 2020 年,东部地区、中西部城市近郊区等有基础、有条件的地区,农村生活污水治理率明显提高,村庄内污水横流、乱排乱放情况基本消除,运维管护机制基本建立;中西部有较好基础、基本具备条件的地区,农村生活污水乱排乱放得到有效管控,治理初见成效;地处偏远、经济欠发达等地区,农村生活污水乱排乱放现象明显减少。

该文件是国家第一个专门针对农村生活污水治理的指导意见,体现了党中央对农村生活污水治理工作的重视程度。《意见》从全面摸清现状、科学编制行动方案、合理选择技术模式、促进生产生活用水循环利用、加快标准制定、完善建设和管护机制等方面详细规定了农村生活污水治理的主要任务,并提出了加强组织领导、多方筹措资金、加大科技创新、强化督导考核、广泛宣传发动五个方面的保障措施。

(2)《关于加快制定地方农村生活污水处理排放标准的通知》

农村生活污水处理排放标准是农村环境管理的重要依据,关系污水处理技术和工艺的选择,关系污水处理设施建设和运行维护成本。生态环境部、住房和城乡建设部为落实《中共中央办公厅、国务院办公厅关于印发〈农村人居环境整治三年行动方案〉的通知》要求,指导推动各地加快制定农村生活污水处理排放标准,提升农村生活污水治理水平,于 2018 年 9 月发布了该通知。其中要求各省市原则上于 2019 年 6 月底前完成地方农村生活污水处理排放标准的制定,并提出部分标准制定指导意见。

(3)《农村生活污水处理设施水污染物排放控制规范编制工作指南(试行)》

2019 年 4 月,生态环境部会同农业农村部编制发布《农村生活污水处理设施水污染物排放控制规范编制工作指南(试行)》。该指南是对《关于加快制定地方农村生活污水处理排放标准的通知》的具体落实和进一步明确,提出了适用范围、分类分级、控制指标确定、控制要求等相关内容。

在适用范围方面,明确农村生活污水处理设施水污染排放标准原则上适用于处理规模小于 500m³/d(不含)的污水处理设施,500m³/d 以上(含)的污水处理设施可参照《城镇污水处理厂污染物排放标准》(GB 18918—2002)执行。

在分类分级方面,出水排放去向可分为直接排入水体、间接排入水体和尾水利用三类。各地可根据实际情况对处理设施规模进行分级,至少应分为两级。

在控制指标方面,确定了 pH、悬浮物(SS)和化学需氧量(COD_{cr})三项基本指标。对于出水直接排入《地表水环境质量标准》(GB 3838—2002)Ⅱ 类、Ⅲ 类功能水域、《海水水质标准》(GB 3097—1997)二类海域及村庄附近池塘等环境功能未明确的水体,应额外增加氨氮(NH_3—N,以 N 计);出水排入封闭水体的,应增加总氮(TN,以 N 计)和总磷(TP,以 P 计)。提供餐饮服务的农村旅游项目生活污水的处理设施,除上述基本指标外,还应增加动植物油指标。各地可根据实际情况增加地方控制指标。

在污染物排放控制方面,一定规模以下的污水处理设施原则上可适当放宽,但应规定标准实施的技术和管理措施。出水直接排入 GB 3838 地表水 Ⅱ、Ⅲ 类功能水域的 GB 3097 二类海域,其相应控制指标值参考不宽于 GB 18918 一级 B 标准的浓度限值,且污染物应按照水体功能要求实现污染物总量控制。出水排入 GB 3838 地表水 Ⅳ、Ⅴ 类功能水域的 GB 3097 中三、四类海域的,其相应控制指标值参考不宽于 GB 18918 二级标准的浓度限值;其中受纳水体有总氮(以 N 计)控制要求的,由地方根据实际情况,科学制定其排放浓度限值。出水直接排入村庄附近池塘等环境功能未明确的水体,控制指标值的确定,应保证该受纳水体不发生黑臭,其基本控制指标值参考不宽于 GB 18918 三级标准的浓度限值,氨氮(以 N 计)参考不宽于《城市黑臭水体整治工作指南》(建城

〔2015〕130 号）中规定的城市黑臭水体污染程度分级标准轻度黑臭的浓度限值。出水流经自然湿地等间接排入水体的,其控制指标值参考不宽于 GB 18918 三级标准的浓度限值,同时,自然湿地等出水应满足受纳水体的污染物排放控制要求。

2.3 浙江省农村生活污水治理政策法规标准体系介绍

浙江省在农村生活污水治理工作中先试先行,尤其是在政策法规标准方面引领全国,从出台政策到立法到一系列标准的发布,最早在国内形成了一套完整的政策法规标准体系,"浙江模式"在全国起到"重要窗口"作用,其经验可为其他省份提供借鉴。浙江省农村生活污水治理已颁布的政策法规标准文件清单详见表 2-4。

表 2-4 浙江省农村生活污水治理政策法规标准文件清单

序号	文件名称	文件编号	发布机构
1	浙江省水污染防治条例	浙江省人民代表大会常务委员会公告第 11 号	省人大
2	浙江省农村生活污水处理设施管理条例	浙江省第十三届人民代表大会常务委员会公告第 18 号	省人大
3	关于实施"千村示范、万村整治"工程的通知	浙委办〔2003〕26 号	省委办
4	关于深化"千村示范、万村整治"工程扎实推进农村生活污水治理的意见	浙委办发〔2014〕2 号	省委办
5	浙江省水污染防治行动计划	浙政发〔2016〕12 号	省政府办
6	浙江省生态环境保护"十三五"规划	浙政办发〔2016〕140 号	省政府办
7	浙江省农村环境综合整治实施方案	浙环发〔2018〕6 号	省生态环境厅
8	浙江省农业农村污染治理攻坚战实施方案	浙环函〔2019〕166 号	省生态环境厅省农业农村厅
9	关于进一步加强农村生活污水治理工作的指导意见	浙建村〔2021〕14 号	省住建厅省财政厅省生态环境厅省农业农村厅
10	浙江省农村生活污水治理"强基增效双提标"行动方案(2021—2025 年)	浙政办发〔2021〕42 号	省政府办
11	农村生活污水集中处理设施水污染物排放标准	DB 33/ 973—2021	省政府
12	农村生活污水户用处理设备水污染物排放要求	DB 33/T 2377—2021	省市场监督局
13	农村生活污水处理设施污水排入标准	DB 33/T 1196—2020	省住建厅
14	农村生活污水治理设施出水水质检测与评价导则	建村发〔2017〕212 号	省住建厅

序号	文件名称	文件编号	发布机构
15	农村生活污水处理设施建设与改造技术规程	DB 33/T 1199—2020	省住建厅
16	农村生活污水治理设施运行维护技术导则	建村发〔2016〕250 号	省住建厅
17	农村生活污水厌氧处理终端运维导则（试行）	002482242/2017—75101	省住建厅
18	农村生活污水处理罐运行维护导则（试行）	002482242/2018—74926	省住建厅
19	农村生活污水厌氧－缺氧－好氧（AAO）终端运维导则	002482242/2017—75101	省住建厅
20	农村生活污水厌氧－好氧（AO）处理终端运维导则	002482242/2017—75023	省住建厅
21	农村生活污水人工湿地处理设施运行维护导则	002482242/2019—74789	省住建厅
22	农村生活污水生物滤池处理设施运行维护导则	002482242/2019—73011	省住建厅
23	农村生活污水人工湿地处理设施运行维护导则	002482242/2019—73010	省住建厅
24	浙江省县（市、区）农村生活污水治理设施运行维护管理导则（试行）	002482242/2017—75038	省住建厅
25	农村生活污水治理设施编码导则	/	省住建厅
26	农村生活污水处理设施标志设置导则	002482242/2020—75568	省住建厅
27	农村生活污水处理设施施工验收规范	/	省住建厅
28	农村生活污水管网维护导则	002482242/2019—74788	省住建厅
29	农村生活污水处理设施运行维护安全生产管理导则	公告〔2020〕40 号	省住建厅
30	农村生活污水处理设施运维废弃物处置导则	/	省住建厅
31	农村生活污水治理设施运维常见问题诊断与处理导则	002482242/2020—78685	省住建厅
32	浙江省农村生活污水处理设施在线监测系统技术导则	公告〔2021〕7 号	省住建厅
33	农村生活污水治理设施第三方运维服务机构管理导则	/	省住建厅
34	农村生活污水治理设施第三方运维服务能力评价管理办法	/	省住建厅
35	农村生活污水处理设施标准化运维评价标准	DB 33/T 1212—2020	省住建厅
36	农村生活污水治理设施第三方运维机构服务能力评价指南	/	省住建厅

续表

序号	文件名称	文件编号	发布机构
37	农村生活污水处理设施运行维护单位基本条件	浙建〔2020〕4 号	省住建厅
38	浙江省农村生活污水处理设施运行维护费用指导价格指南	浙建〔2020〕4 号	省住建厅
39	浙江省农村生活污水处理设施运行维护服务合同（示范文本）	浙建〔2020〕4 号	省住建厅
40	浙江省县域农村生活污水治理专项规划编制导则（试行）	002482242/2018—74856	省住建厅
41	浙江省县域农村生活污水治理近期建设规划编制导则	浙住建厅公告〔2021〕20 号	省住建厅
42	农村生活污水水质化验室技术规程	DB 33/T 1257—2021	省住建厅
43	农村生活污水管控治理导则	公告〔2021〕34 号	省住建厅
44	浙江省农村生活污水处理设施站长制管理导则	公告〔2020〕49 号	省住建厅
45	浙江省农村生活污水处理设施全过程管理导则	002482242/2021—80628	省住建厅

2.3.1 政策法规

建立健全农村生活污水治理政策法规体系是推进农村生活污水治理的关键环节，在浙江省十几年的农村生活污水治理历程中，经过了从农村环境整治综合政策的萌芽期到专门出台农村生活污水治理政策的发展与健全之历程，政策数量和力度不断增加，清晰地反映了农村生活污水治理从试点、示范到全面治理的不断深化的过程。

政策萌芽时期，其特点是没有专门性文件，只是附着在其他文件中的内容，技术上也没有具体规范，主要涉及的政策文件有 3 个。从 2003 年中共浙江省委办公厅、浙江省人民政府办公厅发布了《关于实施"千村示范、万村整治"工程的通知》（浙委办〔2003〕26号），浙江启动"千村示范、万村整治"工程，开启了以改善农村生态环境、提高农民生活质量为核心的村庄整治建设大行动，随后出台的政策有省农办、省环保局、省住建厅、省水利厅、省农业厅、省林业厅《关于加快推进"农村环境五整治一提高工程"的实施意见》（浙委办〔2006〕111 号）、浙江省农业厅《关于印发〈2006 年百万农户生活污水净化沼气工程实施方案〉的通知》（浙农专发〔2006〕29 号）等，在省农办的牵头组织下，探索建设了一批以阿科曼生态塘、好氧生物处理等处理技术为辅，沼气净化池为主的农村生活污水治理工程。

政策发展时期，其政策特点是重点关注建设，出台各种政策文件达 50 多个。到

2009 年,在国家加强农村环境保护工作的中央政策的引导下,浙江申报了中央农村环境保护专项资金环境综合整治项目,在省环保厅的牵头组织下,至今已开展了为期四轮的农村环境综合整治(农村环境连片整治),建设了一批人工湿地技术、AAO(AO)、多介质土壤层技术等多种处理技术类型的示范工程,出台了一系列政策文件,包括每年度的中央农村环境综合整治工作方案、中央农村环境综合整治资金下达通知、《浙江省农村环境连片整治工作考核办法》(浙环发〔2011〕41 号)、《浙江省农村环境保护规划》等。到了2014—2016 年"五水共治"农村生活污水治理期间,出台了农村生活污水处理设施建设的设计、档案、工程、施工要点、资金管理、验收办法等技术指导或管理制度文件,如浙江省人民政府办公厅发布的《关于加强农村生活污水治理设施运行维护管理的意见》(浙政办发〔2015〕86 号),提出了农村生活污水治理"五位一体"管理体系,为后续工作的开展奠定了良好的机制保障。基于以上工作产生的深远影响,中共中央办公厅、国务院办公厅转发《中央农办、农业农村部、国家发展改革委关于深入学习浙江"千村示范、万村整治"工程经验扎实推进农村人居环境整治工作的报告》指出,习近平总书记多次作出重要批示,要求结合农村人居环境整治三年行动计划和乡村振兴战略实施,进一步推广浙江好的经验做法,建设好生态宜居的美丽乡村;2018 年 7 月中央农办、农业农村部发布了《关于学习推广浙江"千村示范、万村整治"经验深入推进农村人居环境整治工作的通知》(中农办发〔2018〕2 号);2019 年 7 月,中央农办等九部门发布了《关于推进农村生活污水治理的指导意见》(中农发〔2019〕14 号),要求深入贯彻习近平总书记关于农村生活污水治理的重要指示精神,深入学习浙江"千万工程"经验。

在政策健全时期,其特点是形成了规划、设计、排放、管理维护、考核等全面完整的体系,出台的各种政策文件有 20 多个,其中 10 多项是专项政策。2015 年,浙江省政府办公厅《关于加强农村生活污水治理设施运行维护管理的意见》(浙政办发〔2015〕86 号)发布后,浙江省住建厅接手了农村生活污水处理设施的运维职能,至 2019 年浙江省住建厅全面负责农村生活污水治理工作,农村生活污水治理迈入提质增效时期。除了《浙江省水污染防治行动计划》、每年度农村环境综合整治实施方案、浙江省生态环境厅和浙江省农业农村厅联合印发的《浙江省农业农村污染治理攻坚战实施方案》(浙环函〔2019〕166 号)等综合性文件外,还出台了专门政策文件,包括《关于推进农村生活污水处理设施标准化运维工作的通知》(浙建村〔2019〕95 号)、《关于进一步加强农村生活污水治理工作的指导意见》(浙建村〔2021〕14 号)、浙江省人民政府办公厅关于印发《浙江省农村生活污水治理"强基增效双提标"行动方案(2021—2025 年)》的通知(浙政办发〔2021〕42 号)等文件。另外,考核机制也趋于完善,除了浙江省治水办发布的每年度"五水共治"(河长制)工作考核评价指标及评分细则包含了农村生活污水考核内容外,浙江省住建厅等四部门还联合印发了每年度农村生活污水治理工作考核办法等,将农村生活污水治理工作纳入政府目标责任制考核、"五水共治"(河长制)考核工作。总之,浙江省在农村生活污水治理工作过程中,深入践行习近平生态文明思想,落实省委、省政府关于建设新时代美丽浙江的决策部署,持续提升城乡人居环境质量和生活品质,高质量发展建设共同富裕示范区为政策导向,加快补齐农村生活污水治理短板,以实现农村生活污水治理从"有"到"好和美"的转变,从政策高度上体现了浙江高水平高质量做好农村生活污水治理的决心。

早在 2011 年,有研究团队指出应专门为农村生活污水治理立法。[6]随着浙江省委、省政府对农村生活污水治理重视程度和工作要求的不断提高,由于常规政策的陆续出台已难以全面、系统地引领农村生活污水治理工作,因此专门为农村生活污水处理设施开展立法,成为管理部门及社会各界的共同诉求。在各方的共同努力下,历经 2 年多的时间,于 2019 年 9 月 17 日发布了《浙江省农村生活污水处理设施管理条例》(以下简称《条例》),成为全国首个专门针对农村生活污水治理工作的地方性法规,是农村生活污水治理工作有法可依的里程碑。《条例》不仅明确了住房和城乡建设主管部门、生态环境主管部门以及设区的市、县(市、区)人民政府政府部门职责,还对统筹做好处理设施规划布局、建设改造和运行维护等工作做了较全面、细致的规定,为全面打赢农业农村污染防治攻坚战提供了浙江路线。《条例》还明确了重要的概念范围、管理模式、规划建设运维重点环节的管理要求、资金筹措、处罚机制、监督和考核机制、公众参与机制、用电用地政策等方面可能出现管理的衔接和漏洞问题。包括将农村日常生活中产生的污水,以及从事农村公益事业、公共服务和民宿、餐饮、洗涤、美容美发等经营活动产生的污水均纳入农村生活污水范围;将农村生活处理设施分为集中处理设施和户用处理设备两类;明确了使用者、管理者(政府各级部门)、运维单位的工作界面及职责划分;将村民参与的方式和内容具体化;明确了资金来源的法律依据和使用方向;对农村生活污水治理专项规划和年度计划作出了具体指导;对"排水户"产生的污水明确了禁止接入的情况、允许排入的须签订接入协议并做必要的预处理;对可能产生的违法行为提出了处罚准则;对运维单位提出了必须建立污水处理设施进出水水量和水质的记录、检测制度的要求。

2.3.2 标准与导则

在农村生活污水治理"标准化运维""全过程管理""强基增效双提标"等一系列政策推动下,浙江省在 5 年内先后发布的标准及导则达 30 多项,不仅对排放标准进行了制修订,同时也出台了处理设施进水水质的排入标准,配套了一系列指导处理设施建设、改造、运维的技术规范等,包括《浙江省农村生活污水处理设施全过程管理导则》《农村生活污水治理标准化运维评价标准》《农村生活污水水质化验室技术规程》等标准及导则,形成了农村生活污水治理全过程标准化管理的格局。以下对主要管理过程对应的标准及导则做简要介绍。

1.水质管理标准

(1)排放标准

2015 年,浙江省出台了全国首部农村生活污水治理强制性排放标准《农村生活污水处理设施水污染物排放标准》(DB 33/ 973—2015),对指导浙江省"五水共治"和农村生活污水处理设施运维工作的开展发挥了重要的作用。2019 年，根据《关于加快制定地方农村生活污水处理排放标准的通知》（环办水体函〔2018〕1083 号）和《农村生活污水集中处理设施水污染物排放控制规范编制工作指南（试行）》的要求，以及《浙江省农村生活污水处理设施管理条例》中对农村生活污水处理设施分类方式的规定，浙江省对该标准制修订为《农村生活污水集中处理设施水污染物排放标准》（DB 33/ 973—2021）和《农村生活污水户用处理设施水污染物排放要求》（DB 33/T 2377—2021）两个标准，形成了"分标管理、强推并施"的新标准格局，生态环境主管部门负责农村生活污水处理设施出水水质的监督性检测。

（2）排入标准

农村生活污水处理设施主要处理为日常生活中产生的污水，但也不可避免要接入从事农村公益事业、公共服务和民宿、餐饮、洗涤、美容美发等经营活动产生的污水。进水波动大、类型多，如果处理规模、工艺设计、资金测算等不合理，将直接导致处理设施无法正常运行与达标排放。为了解决农村生活污水处理设施存在经营活动污水甚至工业污水排入造成出水水质超标、设施运行异常等问题，保障处理设施出水达标排放，浙江省制定了《农村生活污水处理设施污水排入标准》（DB 33/T 1196—2020）。该标准按照"用好设施、达标排放"的原则，结合分类管控思路，将农村生活污水分为严禁排入和可以排入两大类。其中严禁排入的包括：含有毒有害、剧毒、易燃、易爆等物质，酒糟、豆腐渣、垃圾、渣土以及病死动物等固体废物；对可以排入的提出了水量、水质等控制要求。该标准有利于明晰农村生活污水排放及处理权利和义务责任界限，防止出现推诿扯皮，使农村污水尽可能得到合理妥当的处理。

（3）水质检测与评价导则

为了对农村生活污水处理设施的出水水质进行管理，浙江省住建厅出台了《浙江省农村生活污水治理设施出水水质检测与评价导则（试行）》。该导则旨在规范浙江省农村生活污水处理设施出水水质检测与结果评价程序，其中根据设计规模将处理设施分为 10 吨以下、10～30 吨、30 吨以上三档，每档对自行检测、委托检测和监督性抽测设置不同的检测频次，同时对第三方运维机构的检测能力提出要求，也对水质检测结果的应用评价做了规定。

2. 治理规划导则

浙江省前后经历了三轮的农村生活污水治理专项规划，最早在 2013 年为贯彻"五水共治"的决策，提出了以县域为单元编制专项规划的要求，发布了《浙江省农村生活污水治理县（市、区）域规划编制参照要求》（以下简称《规划编制要求》），完成了全省首轮专项规划的编制。到 2018 年，经过五年的第一轮规划落实和问题经验总结，在原有《规划编制要求》的基础上，制定了《浙江省县域农村生活污水治理专项规划编制导则（试行）》，该导则提出污水应接尽接、标准化运维、出水达标率等要求，全省完成了第二轮专项规划的编制。到了 2021 年，随着建设标准、排入标准、排放标准等陆续出台，以及国家对农村生活污水治理力度不断加强，浙江省发布了《浙江省县域农村生活污水治理近期建设规划编制导则》,对省、市、县三级农村生活污水治理监管服务系统、设施标准化运维、设施建制村覆盖率、出水达标率、农户接户率等提出了具体要求,并创新提出支持各地开展绿色处理设施和污水零直排村试点。与前两轮规划有所不同,其侧重建设年度计划的安排,强调规划的落地性和可操作性,三轮专项规划均体现了浙江省对"规划先行"理念的重视与实践。

3.建设管理标准

在建设管理方面,浙江从设计、施工、验收等方面分别进行了相应的规定。2020年,浙江省住建厅为规范农村生活污水处理设施建设和改造,提高浙江省农村生活污水治理技术水平,改善农村人居环境,发布了《农村生活污水处理设施建设和改造技术规程》(DB 33/T 1199—2020)。该规程适用于浙江省农村生活污水处理设施建设和改造的设计、施工及验收。其中设计章节包括一般规定、处理设施设计水量、设计水质、户内处理设施、接户井、公共管道系统、集中处理设施、用户处理设备、纳入城镇污水管网、运维废弃物处理、应急处理等内容;施工章节包括一般规定、施工准备、管道工程、钢筋混凝土工程、设备安装、人工湿地施工等内容;验收章节中明确了验收要求、组织和程序。同时,该规程为浙江省各行业用水定额查询和农村生活污水处理设施改造提供了方案。

4.运维管理标准

为了规范农村生活污水处理设施的正常运行维护活动,浙江省住建厅发布了一系列涉及处理设施维护技术、管网维护技术、标准化运维、水质化验室、在线监测系统等30多个运维管理方面的标准导则,对农村生活污水处理运维管理进行全面规范。目前,正式发布的有《农村生活污水治理设施运行维护技术导则》《农村生活污水处理设施标准化运维评价标准》(DB 33/T 1212—2020)、《农村生活污水厌氧—好氧(AO)处理终端维护导则(试行)》《农村生活污水厌氧—缺氧—好氧(AAO)处理终端维护导则(试行)》《农村生活污水人工湿地处理设施运行维护导则》《农村生活污水生物滤池处理设施运行维护导则》《农村生活污水管网维护导则》《农村生活污水治理设施编码导则(试行)》《农村生活污水处理设施标志设置导则》和《农村生活污水治理设施第三方服务运维管理导则(试行)》等。

(1)《农村生活污水治理设施运行维护技术导则》

浙江省住建厅为确保农村生活污水处理设施安全、稳定、正常达标运行,改善农村水环境质量,制定了该导则。该导则适用于农村生活污水处理设施的运行、维护、检测、安全管理及其操作,对污水处理设施运维单位基本条件、运维基本任务、运维监管等提出总体要求,并分别对接户设施(接户管系统、隔油池、化粪池)、管网设施(管道系统、检查井、水泵设施)、处理设施工程(预处理单元、生物处理单元、生态处理单元、消毒处理单元的运行与维护,排放口维护以及污泥处理与处置)、信息管理、档案管理、安全、检测等内容做出详细规定。

（2）《农村生活污水处理设施标准化运维评价标准》

浙江省于 2018 年首次提出了"标准化运维"，发布了《浙江省农村生活污水处理设施标准化运维评价导则》，并于 2020 年将导则上升为《农村生活污水处理设施标准化运维评价标准》（DB 33/T 1212—2020）。标准化运维的目的是获得农村生活污水处理设施运行和维护的最佳秩序，对运维服务工作质量、运维单位的内部管理及基本配备提出各项要求。其评价体系由管网设施、处理终端、运维单位、运维人员、运维记录和安全管理 6 类指标组成，标准化运维处理设施应满足所有控制项要求且评分项总得分在 80 分及以上。

（3）《农村生活污水厌氧—好氧（AO）处理终端维护导则（试行）》

浙江省住建厅为规范农村生活污水厌氧—好氧（AO）处理设施运行维护，确保厌氧—好氧（AO）处理设施正常稳定运行，污水达标排放，改善农村水环境，制定了该导则。该导则中的厌氧—好氧（AO）处理设施指采用厌氧—好氧（AO）处理工艺治理农村生活污水的设施，一般包括预处理单元、生化处理单元和排放井（口）等单元。该导则对运维单位应具备的基本条件、日常巡查、定期检查、养护、维修、检测等方面做了规定。

（4）《农村生活污水厌氧—缺氧—好氧（AAO）处理终端维护导则（试行）》

浙江省住建厅为规范农村生活污水厌氧—缺氧—好氧（AAO）处理设施运行维护，确保厌氧—缺氧—好氧（AAO）处理设施正常稳定运行，污水达标排放，改善农村水环境，制定了该导则。该导则中的厌氧—缺氧—好氧（AAO）指一种常用的具有生物脱氮除磷功能的污水处理工艺，简称 AAO 工艺，又称 AAO 法。该导则对运维单位应具备的基本条件、日常巡查、定期检查、养护、维修、检测等内容做了规定。

（5）《农村生活污水人工湿地处理设施运行维护导则》

浙江省住建厅为规范农村生活污水人工湿地处理设施的运行维护管理，持续有效发挥其削减污染物排放的功效，改善农村水环境，制定了该导则。该导则中人工湿地指模拟自然湿地的结构与功能，人为建造的用于污水处理的设施。该导则对运维单位应具备的基本条件、人工湿地日常养护、巡查、维修、废弃物处置和尾水排放等内容做了规定。

（6）《农村生活污水生物滤池处理设施运行维护导则》

浙江省住建厅为规范农村生活污水生物滤池处理设施运维管理，确保农村生活污水生物滤池处理设施正常运转，持续发挥削减污染物排放的功效，改善农村水环境，制定了该导则。该导则中的生物滤池指依靠内部填装的填料的物理过滤作用，以及填料上附着生长的生物膜的好氧氧化、缺氧反硝化等生物化学作用联合去除农村生活污水中污染物的处理设施，包括曝气生物滤池、多介质生物滤池、滴滤池 3 种类型。该导则对运维单位应具备的基本条件、日常养护、巡查、维修等内容做了规定。

（7）《农村生活污水管网维护导则》

浙江省住建厅为规范农村生活污水管网运行维护管理，提高运维质量，确保农村生活污水管网正常、稳定、安全运行，制定了该导则。该导则既有管网资料收集、管网维护内容、管网维护人员要求、管网维护工具配备、管网维护记录等基本要求,也对户外管网维护(如管网巡查及养护、管网维修等)、户内处理设施维护(如接户管、清扫井、隔油池、户内化粪池等)、安全防护等提出了要求。

(8)《农村生活污水治理设施编码导则(试行)》

浙江省住建厅为加强农村生活污水处理设施运维管理,提高信息化管理水平,制定了该导则。该导则规定了农村生活污水处理设施的编码规则。设施编码可用于设施的标识、档案管理、运维管理及信息系统处理,也可作为农村生活污水处理设施生产厂商、购置单位、使用维护单位对设施进行管理的依据。设施编码由设施区划代码、设施序列代码、处理能力代码、排放标准代码、补充识别代码构成。

(9)《农村生活污水处理设施标志设置导则》

浙江省住建厅为规范农村生活污水处理设施标志设置,保障农村生活污水处理设施安全运行,制定了该导则。该导则主要规定了安全标志(禁止、警告、指令、提示标志)和专用标志(名称、制度、管线、窨井标志)的样式,标志设置的布置、位置、形式,以及管理和维护,适用于浙江省农村生活污水处理设施标志设置。

(10)《农村生活污水治理设施第三方服务运维管理导则(试行)》

浙江省住建厅为规范农村生活污水处理设施第三方运维服务机构的管理,确保处理设施正常运行,提高处理设施运维质量,不断提高污水处理率、设施负荷率和出水水质达标率,制定了该导则。该导则明确了第三方服务机构应具备的基本条件和开展运维的基本要求,规定了设施接收管理、设施运维管理、合同到期管理三个环节的主要管理内容。

5. 全过程管理标准

基于农村生活污水治理设施全生命周期的理念,2021年,浙江省住建厅发布了《浙江省农村生活污水处理设施全过程管理导则》。该导则从全过程的角度规范了农村生活污水处理设施管理,涵盖了基本规定、责任主体、管理分类、基础资料、规划计划、复核勘测、立项招标、工程设计、工程施工、工程监理、项目验收、运行维护、运行评价、运维移交、水质检测、设施报废、治理咨询、行政执法、监督考核、应急管理、创新推广、信息系统等内容。

2.4 农村生活污水治理的专项规划和监督管理

我国通过长期的农村生活污水治理探索实践和经验总结,正在开拓一条具有中国特色的农村生活污水治理道路,促进了法律法规政策和标准的不断建立健全。法律法规政策和标准引导着农村生活污水治理工作的有序开展,其相关管理要求贯彻执行的好与不好,直接关系到农村生活污水治理的成效。其中,尤其是专项规划作为农村生活污水治理的先行顶层设计,监督管理作为农村生活污水治理的后续改进动力,是政府管理的关键环节。本节针对专项规划的构成、编制和实施,以及农村生活污水治理工作的后续监督管理举措进行较为详细的介绍,可为还未开展相关工作的地区提供指导与借鉴。

2.4.1 农村生活污水治理专项规划的编制及实施

农村生活污水治理作为农村环境综合整治的重点问题和薄弱环节,专项规划的编制具有特定的作用和意义,是政府指导该领域审批及核准项目、安排政府投资和财政支出预算、制定相关政策等的重要依据。农村生活污水治理专项规划是专门以农村生活污水治理为对象编制的规划。浙江省于2013年底最早提出编制专项规划的要求,生态环境部于2019年要求全国各省按照统一要求编制专项规划。截至2020年5月,上海、浙江、江苏、北京、安徽等八个省(市)完成了县域专项规划的全面覆盖,其他省份也在持续推进中。农村生活污水治理专项规划与常规的规划不同,它具有一定的特殊性,要有很强的可操作和落地性,因此很有必要了解其编制和实施的技术要点,下面从专项规划的构成、编制及实施3个方面做简要梳理。

1.专项规划的构成

农村生活污水治理专项规划可分为两大部分,处理设施建设规划和处理设施运维规划。

处理设施建设规划首先对区位特点、已建设施现状等进行分析,选择合理的污水治理方式,并结合该地区相关上位规划进行设施布局选址。进而参照相关设计规范标准,结合农村实际情况,选择适宜的污水处理技术工艺规划设计污水收集、处理系统,以达到当地污染物排放控制及尾水利用的要求。最后统筹规划农村生活污水与污泥、粪污、隔油栅渣等固体废物处理处置及资源化利用。

处理设施运维规划首先要建立健全组织架构,确定责任主体、管理主体、落实主体、受益主体及服务主体,制定运维管理体系。其次根据县域面积、生活污水处理设施技术工艺和分布情况等,确定设施运维分区范围和管理模式。进而通过建立设施维护管理制度规范设施运维服务,同时也鼓励农户参与设施运维,并制定运维管理评价与考核体系,评价结果可作为运维管理部门对运维机构服务质量考核的依据之一。最后要规划建立农村生活污水监测制度,制定并执行县域农村生活污水处理设施运维管理工作考核办法。[7]

2.专项规划的编制

农村生活污水治理专项规划通过衔接各项上位规划、行动计划及政策文件等,结合县域定位和农村实际情况,科学地指导农村生活污水处理设施的建设和运维管理。制定农村生活污水治理专项规划的基本目的是不断改善和保护农村生活和发展的自然环境,以维护自然环境的生态平衡。编制农村生活污水治理规划应该遵循统筹规划,科学安排,兼顾协调性与引导性;因地制宜,分类推进,兼顾系统性与科学性;示范带动,全面推进,兼顾可操作性与前瞻性;以政府为主导,以农民为主体,兼顾主导性与参与性等原则。

规划的编制过程大致分三步走:第一,全面收集规划编制的依据。规划编制依据大致分为政策类、标准类、规划类及其他。政策类包括国务院、部委、地方发布的法规和指导性文件,如九部委联合发布的《关于推进农村生活污水治理的指导意见》(中农发〔2019〕14号);标准类有《农村生活污水处理工程技术标准》(GB/T 51347—2019)、各地的排放标准等;规划类有城乡总体规划、土地利用总体规划、乡镇总体规划及其控制性详细规划、村庄规划等总体规划,水功能区水环境功能区划分方案、给水专项规划、排水专项规划、环境功能区划、旅游发展规划等相关规划。第二,开展调研和分析。收集或调研县域或区域的水环境现状、农村生活习惯、用水规律、周边城镇污水处理厂现状及规划等,对编制依据进行剖析,并与当地的实际情况进行结合分析,确定合理的规划目标和应执行的排放标准。对现状生活污水处理方式、化粪池建设情况、处理设施的具体位置、采用的技术、处理规模、纳入的污水类型、排水去向、达标情况等进行详细分析,充分掌握污水排放现状、已建处理设施情况,剖析当地农村生活污水治理现状、存在问题及原因,确定建设改造总体布局、选择处理模式及处理技术工艺、安排年度计划、开展投资估算等。第三,形成专项规划成果。按照《县域农村生活污水治理专项规划编制指南》(环办土壤函〔2019〕756号)的技术指导,专项规划成果主要由规划文本、规划说明书及规划附件三部分构成。其中,规划文本内容主要包括总则、区域概况、污染源分析、建设改造规划、运维管理规划、规划保障措施、结论与建议等;规划说明书包括编制背景、现状和目标分析、主要内容和成果说明,与相关规划的衔接,根据相关意见的修改情况等;规划附件包括图纸和基础资料,规划图纸绘制应使用近期测绘资料,且比例合适、标注齐全、内容准确、界线清晰、重点突出。行政区划图、城镇体系规划和村庄布局规划应标明村庄分布。水功能区划图应标明河流水系、水环境功能区的范围、等级和分界点。污水治理现状图应包括地形、水系、道路、水环境区划、水源保护区、生态敏感区域范围、处理设施点位及主要参数、服务范围等。污水治理规划图应突出表示以下内容:污水分区界限,规划主要管道的布置、管径及走向,规划处理设施的点位及能力,各种处理模式的服务范围、现有设施和规划设施的关系等。[8]

3.专项规划的实施

专项规划编制完成后,应由领导小组或规划编制牵头管理部门组织审查,并按规定程序报当地县(市、区)人民政府批准。逐步完善投资体制、运行机制和监管机制,宜采取多元化资金筹措模式,落实农村生活污水治理经费,鼓励引导和支持企业、社会团体、个人等社会力量积极参与。按照专项规划的年度建设与改造计划有序落实,县(市、区)农村生活污水治理主管部门应定期对专项规划的实施情况进行跟踪检查、评估总结,为制定相关政策提供依据,对违法违规建设行为应及时处理。专项规划调整应按规定向审批部门提出调整报告,经认定后依照法律规定组织调整,确保县域农村生活污水治理专项规划目标的实现。

2.4.2 农村生活污水治理的监督管理

加强监督管理是保障农村生活污水治理工作正常开展的一个重要环节。我国在农村生活污水治理初期很长一段时间内,由于缺少相关的法律法规标准、管理技术手段、管理力量,农村生活污水治理未形成长效的监管机制。近年来,在国家统一监督指导下,各地的农村生活污水治理监管体系初步建立,按照农村生活污水治理的监督管理实施主体,可分为政府监管和社会监督两大方面。随着我国农业农村现代化远景目标和战略部署的确立,农村生活污水治理任务在全国范围铺开,必将推动农村生活污水治理监管体系和监管能力的不断提升。

1. 政府监管

我国农村生活污水治理管理工作国家层面由生态环境部负责,省级层面,除了浙江省由省住建厅牵头负责外,其他省基本由生态环境部门牵头。政府监管又分属地政府的日常监管、工作考核和中央生态环保督察。[9]政府监管到位是确保农村生活污水治理工作有序推进,过程问题能够及时得到解决,建设质量得到把关、处理设施正常运维、治理技术进步的重要手段,促使农村生活污水处理设施真正发挥效用。按管理过程分,政府日常监管内容包括排放要求、规划编制、建设改造、运行维护等过程管理。在工作考核方面,各地积极出台农村生活污水治理监管的法规文件等,如浙江出台了《浙江省农村生活污水处理设施管理条例》,浙江、山东、湖南、海南等多个省份出台了《农村生活污水治理考核办法》,其中,山东将农村生活污水治理工作考核评估纳入经济社会发展综合考核。近两年,中央生态环境保护督察组已将农村生活污水治理工作纳入督查范畴,体现了国家对农村生活污水治理监管的力度,如 2020 年有督查报告指出"某市农委对农村环境基础设施建设重视不够,农村生活污水处理设施建设滞后或建成未运行问题突出,部分坑塘、沟渠水体黑臭现象普遍,严重影响农村人居环境"。

2. 社会监督

农村生活污水治理是社会公益性事业,是一项基本公共需求,受到社会各界的广泛关注和舆论监督。社会监督主要有第三方评价、媒体监督、公众参与等。[10]

第三方评价一般是为了监督和促进运维服务质量而设置的公益事业,是由第三方在符合国家相关法律法规的前提下,根据评价制度及规范,对运维服务机构能力进行评价并出具评价结论的过程。第三方即组织评价方一般是协会、研究会、学会等社会团体。评价活动具有自愿性,由运维服务机构自愿提出申请,希望通过第三方评价向外界展示运维队伍专业水平、运维装备与实力、运维计划及安排、满意度调查结果等。第三方评价在强化农村生活污水治理监管方面具有较好的辅助作用。

媒体监督所特有的开放性与广泛性,一直在促进农村生活污水治理成效监督方面发挥着积极作用,为农村生活污水治理的监督体系注入了新的活力。如《中国环境报》于

2019年12月26日报道了"山东蒙阴农村生活污水处理趟新路"、《防城港日报》全媒体记者于2021年4月19日报道了"昔日'臭水沟'今日清水流——我市扎实推进农村生活污水治理工作",等等。

公众参与的参与方主要是农村居民,由于我国农村生活污水治理工作采取政府主导的推动方式,农村居民虽然作为农村生活污水治理的受益主体,但总体参与度并不高,一些地方甚至出现了"政府干、村民看"现象,不利于农村生活污水治理工作的推动,公众参与监督机制有待进一步探索实践。鼓励公众积极参与农村生活污水治理监督,不断提高公众的环保意识,在污水治理建设施工之前、施工期间、运维阶段,依照法律、法规及村规民约,充分了解自身的权利和义务,提出合理化意见与建议,懂得如何正确使用污水处理设施、承担起户用处理设施的运维责任,积极举报破坏污水处理设施的行为。

主要参考文献

[1]陈彬.渐进的法治应当辩证看待政策的准据作用[J].中国党政干部论坛,2017(1):63-65.

[2]丁文广.环境政策与分析[M].北京:北京大学出版社,2008.

[3]何劭玥.党的十八大以来中国环境政策新发展探析[J].思想战线,2017,43(1):93-100.

[4]万劲波,曾宇,薛瑛.试论环境管理政策的概念、特征及体系[J].中国环境管理,2002(3):3-6.

[5]王丽君,夏训峰,朱建超,等.农村生活污水处理设施水污染物排放标准制订探讨[J].环境科学研究,2019,32(6):921-928.

[6]叶红玉,王浙明,金均,等.农村生活污水治理政策体系探讨:以浙江省为例[J].农业环境与发展,2011,6(6):90-95.

[7]安浩.农村污水治理现状与对策研究[J].技术与市场,2021,28(7):193,195.

[8]韦甦,胡金法,章燃灵,等.基于提升改造的县域农村生活污水治理专项规划编制探索:以浙江省为例[J].给水排水,2020,56(2):35-41.

[9]何婕.农村生活污水治理的政府职责研究:以金华市为例[D].金华:浙江师范大学,2012.

[10]顾惟雨.农村生活污水治理中的协同参与研究:以江西为例[D].南昌:南昌大学,2020.

农村生活污水管网系统及运维

农村生活污水收集系统主要包括收集管网和相关的附属构筑物,是农村生活污水处理设施不可或缺的组成部分。收集系统的事故可能导致环境污染、卫生条件恶化,也可能造成局部内涝,严重影响居民的日常生活,因此,合理的建设和建成后的管理维护是收集系统正常运行过程中必不可少的两个阶段。

本章根据农村排水特点并适当借鉴城市排水管网模式,从排水体制、污水收集方式、排水管材选择、排水管网设计布置与施工、管网及其附属构筑物运行维护、排水管网常见问题等多个方面介绍农村排水管网系统。

受农村的人口分布、地形地貌、技术力量等影响,农村生活污水管网建设具有鲜明特点:污水管网布局不规范,密度严重不均,且污水处理工程及相关管理维护方式在模式、技术、规范、标准等方面差异较大。[1]因此,如果农村生活污水管网缺乏有效的监管维护手段,管网的管理与维护等将举步维艰,进而影响整个污水处理设施的正常运行。

3.1 排水体制及农村排水体制现状

污水一般分为生活污水、工业废水和雨水三种类型,它们可采用一个排水管网系统排除,也可采用各自独立的分质排水管网系统排除。在一个区域内收集、输送污水、雨水的方式称为排水体制。污水排水体制主要分为合流制和分流制两种类型。[2]

3.1.1 合流制排水系统

合流制排水系统是将工业废水、雨水和生活污水混合在同一管道内排出的系统。随着城市和管网技术持续发展,合流制排水系统又可分为直排式合流制和截流式合流制两种排水系统。

1.直排式合流制

直排式合流制是将管渠系统分成若干排出口,将排出的混合污水不经处理直接就近排入水体(见图 3-1)。

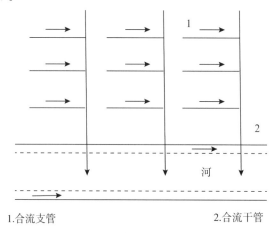

1.合流支管　　　　　　　2.合流干管

图 3-1　直排式合流制

这种排水系统投资费用少,且运行成本低,一般用于城镇建设初期;但该系统无污水处理厂,排放水会造成收纳水体的严重污染,现已较少使用。

2.截流式合流制

截流式合流制是在早期直排式合流制排水系统的基础上,临河岸合流排污口处设置截流井,同时沿岸(或堤防)建造截污干管,并在下游建设污水处理厂。晴天和雨天时,所有污水和初期雨水经管渠输送至污水处理厂进行处理;雨量较大时,超过截污管排水能力的混合雨污水将从截流井溢出,对水体仍会造成一定的污染(见图 3-2)。截流式合流制实施较简单,对原有管渠改造不大,多用于老区改造。

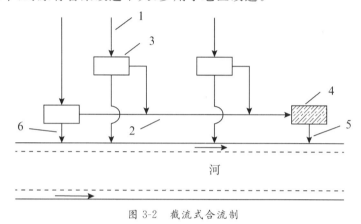

图 3-2　截流式合流制

1—合流干管;2—截留主干管;3—溢流井;4—污水处理厂;5—出水口;6—溢流出水口

3.1.2　分流制排水系统

分流制排水系统是将污水(包括生活污水和工业废水)和雨水分别在两个及以上各自独立的管渠内排出的系统。由于排除雨水方式的不同,该系统又可分为完全分流制、不完全分流制和截流式分流制三种。

1.完全分流制

完全分流制是将生活污水、工业废水和雨水分别在两个或两个以上各自独立的管渠内排出,具有污水排水系统和雨水排水系统(见图 3-3)。

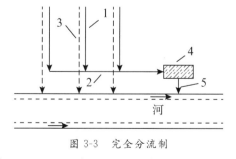

图 3-3　完全分流制

1—污水干管;2—污水主干管;3—雨水干管;4—污水处理厂;5—出水口

该系统卫生条件好,但仍有初期雨水污染问题,且总投资费用较大。目前,国内新城区、工业区和开发区在建设时一般采用该形式。

2. 不完全分流制

不完全分流制排水系统中只设污水排水管道,不设或设置不完整的雨水排放系统。这种体制节约投资,主要用于有合适的地形,有较为健全的明渠水系的地方。也有新建区域或发展中地区,为了节省投资或急于排出污水,先采用只设污水排水管道、明渠排雨水的做法,待有条件后,再改建雨水暗管系统,变成完全分流制系统。

3. 截流式分流制

截流式分流制排水系统就是在原有分流制排水系统的基础上,结合截流式合流制排水系统的特点,在分流制雨水管网的出水口位置设置截流干管,晴天时,污水经污水干管和截留管输送至污水处理厂处理后排放;雨天时,初期雨水亦进入截留管送至污水处理厂,而降雨中后期污染较小的雨水则直接排入水体(见图3-4)。

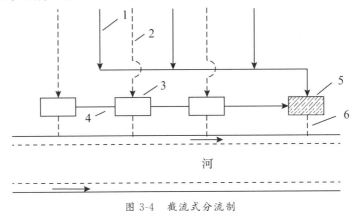

图 3-4 截流式分流制

1—污水干管;2—雨水干管;3—截留井;4—截留干管;5—污水处理厂;6—出水口

截流式分流制可较好地保护水体不受污染,同时减少了污水处理厂及污水泵站的运行管理费用。

此外,在一些城区中,由于建设时间、自然条件的差异,可能存在既有分流制又有合流制的排水系统,即混合制排水体制。

3.1.3 农村排水体制现状

目前,我国农村生活污水排放的主要形式有雨污合流明渠、雨污合流暗渠、污水管+雨水管(渠)。[3]

1. 雨污合流明渠

人们通常在房屋建筑周边自建排水明沟。晴天时,餐厨污水、洗浴废水等直接通过建筑出户管排入或直接倾倒入明沟中;雨天时,建筑周边的雨水径流按照地面地势,顺势流入明沟中。该类排水方式因建设简单且费用少,通常广泛存在于村庄中。由于缺少清理维护,在雨污合流明渠中,出现了垃圾肆意丢弃、餐厨垃圾滞留、污水黑臭等问题,卫生条件恶劣,在夏季时,渠道恶臭问题尤为突出。

2.雨污合流暗渠

在雨污合流明渠的基础上,敷设盖板进行暗化,生活污水仅由建筑出户管排入渠道中,地面雨水则通过盖板间的缝隙流入,这类系统称为雨污合流暗渠。合流暗渠在一定程度上,遏制了垃圾肆意丢弃、污水倾倒等情况,隔绝了渠道黑臭的感官效果,提升了乡村排水的卫生环境,但是这种排水方式由于不区分雨污水,会增加污水处理系统的负荷。

3.污水管＋雨水管(渠)

在村庄的主要道路或巷道下单独敷设一套完整的污水管网系统,收集各建筑出户管排放的污水,并输送至下游污水处理系统。同时保留村庄排水渠道承担雨水收集的功能;或是在村庄的主要道路或巷道下分别敷设污水管网和雨水管网两套系统,单独收集污水和雨水,实现雨污水完全分流。该排水系统可基本实现污水完全收集,并且污水通过管道输送,极大地改善了农村的卫生条件,可作为乡村近期和远期排水规划的推荐方式。

随着农村经济的发展和美丽乡村的建设,农村的生态环境也越来越受到关注,雨污合流明/暗渠这样的排水系统难以满足农村人居环境改善的需求,是农村生活污水治理的重点之一。雨污分流的排水体制是农村排水体系未来发展的方向,即使不具备建设雨污分流体制的经济能力,也应长远规划,先建设污水管网,并为未来雨水管网的建设留有余地,最后逐步实现雨污分流的排水体制。城镇特别是城市新区一般实行雨污分流的排水体制,城镇的排水系统在规划时应考虑对周边乡村的延伸辐射;城镇周边的农村排水系统在规划时应与城镇的排水系统进行衔接,采取雨污分流制将污水排入市政管网。

3.2 农村生活污水收集设施

3.2.1 农村生活污水排放特点

1.不同区域的污水量差异很大

不同地区的农村地形地势、气候均有较大差异,不同地区经济发展水平不同,经济结构也有显著差异。生活水平和经济水平的差异造成不同地区人民的生活习惯也有一定差别,因而,不同地区农村生活污水水质、水量差异也较大。

2.污水的水质水量变化大

农村生活污水的突出特征是排放不均匀,排水量早晚高、白天低,夜间排水量小甚至可能出现断流,日变化系数大。农村居民在早间、午间和晚间的污水排放量较高,这些时段排水用途主要集中于洗漱、冲厕等环节。冬季与夏季居民的不同生活习惯、节假日人口变动大也会带来水量水质差异。此外,部分旅游型村镇的水量水质波动很大程度上受到旅游淡旺季的影响,且旅游型村镇的生活污水不同于传统的农村污水,其中含有较高比例的餐饮废水,具有水质复杂、污染负荷高、波动大等特点。同时,我国降雨时空的不均匀性也会影响不同地区农村污水的水质水量,从而导致污水处理设施的处理负荷产生一定变化。

3.农村生活污水排放系统尚不完善

由于农村居民分布广、居住散,生活污水排放极其分散。目前,我国大部分农村尚无排水系统或没有完善的排水系统,雨水和污水大多沿房前屋后、道路边沟或路面排至就近水体。

3.2.2 农村生活污水收集方式

农村住宅分布较松散,污水排放点源多,不能照搬城市污水收集模式,必须依据农村生活污水排放实际情况选择合适的收集方式。[4]农村生活污水的收集管通常采用重力流方式收集,但对于部分农村地区因受地势、地形影响,局部可采用泵站提升方式设置压力管。此外,在污水系统建设的后期维护中,需要引导村民在日常生活中主动保护污水收集处理设施,增强环保意识,养成良好的用水、排水习惯,从源头上减少污水排放量,防止毛发、塑料袋及大颗粒固体废弃物等进入管网。根据农村居民居住房屋户内和户外的区别,可将农村生活污水收集方式分为户内收集与户外收集。

1.户内收集

农户室内污水收集系统设施见图3-5。卫生间污水先进入化粪池,厨房污水进入隔油池(农家乐必须设置)或清扫井(普通农户必须设置),然后化粪池出水再进入污水管道,而其他生活污水则直接进入污水管道,最后经由污水管道统一送往后续污水处理设施。

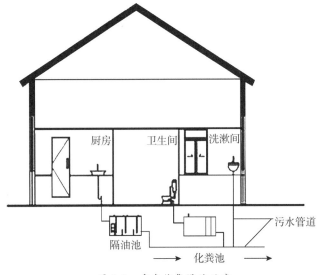

图 3-5 户内收集设施示意

2.户外收集

户外收集根据农村居民户数与居住地分布特点,可分为分散收集和集中收集。

(1)分散收集

分散收集处理系统适用于较为偏僻的单户或相邻多户的污水收集,服务家庭户数一般为 10 户以下。污水处理设施就近布置在农户周边;相邻农户的化粪池可单建,也可合建,在农户户内收集基础上,通过短距离的户外收集管道将污水引入污水处理设施(见图 3-6)。

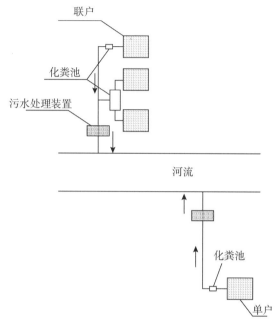

图 3-6　污水分散收集处理系统

(2)集中收集

集中收集系统一般服务的农户数为 10 户左右,在单户收集系统的基础上,将各户的污水用管道或沟渠引入污水处理设施。该系统根据后续污水处理设施的处理对象的不同,又可分为分区收集分区处理、分区收集集中处理两大系统,分别见图 3-7(a)和图 3-7(b)。

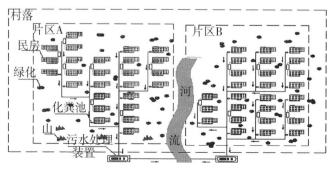

(a)分区收集分区处理

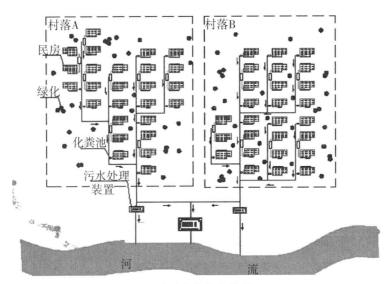

（b）分区收集集中处理

图 3-7　分区收集模式

3.2.3　农村雨水收集方式

雨水一般依靠地势自然方式排除，少部分村庄有明沟或简易明沟可将雨水收集后就近排入自然水体或城镇市政管道。雨水如果不进行合理的收集排除，进入污水处理系统，就会造成短时污水量增加以及污染物浓度明显下降，从而导致污水处理设施不能正常运行。在水资源较丰富的南方农村，雨水系统主要考虑收集并快速排除；而西北部干旱缺水地区的农村，雨水系统主要考虑收集并利用。

1. 雨水的收集和排除

雨水收集系统可分为户内雨水收集和户外雨水收集系统。

（1）户内雨水收集系统

户内雨水收集主要包括屋顶雨水收集及院内地面雨水收集。屋顶雨水收集，可在屋檐下设集水槽，利用集水槽将屋顶流下来的雨水收集起来，再由连通集水槽的雨水管将收集的雨水导入院内系统。院内地面雨水收集，主要通过地面坡度将雨水汇流到一个最低点，如先排到院落出水管道附近再排至户外雨水收集系统（见图 3-8）。

（2）户外雨水收集系统

户外雨水收集的主要对象为道路雨水及户外场地雨水。户外场地雨水收集有两种方法：一是将场地雨水利用自然排水方式排至场地旁道路，通过路旁明沟或雨水蓖井收集；二是通过场地坡度设计将场地雨水汇流到一个或几个汇水点，在汇水点设雨水蓖井收集，所收集的雨水通过雨水管汇入道路雨水收集管道。

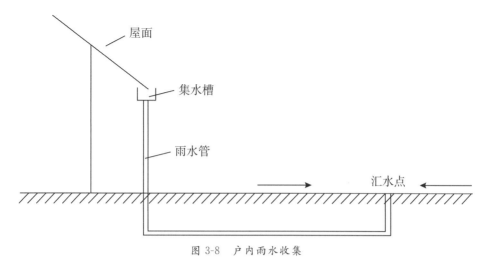

图 3-8　户内雨水收集

2. 雨水的收集和利用

缺水地区的农村通过对雨水的收集,将其储存在雨水固定储水池中,可供村民日常洗涤及农田灌溉使用。户内雨水收集的范围主要为各户屋顶及院落内的雨水;户外雨水收集的范围主要为村落内除各家院落外,包括道路等场地的雨水,这些雨水相对杂质含量较高,收集后需要经过一定的处理才可使用。农村雨水收集利用方式见图 3-9。

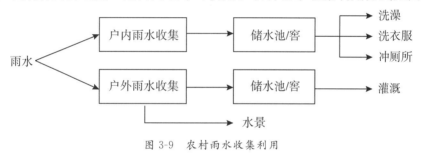

图 3-9　农村雨水收集利用

3.3　常用排水管材和附属设施

在农村生活污水治理工程中,管道材料费用在工程造价中占有较大比例,一般可占工程总造价的 30%～50%。污水管道工程属于埋地的隐蔽工程,其安全可靠性非常重要。

3.3.1　管材特点

管材作为排水工程中的基本要素之一,其价格、质量、性能等都成为排水工程中普遍关注的问题。目前,常用的排水管材及其物理性能如下。

1.高密度聚乙烯管

排水用高密度聚乙烯(high density polyethylene,HDPE)管是以聚乙烯树脂为主要原料,加入适量助剂,经挤压成型。HDPE 具有优异的化学稳定性、耐老化及耐环境应力开裂的性能,在农村生活污水工程中主要用于排水管道的改造(见图 3-10)。

图 3-10   HDPE 管

2.硬聚氯乙烯管

硬聚氯乙烯(unplasticized polyvinyl chloride,UPVC)管是以聚氯乙烯树脂为原材料,不含增塑剂的塑料管材。与一般铸铁管、镀锌管相比,UPVC 管具有极强的耐腐蚀性能和良好的耐水压、抗冲击、抗拉伸强度等性能,经多年使用性能亦不会有明显下降,主要用于农村排水管道建设(见图 3-11)。

图 3-11   UPVC 管

3.玻璃钢夹砂管

玻璃钢夹砂管,俗称玻璃纤维增强塑料管,是一种新型的复合材料管,主要由玻璃纤维纱作为增强材料,树脂作为基体构成(见图 3-12)。玻璃钢夹砂管同时具有塑料管和金属管的特性,强度和水力特性好,管道摩擦损失小。因其具有特殊的管道材质,故抗内压能力较强,但玻璃钢夹砂管的抗外压能力较差且在低温下容易变脆,主要用于大口径排水管道与压力管道建设。

图 3-12　玻璃钢夹砂管

4.钢筋混凝土管

钢筋混凝土管是指在混凝土中加入钢筋网、钢板或纤维以改善混凝土性能的一种组合材料(见图 3-13)。这类管材具有制备原料充实、设备和制造工艺简单等优点,常用于污水、雨水收集,但又因其抗渗性较差、管节短、接头多、施工过程烦琐等缺点,较少在农村污水管网建设中使用。部分农村地区因管道埋深过大或需穿越铁路、河流、谷底时,仍可采用钢筋混凝土管。

图 3-13　钢筋混凝土管

5.球墨铸铁管

球墨铸铁管是指使用 18 号以上的铸造铁水经添加球化剂后,经过离心球墨铸铁机高速离心铸造成的管材,全称离心球墨铸铁管,简称球管、球墨铸管等。其具有防腐性能优异、延展性能好、密封性好、安装简易等特点,主要用于特殊地段的管道敷设(见图 3-14)。

图 3-14　球墨铸铁管

3.3.2　农村生活污水收集管材选用因素

1. 温度

在进行管材选择时,要充分考虑温度对管材的影响。例如,聚乙烯管材的长期工作水温应小于或等于 40℃,如果超过这个温度的话,就要选用特定的耐高温管材。对于冰冻线深度大于管道埋深的地区,应选用抗寒耐低温的管材,具体到施工过程,应该尽量避开当地冰冻线,从而有效排除温度对于管材质量和施工质量的影响。

2. 防渗

为防止污水管道的渗漏对环境造成影响,污水管道应优先选用抗压强度高、耐压性能好且具有一定弹性的管材,避免超载或其他原因导致污水渗漏的问题。

3. 价格

在采购价格相差不大的条件下,排水管应尽量就近取材,减少运输费用。污水管道应优先选择性能好、运输距离近、企业供货能力强、便于施工和维修的管材。

4. 环刚度

排水管主要承受的是外压,用来评价管材承载力的重要参数是环刚度(ring stiffness)。当荷载超过管道的正常限值后,会造成管道的破裂、错口、渗漏、脱节、变形等问题,给管道运营造成很大困扰并产生一大笔修复费用,严重的还会造成道路塌方事故。不同材质、不同规格的管材其环刚度是不一样的,应根据实际要求选用环刚度合适的管材。

3.3.3　农村生活污水管材选用

农村生活污水排水管管材的合理选择可有效降低管网工程投资,保障排水管网运行稳定。每个地区应结合当地实际情况,选择具有足够的强度、水力条件及密闭性好、耐腐蚀、抗冲刷、基础简单、接口方便、经济合理、施工及维护方便的管材。[5] 几种排水管材综合性能比较,详见表 3-1。

表 3-1 几种排水管材综合性能比较

管类项目	合成管材(UPVC、HDPE 管等)	球墨铸铁管	钢筋混凝土管	玻璃钢夹砂管
连接密封性	承插连接,接口密封性好	热熔连接,密封性好	水泥包封,易渗漏	承插连接,密封性好
水力性能	0.009～0.01	0.009～0.01	0.013～0.014	0.008～0.01
耐腐蚀性	好	一般	差	好
抗渗性	好	好	差	好
使用寿命	≥50	≥50	≤30	≥50
经济评价	小管径便宜,大管径较贵	较贵	较便宜	较贵
地区习惯	广泛应用于各类地区排水管网建设	常用于外力荷载大、渗漏要求高的地区	常用于管道埋深过大或土质条件不良的地区	北方农村较少使用,且常用于部分建设压力排水管的地区

根据现行农村生活污水工程设计的特点,排水管道可分为接户管、收集管、特殊地段管道和其他管道。

1.接户管

污水接户管通常采用 UPVC 管,环刚度为 SN4,直径一般为 75～150mm。

2.收集管

收集管根据施工方式的不同,可分为开挖管和非开挖管。若采用开挖方式施工,一般选用 HDPE 管,环刚度为 SN8。若采用非开挖方式施工,例如牵引拖拉方式(水平导向钻进方式),即钻机按照预定方向从地面钻入直至抵达目的地,再将钻头换成回程扩孔器,并准备好需要敷设的管线,然后进行反向扩孔,并将待敷设的管线拖回至钻孔入口处,完成管线敷设。采用这种方式施工的管材一般为黏接性和韧性方面较好的HDPE 管,环刚度为 SN16。

3.特殊地段管道

对于特殊地段的管道敷设,如过河管等,管材一般采用钢筋混凝土管、球墨铸铁管,环刚度为 SN16。

4.其他管道

户内一般采用建筑排水用 HDPE 管、UPVC 管,环刚度为 SN8。雨水及污水管管径一般为 110mm,厨房与阳台污水管管径一般为 75mm。部分农村地区因受地势、地形影响需设立压力排水管时,可采用玻璃钢夹砂管,环刚度为 SN10。

3.3.4 附属设施

排水管网附属设施是指除排水管网外的附属构筑物,主要包括化粪池、隔油池、厨房清扫井、接户井、检查井和提升泵站等。[6]

1. 化粪池

化粪池是对粪便进行无害化处理的设备,也是生活污水的预处理设施,通常为三格式结构(见图 3-15)。

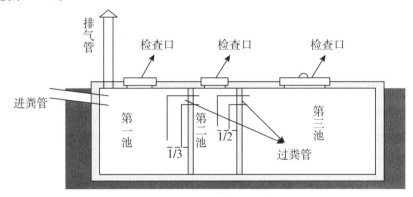

图 3-15　化粪池结构示意

化粪池的作用主要为:①保障环境卫生,避免生活污水及污染物在居住环境中扩散。②在化粪池厌氧腐化的工作环境中,杀灭蚊蝇虫卵。③临时性储存污泥,并对有机污泥进行厌氧腐化,熟化的有机污泥可作为农用肥料。④生活污水的预处理,即沉淀杂质,并使大分子有机物水解成酸、醇等小分子有机物,这在一定程度上减轻了后续的污水处理设施的负荷。

化粪池建设需充分考虑出租户、民宿等流动人口,设计停留时间不宜小于12h,清掏周期宜为 3～12 个月,其他设计参数应按《建筑给水排水设计标准》(GB 50015—2019)、《农村户厕卫生规范》(GB 19379—2012)执行,并便于维护。化粪池宜采用预制成品。非预制成品优先选用钢筋混凝土化粪池,池壁和池底应进行防渗处理,不得使用漏底化粪池。化粪池应设置检修口、透气管,并采取防臭、防爆和防坠落措施。在车行道下时,宜采用钢筋混凝土化粪池,顶部应进行加固处理,采用重型双层井盖及盖座;在非车行道下时,宜采用轻型双层井盖及井座。

2. 隔油池

隔油池是利用油与水的密度差产生上浮作用来去除含油废水中可浮性油类物质的一种废水预处理构筑物。隔油池能去除污水中处于漂浮和粗分散状态的密度小于1.0的油类物质(见图 3-16)。

图 3-16 隔油池

隔油池可采用预制成品隔油池或砖砌、混凝土隔油池,有条件时优先采用隔油提升一体化设备。隔油池的设计应综合考虑污水排放特征、含油废水量、水力停留时间、池内水的流速、池内有效容积等因素,各项技术参数指标应按相应标准执行。隔油池应设有通气口、清渣口,便于检查和维护。隔油池的设置应遵循不影响环境、就近、方便清运和管理的原则。

3.厨房清扫井

厨房清扫井是用在厨房排污管线出口处,用于隔离废水及残油的除油、除渣装置设备,其特点有小巧、轻便、易清掏等。厨房清扫井类似于小型隔油池,目前广泛用于农村生活污水处理中,厨房清扫井实物见图 3-17。

图 3-17 厨房清扫井

厨房清扫井宜选用塑料成品井,圆形清扫井直径一般不小于 300mm,方形清扫井尺寸一般不小于 300mm×300mm。厨房清扫井的设置,应遵循就近、方便清掏和维护的原则。厨房清扫井为便于清掏,宜选用双层井盖,并有"厨房清扫井"字样。

4.接户井

接户井是汇集农户洗涤污水、化粪池出水和厨房污水的井,是户内设施和管网设施的分界(见图 3-18)。

图 3-18 接户井

接户井宜选用预制成品,并宜设置细格栅,格栅应采用耐腐蚀材料且栅距不大于5mm。接户井的设置可按《建筑给水排水设计标准》(GB 50015—2019)检查井的相关要求执行,规格按实际功能要求选择。接户井为便于清掏,宜选用双层井盖,并有"接户井"字样。

5.检查井

检查井是排水管道系统上为检查和清理管道而设立的窨井,连接管段和管道系统,同时还起通风作用。不同材料制成的检查井分别见图 3-19(a)和图 3-19(b)。

(a)塑料检查井　　　　　　　　　　(b)钢筋混凝土检查井

图 3-19　检查井

管道交汇、转弯、跌落、管径改变及直线管段相隔一定距离处应设置检查井,根据管道直径和雨污水类型规定分段间距。检查井设计应按农村地区相关标准执行,无具体标准时,应按《建筑小区排水用塑料检查井》(CJ/T 233—2016)、《市政排水用塑料检查井》(CJ/T 326—2010)、《污水用球墨铸铁管、管件和附件》(GB/T 26081—2010)和《混凝土检查井国标图集》(12S522)等标准要求执行。对在非车行道上且直径小于700mm 的检查井,宜选用塑料成品井;其他检查井,宜选用砖砌检查井、混凝土检查井。检查井宜选用双层密闭井盖,在车行道上的检查井井盖应采用承重型井盖。检查井一般为流槽井,倒虹管或泵站前应设置沉砂井,对出户端无法设置化粪池的,则必须采用流槽井。

6.提升泵站

排水提升泵站又称中途提升泵站,其实物装置及其剖面结构分别见图 3-20(a)和图3-20(b)。

当重力流排水管道埋深过大,施工运行困难时,为使下游的管道埋深减小,需要设立中途泵站提升污水。农村生活污水提升泵站(井)宜选用一体化预制泵站。泵站的设计应按《室外排水设计标准》(GB 50014—2021)、《一体化预制泵站工程技术标准》(CJJ/T 285—2018)和《泵站设计规范》(GB 50265—2010)等相关标准执行。设计提升水质应满足:pH 为 6～10,温度≤40℃;不满足条件时,应增加提升泵站(井)的防护措施。

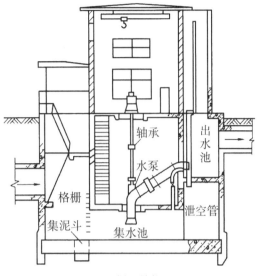

(a)实物装置　　　　　　　　　(b)剖面结构

图 3-20　提升泵站

提升泵站(井)有效容积不宜小于最大单台水泵 5min 的出水量,且水泵在 1h 内启动次数不宜超过 6 次。提升泵站(井)应设置就地液位显示装置,提升泵应具备自动和手动启停功能,并应配置备用污水泵。提升泵站(井)处理能力在 100t/d 及以上的应具备数据采集和传输功能,实现远程监测和控制。提升泵站(井)应设置方便安装检修的检查口和方便清理的清扫口,并按规定安装安全格栅或防坠网。埋地安装的预制泵站顶部检修口或泵站管理间的室内地坪应比室外地坪高 0.2～0.3m,且高于设计洪水位 0.5m 以上。此外,泵站的选址还应满足规划、消防、防洪和环保部门的要求。

3.4　排水管网技术要点

3.4.1　管网布置

1.排水管网布置

按照农村区域总体规划,远近期相结合,考虑到发展情况不一,必要时可安排分期实施;排水管网布置时,应结合当地实际情况进行多方案技术经济比较。首先确定排水区域和排水体制,然后布置排水管网,并应按从干管到支管的顺序进行布置。

排水管网一般布置成树状网,根据地形不同,可采用两种基本布置形式——平行式和正交式。

平行式:排水干管与等高线平行,而主干管则与等高线基本垂直,见图 3-21(a)。平行式布置适用于地形坡度很大的农村,可以减少管道埋深,避免设置过多跌水井,改善干管的水力条件。

正交式：排水干管与地形等高线垂直相交，而主干管与等高线平行敷设，见图3-21(b)。正交式适用于地形平坦略向一边倾斜的农村。

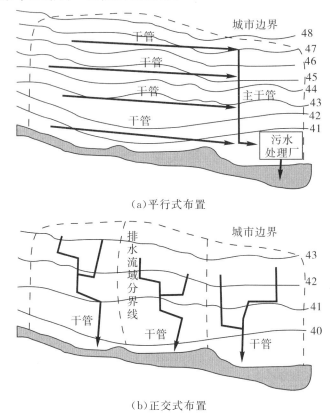

（a）平行式布置

（b）正交式布置

图 3-21　排水管网的布置基本形式

2.影响因素

农村在进行生活污水管道布置时受地形影响很大，当房屋排列没有规律时，在设计农村生活污水管网布置时还应因地制宜。主要的影响因素如下：

（1）巷道

巷道通常在乡镇中居民居住较集中、院落房屋之间距离较近时出现，较窄的巷道宽度不超过1m，因此，此处管道在施工过程中容易对房屋地基造成扰动。在现场踏勘过程中，建议多注意此类路线，向房屋主人调查了解其地基情况以及道路通行情况，如仅为人行通道可减小覆土厚度；此外，可根据收集水量以及巷道坡度大小适当调整管道管径，减小管道开挖影响。

（2）车行道

农村公路多为县道，虽道路等级不高但却常有重型车辆通过，若选择在道路中央敷设管道，容易造成交通不便且不利于检修。此外，若敷设时覆土深度不足，管道容易在重型车辆的影响下发生挤压变形破损。因此，在条件允许的情况下，尽量选择在路边敷设污水管道,或者加大管道在道路下的覆土厚度,降低道路上动荷载对管道的影响。

（3）地形

农村项目处理站区的选址常在远离居住点的荒地,由于我国农村分布广袤,因此在管道敷设过程中经常遇到农田、田埂、山道等多种地形。而此类地形会增加管道的敷设难度,不利于管道检修。此外,若覆土深度不足,容易造成管道折损。因此,管道穿越农田时,定线应靠近田埂,以便检修。管道覆土厚度不宜小于 500mm,以防耕作时损伤管道。

同时,南方农村所在地水系较为丰富,在排水管道敷设过程中还常遇到需要跨越河流的情况。河流容易冲刷、侵蚀管道造成管道渗漏。因此,在该类地形敷设管道时,若河道较窄,不考虑通航和景观要求,可对管道进行架空过河敷设;若河道较宽或需沿河道方向敷设管道,可采用球墨铸铁管并根据埋深和水流冲刷程度考虑是否采用混凝土包封,以保护管道不受河流冲刷作用的影响。若管道必须埋设于沿河时,排水管道应尽量靠近河岸,以便进行检修。

3.排水管网布置步骤

农村生活排水管道平面布置,通常按先确定主干管、再定干管、最后定支管的顺序进行。在总体规划中,只决定污水主干管、干管的走向与平面位置。在详细规划中,还要决定污水支管的走向及位置。[7]污水管网布置一般按以下步骤进行。

（1）划分排水区域与排水流域

排水区域是排水系统规划的界限,在排水区域内应根据地形和农村的竖向规划,划分排水流域。

流域边界应与分水线相符合。在地形起伏如丘陵地区,流域分界线与分水线基本一致。在地形平坦无显著分水线的地区,应使干管在最大埋深以内,让绝大部分污水自流排出。如有河流等障碍物贯穿时,应根据地形情况、周围水体情况及倒虹管的设置情况等,通过方案比较,决定是否分为几个排水流域。

每一个排水流域应有一根或一根以上的干管,根据流域高程情况可以确定干管水流方向和需要污水提升的地区。

（2）干管布置与定线

在农村排水管网系统方案确定时应充分考虑项目区地形条件、区域道路布局、工程实施特点、排水流向、水系分布、管线接驳及实施条件等多种因素,按照接管短、埋深合理、尽可能利用重力自流排出的原则布设雨污水排水收集管道。不能重力自流排出的雨污水,应充分考虑重力流与压力流组合收集、负压真空收集等几种收集方式的优缺点和适用性,从技术、经济方面比较后确定雨污水的排除方式。管线施工要做到一次开挖、次序填埋、同步回填,减少重复工作量和基建投资。另外,在设计过程中以区域最大冻土深度为基准,综合考虑排水去向、关键控制节点与起点埋深、道路高程及防冻的要求等多种因素。污水排水管设计时要充分考虑与接户管和村外截污管道的衔接问题。在村民户外接户管附近预留检查井,方便出户管接至本排水系统内。

(3)支管布置与定线

当街区面积不太大、污水管网可采用集中出水方式时,街道支管敷设在服务街区较低侧的街道下,称低边式布置,见图 3-22(a);当街区面积较大且地形平坦时,宜在街区四周的街道敷设污水支管,建筑物的污水排出管可与街道支管连接,称围坊式布置,见图 3-22(b);街区已按规定确定。将已建立各自排水管网的街区相连接,形成一个穿越多个街区的排水管网体系,称为穿坊式布置,见图 3-22(c)。

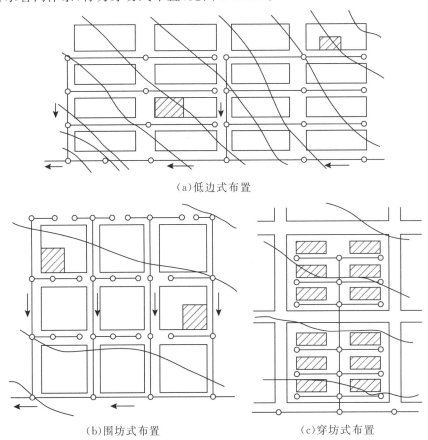

(a)低边式布置

(b)围坊式布置　　　　　　　(c)穿坊式布置

图 3-22　污水管网布置形式

3.4.2　排水管网设计要求

1.户内管道设计要求

室内管道宜采用生活污水和生活废水分流的排水系统。接户井前的室外管道布置应遵循接管短、弯头少、排水通畅、外观整洁的原则。户内管道设计可按《建筑给水排水设计标准》(GB 50015—2019)执行,宜采用建筑用塑料排水管或球墨铸铁排水管。室内排水器具均应设置存水弯,水封高度不小于 50mm。农户厨房洗涤池排水管管径不小于 50mm,农家乐、民宿、餐饮厨房洗涤池排水管管径不小于 75mm,卫生间粪便排水管管径不小于 100mm。化粪池、隔油池排水管管径不小于 100mm,坡度不宜小于 1%。接户井前的室外管道在交汇、转弯、跌落、管径改变及直线管段大于 20m 时,应设置检查井或用检查口井代替。室外裸露的塑料管应采取防冻、防晒和防护措施,并符合周边环境及景观的要求。

2. 户外管道设计要求

户外排水管道应根据地形标高、排水流向,按照接管短、埋深合理的原则布置。户外排水管道应采用安全可靠、水力条件好、耐腐蚀且基础简单、接口方便,施工快捷的管材。位于车行道下塑料管材的环刚度不应小于 8.0kN/m²,位于非车行道、绿化带、庭院内塑料管材的环刚度不应小于 4.0kN/m²。公共管道位于车行道下管顶覆土深度不应小于 0.7m,位于非车行道下管顶覆土深度不应小于 0.4m。公共管道管径不应小于 200mm。对不能以重力自流排出的,应设提升设施。在过河段、架空路段可设置倒虹管或架空管,倒虹管宜采用球墨铸铁管或聚乙烯管;架空管宜采用球墨铸铁管,并采取防护措施。管道基础应根据管材、接口形式和地质条件等确定,对地基松软、不均匀沉降或易冲刷地段,管道基础应采取相应的加固措施。公共管道的其他设计要求可按《室外排水设计标准》(GB 50014—2021)执行。

3. 管道连接设计要求

由于排水管网一般依靠重力进行排水,管道的连接方式是保证管网中水流畅通和管道运行安全的重要因素。排水管网中的管道交汇、直线管道中的管径变化、方向的改变以及管道高程变化,均需设置合理的连接方式。排水管道的连接主要采用检查井连接方式。

排水管道的衔接原则是尽可能减小埋深,降低造价避免上游管段中形成回水而造成淤积面和管底标高,下游不能高于上游。因此,一般有三种衔接方式,即水面平接、管顶平接、跌水连接。

(1)水面平接

水面平接是指在管道水力计算中,使上游管段(通常管径不大于下游管段)终端和下游管段(通常管径会等于或大于上游管段)起端的设计水面高程(由管内底高程和设计充满度推求所得)在检查井内保持齐平,即上游管段终端与下游管段起端的水面高程相同(见图 3-23)。

由于上游管段的水面变化较大,水面平接时在上游管段中易形成回水,对管道的排水顺畅性不好,且使高程推算复杂。

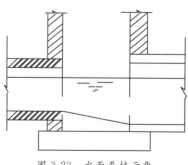

图 3-23 水面平接示意

（2）管顶平接

管顶平接是指上游管段终端和下游管段起端的管内顶标高相同，一般用于上下游管径不同的污水管道的衔接（见图3-24）。

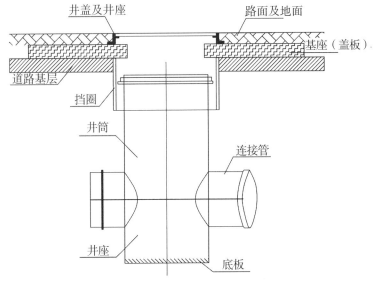

图 3-24　管顶平接示意

管顶平接的适用范围很广，如在管道穿越公路、河流或建筑物时；现场条件复杂，上下交叉作业，相互干扰，易发生危险时；管道覆土较深，开槽土方量大，并需要支撑时都可使用。

（3）跌水连接

地形高差等导致管道上下游高差太大时，为了避免水流对检查井底产生较大的冲击，通常采用跌水连接方式（见图3-25）。

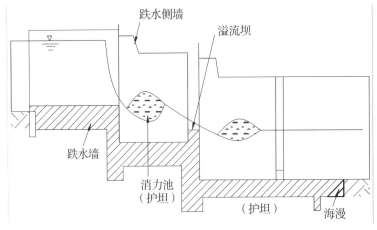

图 3-25　跌水连接示意

3.4.3　管道施工技术要点

排水管道实施流程,见图 3-26。

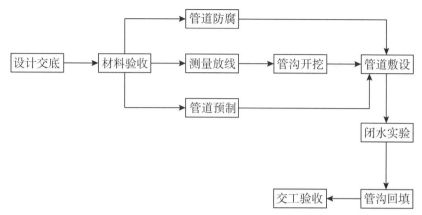

图 3-26　排水管道实施流程

1. 施工前的准备工作

要想完成好排水管线工程,就要做好施工前的勘察、施工图纸设计和放线测量等施工前期的准备工作。[8]具体步骤如下:①施工方、建设方、监理方以及设计方等,应当一同对施工图纸进行审查并仔细做好交底工作,同时依据设计图纸,掌握实际施工现场的各种情况。②在此前提之下,依据施工现场的情况,并且依据设计图纸的内容,对桩号的走向水准点进行一次复测,以确定其是否满足相关的标准或要求。③对施工现场的情况进行勘察,并排除其中所存在的一些故障。施工单位在施工之前,必须对现场的交通状况、地形以及地面等予以详细的调查,以便于将来施工的顺利开展。④在对施工现场进行详细调查之后,对存在的问题应提出有效的应对措施。⑤测量放线,即根据建设方所提供的测量控制坐标点和高程水准点,沿管线走向布设导线网,并进行绘图、验算复合。测量放线不但能为下一道工序提供依据,还能及时发现上一道工序所遗留的问题,避免施工事故的发生,保证排水管网正常建设。

施工单位在将施工作业面准备妥善之后,按照预先制定的方案,组织相关工作人员开始进行施工操作,在施工之前,需要采用计算机软件开展中桩坐标标记,且借助软件将该段工作面不同井位的横、纵向坐标都准确地计算出来,再依据坐标找到相对应的井位。在此期间,不可忽视中心线工作,以确保施工的安全,避免塌方导致人员伤亡。

2. 施工过程

在排水管道施工过程中,施工技术的优劣对工程质量起到至关重要的影响。[9]在沟槽挖掘中,就要严格按照设计图纸要求和施工顺序进行,同时应根据土壤的特性进行挖掘机械的操作,如遇到雨雪天气应该严格按照相应预案进行处理,避免积水和超挖情况的发生。管道铺设时,要确保沟槽地基的整体夯实和坡度的合理性;管道安装时,要严格做好质量检查,提前备好所需材料和安装设备,严格按照相关流程操作,确保施工安装工作万无一失。

(1)管沟开挖

管沟开挖前应根据设计管径、土质条件、地下水情况和开挖深度,合理确定边坡坡度、槽底宽度和沟槽开挖断面形式。在开挖过程中,应采取有效降水措施,降水后的地下水位线距沟槽底不宜小于0.5m,严禁带水操作。同时,应根据专项施工方案确定开挖边线,根据开挖顺序和线路组织进行分段开挖。沟槽较深时,开挖应分层进行,各层边坡或支护应确保工程质量和施工安全。机械开挖时应与架空线路保持一定的安全距离;行走时应根据土方性质和支撑情况,与边坡边缘保持一定的安全距离。沟槽土方应及时外运,若要临时堆放则应距沟槽边1m以上,堆高不超过1.5m;软土层沟槽堆置土方不得超过设计堆置高度。沟槽深度超过2m宜采用机械开挖;开挖时槽底土层应预留200～300mm,由人工开挖至设计标高,并整平、压实。槽底局部超挖或扰动,宜采用天然级配砂砾或石灰土回填;超挖不超过150mm时,可用挖槽原土回填夯实,其密实度不小于原状土的密实度。遇淤泥或淤泥质土、杂填土、腐蚀性土等不良土质时,应按设计或相关规范要求进行处理。

(2)管道安装过程

管道安装过程中,管道的临时堆放点应距沟槽边1m以上,叠放高度不宜超过三层,并做好临边警示标志。管材运输、堆放和吊装过程中应做好保护,严禁将钢丝绳穿入管道内起吊,下管时应平吊轻放,避免扰动地基、管道碰撞;严禁将管节翻滚抛入槽中。管道安装前应将内外清扫干净,安装就位后应防止管道偏移、滚动。承插管道安装宜从下游开始,承口应迎水流方向。承插管道安装宜在当日温度较高时进行,插口端距承口底部应留伸缩空隙。采用电熔、热熔接口时,应在当日温度较低时进行;刚热熔完的管道不得旋转。管道安装的一般过程如下。

①排水基准管安装

在安装基准管时,需要对地基承载力进行检验。如果在实际的施工中,地基的承载力不能达到施工设计要求,那么将会给管道安装带来危险,容易出现管道路线偏离或者塌方。当管道中的承载力不够时,需要向沟槽中铺设砂层。该砂层材料粒径应控制在2cm以下,砂石铺设在30cm左右,然后采用夯实法对其进行夯实处理。在人工挖掘方式下,对管道的垫层进行处理,从管道与垫层接触的地方向下适当挖深,从垫层下方挖出的土层可以回填到管道两侧,然后将管道与垫层的接缝处进行夯实。这样做的目的是能够在管道边缘形成一个高度适宜的弧基。该弧基能够为基准管安装提供施工基础。以上施工环节都是基准管施工前的准备工作。只有做好细节处理,才能进行基准管施工。需要在管道施工规范下选择基准管,当选择好基准管之后,对管中心轴线、中心高程误差进行分析,其数值需要控制在合理范围内。一般情况下,可以将其控制在30mm以内,误差过大将会影响基准管正常安装。在基准管的实际安装环节,为了提升管道安装时的精度,应提升管道安装质量,不能将误差设置为30mm,误差越小越好,一般将误差降到 10mm 以内。受施工环境以及施工技术等影响,基准管中心线经常会出现偏移的情况。当基准管安装完成后,需要对基准管的中心管轴线进行校正。

②排水后续管道安装

后续管道工作坑开挖就是为了对实际管材的吊装以及管道之间缝隙的连接,其坑的宽度与管道外径相同。同时,使管道承口与基准管插口之间相互靠近,需要履带式起重机来进行操作。在起重机调动管道时,需要保证承口与插口之间相互平行。管道砾石基础设计见图 3-27。

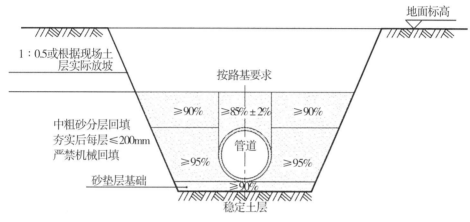

图 3-27 管道砾石基础设计

3.管道施工后的技术要点

(1)闭水试验

在沟槽回收前,必须对管道开展闭水试验,且对每一根管材进行详细的检查,如果发现破损,又或者是接口所在处连接不够严,那么必须用细砂浆予以修补处理,或者采用水泥浆将其填死。针对闭水未达标的管段,相关施工单位需及时采取有效措施进行补救,严重时必须返工处理。在完成全部检查之后,即可由排水管道两边开展回填管沟的操作。

管道闭水试验应带井进行,试验前管道不得回填,化学建材管(塑料管)可采取临时固定措施,但不得覆盖管道接口。管道功能性试验步骤和技术要求应符合现行《给水排水管道工程施工及验收规范》(GB 50268—2019)的有关规定。

(2)回填

当排水管道完成了闭水实验,并且一切施工检验工序都已顺利完成,再对排水管道边坡支护进行检查之后,可以进行回填。排水管道在实际使用中,由于下层基土土质松散等,容易产生沉陷等现象。在实际的排水管道挖掘前,为有效避免混凝土板沉陷而造成的引水渠裂缝,首先需要对渠道的地基进行妥善处理。具体回填要求如下:基槽内砖、石、木块等杂物应清除干净,严禁带水回填。回填材料应符合设计和施工规范要求,并结合回填方法确定最佳含水率;需拌和的回填材料,应在入槽前拌和均匀。应分层回填,沟槽底至管顶以上 500mm 范围内应采用人工回填,每层虚铺厚度不宜超过 200mm。检查井井室周围应与管道沟槽同时回填,相邻回填段应留台阶形接茬。管道和检查井井室两侧回填应对称进行,刚性管道宜采用轻型压实机具,柔性管道应采用人工回填。柔性管道回填时,沟槽底至管顶以上 500mm 范围内宜用中粗砂回填,并用水密法夯实,同时采取措施防止管道上浮、位移和变形,回填密实后,管道竖向变形率应不超过 3%。回填后应按规范中的相关规定逐层检测回填土的压实度。

(3)验收

在排水管道施工环节中,应按照相关的市政工程检查、验收及质量验评标准规范对工程进行检查和验收。检查和验收的内容主要包括:管道的结构和断面尺寸,管道的位置及高程,管道及附属构筑物的防水层,管道的接口、变形缝及防腐层,地下管道交叉的处理,管道及附属构筑物的地基和基础等。竣工验收时,应核实竣工验收资料,并进行必要的复验和外观检查。工程竣工验收时需对管道进行检测,只有评估报告合格后,才能允许其投入使用。

3.4.4 农村排水收集管网常见问题

1.管线存在平顺度误差

由于施工环境的不同和现场条件的差异,在排水管线施工时经常会存在平顺度误差的问题。平顺度误差是指具体施工过程中的管道标高与设计图纸要求的管道标高不符而产生的误差。这一误差可能会造成管道发生断坡、倒坡现象。造成这种误差的主要原因有:第一,没有严格控制挖掘的标准和标高的测量,在挖掘过程中容易出现超挖现象。这种现象主要是在使用机械挖掘时对机械控制不当和经验不足造成的沟槽超挖。第二,作业面的环境复杂。在施工中有泥沙滑落会影响施工质量;在支模时,人们往往依赖于人工经验来完成,模顶面标高容易产生误差,这在一定程度上会影响混凝土后期浇筑时的施工质量。

2.漏水问题严重

排水管线漏水问题一直是市政道路排水管线工程面临的难题之一。排水管线漏水隐患不但影响道路交通的安全通行,也会威胁到周围建筑物的安危和地基的稳定(见图 3-28)。

图 3-28 管道漏水

出现这一情况的主要原因是：排水管线质量和规格不符合要求；排水管线接口焊接和密封出现问题或操作不当，导致渗水、滴水和漏水现象的发生；在地基加固回填时，没有按照操作规程处理或者没有考虑到施工的特殊环境影响；地基的不均匀沉降，排水管线连接处出现拉裂、变形等问题，导致排水管线漏水问题的发生。

3.管道腐蚀

排水管道运行年限过久或管道防腐设施不到位，很容易产生化学腐蚀（见图 3-29）。在施工设计环节，一些排水管道工程为了节约成本而忽略防腐这一基本环节，没有选择合适的防腐材料，也没有做好相关的除锈工作，这都会对后期的使用产生不利的影响。这不仅影响到管道的使用寿命，还可能导致塌陷从而对环境产生潜在的风险。

图 3-29　管道生锈

4.设计规模与实际污水量不匹配

农村生活污水收集处理系统存在的主要问题有：一是污水收集管网建设不完善，污水排放率和收集率设计参数不合理，造成后续的污水收集管网不能正常运行。二是部分农村生活污水处理站点管网覆盖面小、支管铺设不到位、污水接入管道的户数不多、污水收集率较低，导致污水处理站点不能正常运行，影响处理效果和投资效益的发挥。

3.5　农村生活污水收集管网的管理与维护

近年来，随着城乡一体化发展，政府不断加大对农村基础设施建设的投入，其中农村生活污水管网建设得到了前所未有的重视和发展。然而在重视污水管网建设的同时，却往往忽视了对已有管网的管理维护，或者管理维护力度不够，造成管网存在较多问题。实际上，农村生活污水管网的管理维护是利国利民，真正惠及万家的大事。农村生活污水管网与老百姓的生活息息相关，良好的污水管网系统是污水正常排放的重要保证，直接关系到人居环境质量和老百姓的切身利益。因此，加强污水管网管理维护工作，确保污水管网安全、畅通运行刻不容缓。

3.5.1　农村污水管网的管理

排水管网的管理是保证排水管线系统安全运行的重要工作之一。由于污水管网结构复杂,而且深埋地下,容易藏污纳垢,因此人工管理困难。借助信息化手段,通过数字化、智能化管理,方便实现污水管网科学、高效的管理与服务。

地理信息系统(geographic information system,GIS)作为获取、处理、管理和分析地理空间数据的重要工具、技术和学科,近年来得到了广泛关注和迅猛发展。[10] GIS在排水管网中的应用架构见图3-30。

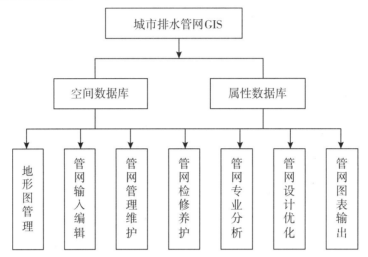

图 3-30　GIS在排水管网中的应用架构

我国农村生活污水管网信息化起步较晚、基础薄弱,但有明显的后发优势,可以充分借助成熟的信息技术与管理手段,吸收城市生活污水管网管理的经验,保障农村生活污水管网规划合理、建设到位、运行顺畅、维护及时。目前,限于人力、技术、资本、地理等条件,在具体的信息化建设上,农村生活污水管网信息化建设应首先解决有无问题。一般应集中进行管网和档案电子化等基础工作、信息集成平台的规划建设工作,以满足农村生活污水治理的当前需要。随着管网工程的竣工、信息系统的数据累积,会逐步出现应用及服务需求,基于智能信息服务的内容将逐步增加。

1.管网数字化

结合管网图纸设计,通过测绘、定位等技术获取管网各部件的准确地理位置信息,将其存储到空间数据库,并形象地展现在计算机系统的模拟世界里。管网数字化使管理、技术人员全方位掌握管网的结构、组成、布局等信息。管网数字化建设的关键是,保证信息的准确性和实时性,因此,在数字化建设期需要投入大量的人力、物力,逐一对管道精确定位、录入信息,建成后仍然需要专人负责更新维护。

2.档案电子化

农村生活污水治理工程通常以乡、村为单位,作为相对独立的工程段,每个工程段均包含大量的分析、设计、施工、监理、维护等重要的档案资料,且随着时间的推移不断增加,导致管理、查阅不便,容易丢失重要资料。借用数据库技术可以将这些档案和GIS相结合,不但具有传统数据库管理的各项优势,还可以根据需要进行各种查询和统计,拓展了管理维度。

3.感知实时化

借助物联网技术可实现对管网自身及周边环境信息的实时反馈,使管理者随时掌握管网运行的最新状况,这对管网的日常维护、污水治理和突发事故应急处理具有重要作用。通过固定或移动传感设备,获取管网及其所属环境相关指标的实时数据,借助有线或无线网络更新到网络数据库,从而分析实时指标数据,提供各种统计、分析及预警、决策支持等智能服务。

3.5.2 管网及附属设施维护

排水管网在建成通水后,为保证其正常工作,必须经常进行养护。运行管网日常养护的内容主要包括管网与附属设施内杂物、垃圾、积泥的清除等。管网与附属设施巡查的内容主要包括井框、井盖、井筒、管道、泵站等是否完好无异常,管道及检查井是否渗漏、变形与下沉,各机电设备运行是否正常,仪表显示是否正常等。

1.管网维护

管网维护的具体操作如下:①定期清通污水管,防止发生沉淀、淤积现象。②做好污水管道的渗漏检测工作,若出现渗漏,则应及时修复。③及时修理与更换破损检查井、污水口顶盖、更换检查井内踏步、修理脱落砖块、修补损坏的局部管道。④由于出户管的增加需要添新的检查井和管道,或管道本身损坏、堵塞严重,无法清通时,可进行整段管道的开挖翻修。⑤定期检查管道有无堵塞,当管道堵塞时,可采用压力水枪等设备对管道进行养护、疏通。⑥检查是否存在违章占压、私自接管、雨污混接或其他污水接入,如有则应及时解决相关问题;如运维服务机构无法自行解决,则应在一周之内上报主管部门。

管网维护质量要求如下:①污水输送正常。②疏通、冲洗、检查等管网运维工具配备齐全。③管道运维操作规范,且有效实施。④管网通畅,无淤积、破损、堵塞。⑤回填面无下陷、开裂。⑥管道内积泥不超过管内径净高度的1/5。

2.附属设施维护

（1）化粪池

为使得化粪池正常运行,必须对化粪池进行定期的维护。化粪池的具体维护操作如下:①化粪池应定期清掏污泥和漂浮物,一般最长清掏周期不超过12个月,清掏物可纳入污泥处理系统。②定期检查化粪池,如有渗漏或雨水、地下水进入应及时维修。③定期检查化粪池的密封性,如有破损,则应及时维修。④日常检查化粪池是否存在堵塞、外溢问题,若有则应及时对其进行养护、疏通。⑤开盖检查时应注意防毒、防爆、防坠。

化粪池维护清理质量也有所要求,具体如下:①清理后,目视井内无积物浮于液面,出入口畅通,保持污水不溢于地面。②化粪池无破损、满溢,化粪池盖无污渍、污物。③化粪池一级池清运90%,二级池清运75%,三级池全部清运。

（2）隔油池维护

为使隔油池正常运行，必须对隔油池进行维护。隔油池的具体维护操作如下：①及时清除浮油及浮渣，浮油及浮渣应合规处理、处置，不得随意丢弃。②日常检查隔油池是否存在排水不畅或堵塞现象，如有则应及时对其进行养护、疏通。

隔油池维护质量要求具体有：①隔油池无破损、满溢。②隔油池清理完毕后，隔油池内不应有油脂块以及浮渣。③确保清理后的隔油池出入口畅通且正常隔油、排污、排水。④盖好隔油池盖板，做好安全防护措施，及时清理周围卫生及工具，现场不应有油污出现。

（3）厨房清扫井

厨房清扫井作为一个承接构筑物，为保持水处理过程正常进行，对其进行维护是十分有必要的。厨房清扫井维护的具体操作如下：①定期对厨房清扫井内的拦渣、垃圾等进行清除。②日常检查厨房清扫井水流是否流畅。若当厨房清扫井存在堵塞现象时，则应及时对其进行养护、疏通。③日常检查厨房清扫井是否渗漏、破损，如进水端有水进入，而出水端无出水或很少且设施内部无堵塞，视为渗漏或破损，则应及时对其进行维修、更换。

厨房清扫井维护质量应达到以下标准：①保证出水端水流流速大于进水端，且厨房清扫井内水位不超过过水口。②管道正常运行，水流通畅。③厨房清扫井无堵塞、破损、栅网无缺失。

（4）接户井

接户井一种连接井，对其的维护及其维护质量都有一定的要求。接户井具体维护操作如下：①定期查看接户井，若存在杂物、垃圾时，则应及时清理。②定期查看接户井，若存在堵塞现象时，则应及时养护、疏通。③对破损、缺失、无法打开的接户井井盖应及时维修、更换，保证各接户井能正常开启。④对塌陷、破损、渗漏的接户井应该及时维修、更换。

相应接户井的维护质量要求有以下几点：①接户井运维操作规范，且有效实施。②井盖、井圈、井口无破损、倾斜、沉降、塌陷。③井盖能正常打开。④井内壁防渗层无破损、渗漏。⑤井内无杂物堆积、堵塞，流槽无淤积。

（5）检查井

检查井的具体维护操作如下：①在实施维护、保养时，应在检查井周围放置标有醒目警示用语的牌子。②实施维护保养后应按原状及时盖好井盖，污水管道检查井还应盖好内盖。③定期查看检查井，若存在杂物、垃圾时，则应及时清理。④定期查看检查井，若存在堵塞现象时，则应及时养护、疏通。⑤对存在破损、变形、异常问题的井框、井筒，应及时维修、更换。⑥对缺失、破损的防坠设施，应及时维修、更换。

检查井维护质量要求除去与上述接户井维护质量要求相同外，还应有如下要求：①流槽式检查井内应无明显积水，沉泥式检查井水位不高于其出水管管底标高1cm。②沉泥式检查井井底允许积泥深度不超过管底以下50mm，流槽式检查井不超过管径的1/5。

（6）提升泵站

排水提升泵站是污水系统的重要组成部分,站内要提供较好的管理、检修条件,因此,对其进行维护是十分必要的。提升泵站的具体维护操作如下:①每年应至少吊起水泵一次,检查潜水电机引入电缆,长期不用的水泵应吊出集水池存放。②定期巡检,注意机组有无不正常声音和震动。③定期检查轴承温度、油量以及动力机温度。④定期清理提升泵站内的杂物、垃圾、积泥。⑤定期对提升泵、阀门、流量计等进行保养。⑥查看集水池水位是否符合提升泵运行的要求,如超过设计最高水位,则应检查提升泵的运行效果;如低于设计最低水位,则应重新设置液位控制装置。⑦对前后出现明显水位差的格栅,应及时进行清理。⑧检查控制系统运行是否正常,如有问题则应及时维修、更换。

提升泵站相应运维质量如下:①检修闸门吊点牢固,门侧无卡阻物,锈蚀、破损情况。②泵站格栅过水通畅。③电气及控制系统运行正常。④泵站机组和设备本身及其周围环境应保持清洁。⑤电动机滑环、电刷应保持光滑清洁、接合紧密。⑥油、水、气管路接头和阀门无渗漏。

3.5.3　排水管道清通、检测与修复

排水管渠内常见的故障有污物堵塞管道、管渠损坏、管道渗漏等。针对这些排水管网常见的问题,需采取一定的清通、检测与修复手段,争取高效准确及时地解决问题,保证排水管网的正常运行。

1.排水管道清通方式

当管道淤泥沉积物过多甚至造成堵塞时,必须对管道进行疏通。排水管道疏通就是用机械直接作用于沉积物,使其松动被污水挟带输送或直接人工清出管道。排水管道的疏通方法有人力疏通、竹片(玻璃纤维竹片)疏通、绞车疏通、钻杆疏通。[11]

（1）人力疏通

在保障人员安全的前提下,进入检查井对管道进行疏通掏挖。管道人力疏通的适用条件:通风良好,且上下游汇入水源无散溢性有毒气体排放。管道人力疏通的限制:人员需严格遵守井下操作规程、严禁进入管道内疏通掏挖。为了保证井下人员的安全,在实际工作中应尽可能避免使用本方法。

（2）竹片(玻璃钢竹片)疏通

用人力将竹片、钢条等工具推入管道内,顶推淤积阻塞部位或扰动沉积泥,达到疏通的目的。竹片至今还是我国疏通小型管道的主要工具。管道竹片(玻璃钢竹片)疏通的适用条件:①管径 Φ 为 $200 \sim 800$mm 的管道断面;②管顶距地面不超过 2m。管道竹片(玻璃钢竹片)疏通的限制:推力小、竹片截面积小,扰动沉积泥有限(见图 3-31)。

图 3-31　竹片疏通现场

（3）绞车疏通

当管道堵塞严重，淤泥已黏结密实时，需采用绞车疏通。即在需要疏通的管道上下游紧邻的两个检查井旁，分别设置一辆绞车，利用竹片或穿绳器将一辆绞车的钢丝绳牵引到另一绞车处，在钢丝绳连接端连接上通管工具，依靠绞车的交替作用使通管工具在管道中上下刮行，从而达到松动淤泥、推移清除、清扫管道的目的（见图 3-32）。绞车疏通的适用条件：①管径 Φ 为 200～800mm 的管道断面；②预先能通过竹片或穿管器的管道。

图 3-32　绞车清通现场

（4）钻杆疏通

钻杆疏通就是利用可弯曲的弹簧节杆，加以不同形式的钻头，由驱动装置驱使弹簧节杆转动，从而带动钻头钻动，解决淤泥问题，达到疏通管道的目的。管道钻杆疏通的适用条件：管道埋深小、井口大、钻杆工具可以正常运行。[12]

2.排水管道检测设备

随着科技的进步，排水管道检测技术逐步由人工检测向计算机控制现代检测技术转变。目前，国内常用的现代检测技术有以下几种。

（1）管道潜望镜检测

潜望镜为便携式视频检测系统，实物见图 3-33（a）。操作人员将设备的控制盒和电池挎在腰带上，使用摄像头操作杆（一般可延长至 5.5m 以上）将摄像头送至窨井内的管道口，通过控制盒来调节摄像头和照明以获取清晰的录像或图像，现场操作见图 3-33

(b)。数据图像可在随身携带的显示屏上显示,同时可将录像文件存储在存储器上。该设备对窨井的检测效果非常好,也可用于靠近窨井管道的检测。适用管径为 150~2000mm。

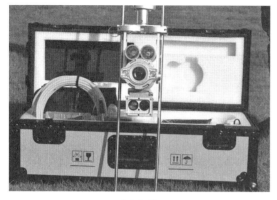 

(a)实物 　　　　　　　　　　　　　(b)现场操作

图 3-33　潜望镜

（2）闭路电视检测

闭路电视(closed circuit television,CCTV)检测是目前国内外普遍采用的管道检测方法,具有图像清晰、操作安全、资料便于计算机管理等优点。CCTV 检测为管道闭路电视内窥检测,主要是通过闭路电视录像的形式,使用摄像设备进入排水管道将影像数据传输至控制电脑后,进行数据分析的检测。检测前需要将管道内壁进行预清洗,以便清楚地了解管道内壁的情况。其不足之处在于,检测时管道中水位需临时降低,对于检测高水位运行的排水管网来说,需要临时做一些辅助工作(如临时调水、封堵等)。具体实物及成像分别见图 3-34(a)和图 3-34(b)。

(a)实物 　　　　　　　　　　　　　(b)成像

图 3-34　闭路电视实物与成像

（3）声呐检测

管道内窥声呐检测主要是通过声呐设备以水为介质对管道内壁进行扫描,扫描结果由专业计算机进行处理得出管道内壁的过水状况(见图 3-35)。这类检测用于了解管道内部纵断面的过水面积,从而检测管道功能性状态。其优势在于,可不断流进行检测;不足之处在于,其仅能检测液面以下的管道状况,而不能检测管道一般的结构性问题。

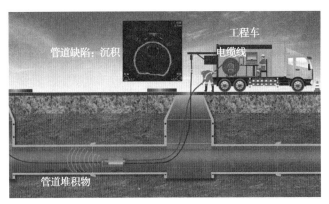

图 3-35 声呐检测

三种设备的优缺点对比,详见表 3-2。

表 3-2 不同检测设备优缺点对比

检测设备	优点	缺点
管道潜望镜	便携式设备 操作简便 图像记录	无法检测水面以下管道的状况 探测距离较短
闭路电视	准确直观 操作方便 图像记录	辅助工作量大 不能直接检测有水管道 必要时需清理管道内的障碍物
声呐	可对水面以下 管道状况进行检测	只能对水面以下管道状况进行检测 无法检测水面以上管道功能性状况

3.排水管道修复

排水管道修复前应将管道内的沉积物、生活垃圾、树根等障碍物清理干净,使管道内壁保持洁净,保证无附着物、尖锐毛刺、突出现象。原有管道漏水严重时,还需对漏点进行止水或隔水处理。目前,常用的排水管道修复方式有以下几种。

(1)原位固化法和软管内衬法

原位固化法(cured in place pipe,CIPP),是在现有的旧管道内壁上衬一层浸渍液态热固性树脂的软衬层,通过加热使其固化,形成与旧管道紧密贴合的薄层管。软管内衬法的施工方式有翻转浸渍树脂软管内衬法和 CIPP 拉入法树脂内衬法两种。[13]

①翻转浸渍树脂软管内衬法

翻转浸渍树脂软管内衬法是利用带有防渗膜的纤维增强软管做里衬材料,将浸有树脂的软管一端翻转固定在待修复管道的入口处,利用压力使软衬管浸有树脂的内层翻转到外面,并与旧管的内壁黏结。当软衬管到达终点时,即刻向管内注入热水或蒸汽使树脂固化,形成一层紧贴旧管内壁的,具有防腐、防渗功能的坚硬衬里,其工艺示意见图 3-36。

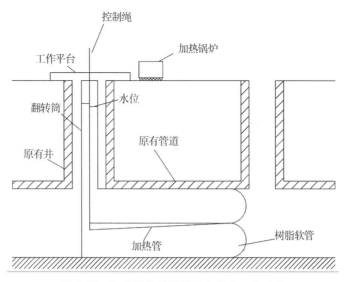

图 3-36　翻转浸渍树脂软管内衬法工艺示意

②CIPP 拉入法树脂内衬法

CIPP 拉入法树脂内衬法是采用有防渗薄膜的无纺毡软管,经树脂充分浸渍后,从检查井处拉入待修复管道中,用水压或气压将软管涨圆,固化后形成一条坚固、光滑的新管,从而达到修复的目的,其工艺示意见图 3-37。

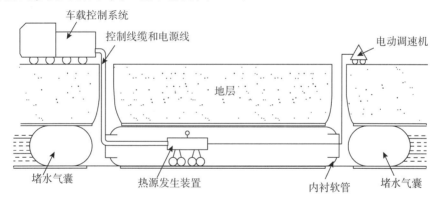

图 3-37　CIPP 拉入法树脂内衬法工艺示意

(2)U 形内衬 HDPE 管修复技术(折叠内衬法)

U 形内衬 HDPE 管修复技术是采用外径比旧管道内径略小的 HDPE 管,通过变形设备将 HDPE 管压成 U 形,并暂时捆绑以使其直径减小,通过牵引机将 HDPE 管穿入旧管道,然后利用水压或气压与软体球将其打开并恢复到原来的直径,使 HDPE 管附贴到旧管道的内壁上,与旧管道紧密配合,形成 HDPE 管的防腐性能与原管道的机械性能合二为一的"管中管"的复合结构。

(3)机械制螺旋缠绕法修复技术

机械制螺旋缠绕法修复技术主要通过螺旋缠绕的方法在旧管道内部将带状型材通过压制卡口不断前进形成新的管道。管道可在通水的情况(30%以下)作业,其工艺示意见图 3-38。

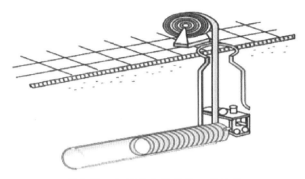

图 3-38　机械螺旋缠绕法工艺示意

（4）UV-CIPP 紫外光固化法

UV-CIPP 紫外光固化法是将内衬软管材料紧密贴合在管道内壁上，然后使用紫外线专用固化灯具固化内衬，形成一层坚硬的"管中管"结构，从而使已破损的或失去输送功能的地下管道在原位得到修复，见图 3-39。UV-CIPP 紫外线光固化法可对管道的破裂位置进行修复，其工艺优势体现在以下几方面：对环境和交通影响小，真正做到不开挖修复；施工可控性好，工期短，全程 CCTV 监控；节能，安全性高，不开挖基坑，人身安全有保障；密封效果好，抗腐蚀性强，使用寿命长；截流损失较低；具有较高的弹性模量与抗弯、抗拉强度。

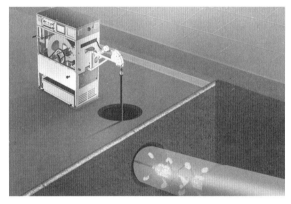

图 3-39　UV-CIPP 紫外光固化

主要参考文献

［1］白丁.城市排水管道检测技术的应用及发展［J］.建材世界，2019，40（4）：83-86，95.

［2］柏杉.浅析城市排水管道的清通养护［J］.中国建设信息（水工业市场），2011（2）：64-67.

［3］赖江华.浅析我国城镇排水体制现状及选择［J］.低碳世界，2015（33）：169-170.

[4]梁勇.城市排水管道非开挖修复技术浅析[J].四川水利,2019,40(5):107-110,114.

[5]沈婧.苏州市吴江区分散式农村生活污水收集及处理工艺技术的研究及分析[J].污染防治技术,2018,31(1):39-42.

[6]史文霞.市政给排水新管材的选择与施工实践思考[J].智能城市,2020,6(2):31-32.

[7]王军,应晓铃,戴庭曦,等.农村污水管网信息化建设初探[J].浙江水利科技,2016,44(6):64-66,73.

[8]王钦.浅析市政工程道路排水管线施工技术要点[J].科技风,2017(26):94.

[9]王子洲,刘青阳,俞昀肖,等.村镇建设中农村生活污水处理设施的选择[J].中国资源综合利用,2019,37(3):77-79.

[10]辛颖,安晓林.我国农村排水系统的规划与管理探究[J].现代园艺,2013(19):83-84.

[11]姚昀.GIS 技术在市政排水管网控制管理的应用[J].建材与装饰,2020(4):185-186.

[12]严熙世,刘遂庆.给水排水管网系统[M].3 版.北京:中国建筑工业出版社,2014.

[13]张慧兴.浅谈市政道路排水管道施工技术要点[J].四川建材,2015,41(2):196,198.

第 **4** 章

农村生活污水处理
设施运维

农村生活污水处理设施是指对农村生活污水进行末端处理的建(构)筑物、设备和设施,它包括预处理设施、主体处理设施、附属设施以及相关的设备仪表等,又称为"处理终端"。

随着我国农村环境治理工作的深入,农村生活污水处理设施建设的覆盖面越来越广。近年来,我国各级政府不断加大资金投入,建成大量农村生活污水处理设施,污水处理率得到显著提高。污水处理设施大量建成后,需要通过运行维护确保治理成效,因此农村生活污水治理的工作重点开始逐渐由建设向运维转移。以浙江省为例,截至2019年3月底,全省涉及农村生活污水处理设施运维管理的建制村多达20595个、处理设施60540个,2018年全省用于设施运维管理的资金高达6.9亿元。[1]

农村生活污水处理设施数量多、分布广、处理规模不一,不同区域采用的工艺技术差异性较大,这决定了农村生活污水处理设施运维的困难与复杂性。污水处理设施正常运行是出水水质达标的重要保障。建而不管、管而不善都可能使污水处理设施发挥不了应有的作用,甚至可能导致集中排污,造成更大的污染。农村生活污水处理设施运维管理已成为新农村建设的重要内容,在充分认识农村生活污水处理设施建设的重要性的同时,应逐步构建和完善相应的运维管理制度,切实发挥农村生活污水处理设施的作用,避免"重建设、轻管理"的问题。本章针对当前农村生活污水处理设施运维技术进行梳理、归纳和分析,供管理与技术人员参考。

4.1 预处理设施运维

经管网收集的生活污水,需要经过一定的预处理才能进入主体处理工段,以稳定进水负荷,减少设备磨损和管道堵塞。[2]预处理是农村生活污水处理系统的重要组成环节,主要包括格栅井、隔油池、调节池、沉砂池和初沉池等设施,预处理效果直接关系到主体设施能否正常运行,从而影响整个处理系统的处理效果。

4.1.1 格栅井

格栅井设置在集中隔油池、调节池之前,拦截污水中粗大固体杂物,防止隔油池过流管(孔)堵塞,减少调节池提升泵发生杂物堵塞等故障。

格栅井内通常安装有粗、细两道格栅,可起到分级截留不同粒径悬浮物的作用。格栅装置根据机械原理不同,可分为人工格栅和机械格栅。综合考虑机械维护和运行成本等因素,农村生活污水处理设施中多以人工格栅为主。人工格栅一般为非标定制产品,粗格栅间距宜为16～25mm,细格栅间距宜为1.5～10mm。机械格栅一般用于污水处理规模较大的情况。当污水处理设施设计规模达到200t/d及以上或进水管理深大时,一般设置机械格栅,方便栅渣清理并减少栅渣清掏的工作量。机械格栅一般为成品格栅,采用SUS304不锈钢或其他耐腐蚀材料制作而成。

格栅井运行的常见问题及运维对策如下。

1.栅渣淤积、格栅堵塞

格栅栅渣如果得不到及时清理，就会淤积在栅面，造成格栅过流阻力增加，过水不畅甚至格栅堵塞，最后导致格栅井雍水。运维人员应及时清除格栅栅渣，如清污次数太少或清污不及时，栅渣在格栅上长时间附着、卡住，将导致堵塞的格栅更难清理。栅渣量会随季节、污水源、降雨等的变化而改变，运维人员应了解这些规律，以提高运维效率。汛期及进水量增加时段，需加强巡视，增加清渣次数，确保格栅运行稳定。

2.格栅腐蚀、破损

农村生活污水处理系统中的格栅制作材质多样，如 PVC 材质、铝合金、不锈钢、普通碳钢等，长期使用会发生老化、变形、锈蚀、破损等问题。运维人员发现问题后应及时报修或更换，确保格栅有效。

3.机械故障

对于使用机械格栅的处理设施，常会出现减速机故障、栅条卡顿、破损等问题。对机械格栅的运维需遵循设备操作规程的要求，重点保持减速机内有效油位，传动链条及水上轴承应定期（每月一次）加注润滑脂。机械格栅还应保持链条的适当张紧度，适时将链条调紧。水中轴承一般为水润滑的尼龙轴承，当发现轴承磨损时，应及时更换。

4.格栅井保养不当造成拦渣效率降低

除了定期对格栅设备进行运维外，还应该注意对格栅井进行保养。保养时一般先清除格栅井内的漂浮垃圾，用污水泵将格栅井中的污水排空，然后用吸泥泵将格栅井底的淤泥抽尽；用清水冲洗淤泥和池壁，检查井壁有无裂缝及设施是否腐蚀等情况，必要时进行修补处理。

5.栅渣处置不当造成二次污染

清出的栅渣可放入专用的栅渣收集容器，自然脱水后纳入生活垃圾处理系统或采用其他有效方式进行处理、处置。禁止随意倾倒，造成二次污染。

4.1.2 隔油池

农村生活污水处理设施中的隔油池按照使用位置的不同，可分为户用隔油池（器）和集中隔油池。隔油池原理和形式参见 3.3.4 节。户用隔油池（器）一般用于农家乐餐饮污水除油，通常安装在厨房污水的排口处。集中隔油池一般设置于处理设施调节池前，用于去除进入集中处理设施的动植物油污。隔油池运行维护主要内容包括沉积物清理、浮油清除和处置、防臭气外溢等。

隔油池运行的常见问题及运维对策如下。

1.堵塞、满溢

隔油池内容易出现油污积存过多造成堵塞、池体满溢等问题。运维人员应及时检查隔油池中浮油的积存量。隔油池需检查集油槽和排油装置,及时清除浮油,确保隔油池无堵塞、无满溢。

2.有臭气

隔油池内存在大量易腐败有机物,运行过程会产生臭气,尤其是在夏季,池内微生物活性高,会散发出较多的酸臭气体。运维人员应及时除浮油和底部沉渣,尽可能阻断导致池内产生臭气的条件,同时做好通风和安全防护。

3.安全问题

对隔油池(器)进行维护时,为了有效除油常会用到清洗剂或脱脂剂,因其具有腐蚀性,使用时需佩戴相应护具,注意操作安全。清理出来的浮油应妥善处置,一般性浮油可纳入(厨余垃圾)处理系统,对于农家乐或集中餐厨隔油池,浮油量较多时可回收再生利用。禁止随意丢弃隔油池运维废弃物,造成二次污染。

4.1.3 调节池

农村地区的生活污水水质、水量均有较大的波动性。通常每天早、中、晚各有一个用水高峰期,其他时间用水很少,节假日等水量变化更为明显。此外,农村有酿酒、做豆腐、洗番薯粉等季节性农产品加工习俗,期间污水水量往往超出污水处理系统的正常处理能力。为了污水处理主体设施不受高峰流量或浓度变化的影响,需在污水处理设施之前设置调节池,用于调节污水流量和均衡水质,确保处理系统稳定运行。[3]调节池运维包括确保调节容积有效和设备运行正常,避免二次污染等。

调节池运行的常见问题及运维对策如下。

1.调节功能下降

农村生活污水中含有大量悬浮物、泥沙等,受设施位置、使用条件和环境因素的限制,农村生活污水处理系统中的调节池一般不设置搅拌,污水中的悬浮物和泥沙往往会在调节池内淤积,不断占据调节池的有效容积,且会影响提升泵等设备的运行。运维人员应根据进水量和工艺运行状况及时查看池内液面高度和底部沉渣淤积情况,定期清除池内沉积物,必要时进行清淤,避免调节池有效容积减小影响调节效果,以及妨碍后续处理工段的正常运行。

2.设备故障

农村生活污水处理系统中调节池内主要设备为提升泵和液位控制装置。运维人员应不定期检查提升泵的运行情况,常见问题和解决对策参见4.4节。

3.混合搅拌装置故障

为了实现水质调节功能,设计规模较大(一般200t/d以上)的农村生活污水处理系统会用到混合搅拌装置。常用的混合搅拌装置包括机械搅拌和空气搅拌装置。机械搅拌装置的常见问题和解决对策参见 4.4.3 节。空气搅拌装置存在的主要问题是,管道堵塞、鼓气不均等。运维人员应及时采用调节气量等措施进行疏通,必要时清池对曝气管进行更换。

调节池清池或大修清出的底泥可纳入污泥处理系统,暂时不具备就地处理处置条件的,需将底泥送至指定的淤泥处理处置中心进行处理,禁止随意倾倒淤泥,造成二次污染。

4.1.4 沉砂池

污水在收集、输送和汇集过程中难免会混入泥沙,特别是在农村日常生活中衣物、农具和农产品的清洗等都会产生较多泥沙。污水中的泥沙如果不预先沉降分离去除,会影响后续处理设备的运行,如磨损机泵、堵塞管网、干扰甚至破坏生化处理过程。沉砂池主要用于去除污水中粒径大于 0.2mm、密度大于 $2.65t/m^3$ 的砂粒,以保护管道、阀门等免受磨损和阻塞。其工作原理基于重力分离技术,因此需要控制沉砂池的进水流速,使比重大的无机颗粒下沉,而有机悬浮颗粒能够被水流带走。沉砂池多为平流沉砂池,可以与格栅井、隔油池、调节池等构筑物合建,多采用间歇抽吸或重力排砂,以节省能耗。平流沉砂池的关键运行参数是污水在池内的水平流速和停留时间,水平流速根据沉砂粒径的大小控制在 $0.14\sim0.30m/s$,停留时间决定砂粒去除效率。

在农村生活污水处理系统中,沉砂池的运行维护主要包括排砂和清除漂浮物等。因农村生活污水处理系统处理规模普遍较小,一般不单独设置沉砂池,而是将其与格栅井或调节池合并,合建成一个池来代替。对于合建的沉砂池,其运维可参照格栅和调节池的运维要求开展。

沉砂池运行的常见问题及运维对策如下。

1.系统堵塞

沉砂池最常见的问题是泥沙淤积导致系统堵塞。其日常运维重点是根据沉砂量的多少及其变化规律,合理安排清砂,确保沉砂池运行正常。沉砂池砂量及粒径大小主要取决于接户、管网系统的情况,如遇农作物集中生产季节、蔬菜清洗、农具清洗、降雨等,运维人员应综合考虑这些因素,并认真摸索处理系统砂量的变化规律。

2.设备故障

少数采用机械排砂的沉砂池,在停止排砂一段时间后会出现排砂设备不能启动的问题。此时,运维人员应认真检查池底积砂情况,如积砂太多,则应人工清砂排空沉砂池,以免因过载而损坏设备,对发现的故障设备应及时进行维修或更换。

4.1.5 初沉池

初沉池主要用来去除污水中的悬浮固体见图 4-1。初沉池与二沉池的区别在于,初沉池一般设置在污水处理沉砂池后、生化池之前,而二沉池一般设置在生化池之后。

初沉池在农村生活污水处理系统中很少使用,主要用在规模较大的情况或者是有经营性污水排入的污水处理终端生化处理工段前端,用于去除污水中的悬浮物,同时可去除部分有机物,减轻后续处理设施的负荷。在预处理系统中,初沉池可起到调节池的部分作用,对水质起到一定程度的均质效果,减缓水质变化对后续生化系统的冲击。

初沉池的运行维护主要包括设备巡查、加药运维和及时排泥等。

图 4-1　初沉池实物(建设过程)

初沉池运行的常见问题及运维对策如下。

1.沉渣淤积

这是初沉池运行过程中最常见的问题之一。运维人员应认真排查初沉池底部的积泥情况,及时开启刮泥机和排泥装置。带有加药系统的初沉池出现沉淀效果不佳时,应结合加药系统工况、沉淀区矾花颗粒情况、沉淀效果等进行观察,若出现问题时应及时进行维修。

2.设备故障

农村生活污水处理系统中初沉池一般不设专用设备,设计规模较大(一般在 200t/d 及以上)的处理设施会设置污泥泵,定期进行机械排泥。污泥泵常见问题及运维对策参见 4.4.1 节。

3.臭气

初沉池臭气产生的主要原因是沉泥未及时清理,从而发酵产臭。防止臭气产生的常见做法是及时排泥,并且在运维计划中合理设定排泥次数和排泥时间,避免沉淀池内大量污泥积存。采用机械排泥的排泥管路应定期冲洗,防止污泥在管内或阀门处淤积。

初沉池排出的污泥应纳入污泥处理系统,暂时不具备就地处理处置条件的,需将污泥送至指定的污泥处理处置场所进行处理,禁止随意倾倒淤泥,造成二次污染。

4.2 主体处理设施运维

主体处理设施是农村生活污水处理设施的核心部分,是去除污染物的关键环节,因此,确保其正常运转非常重要。目前,农村生活污水处理常见的主流工艺有厌氧生物膜池、净化沼气池、厌氧—缺氧—好氧(缺氧—好氧)工艺、序批式活性污泥法、接触氧化法、生物转盘、膜生物反应器、人工湿地、稳定塘工艺、混凝沉淀池、过滤设施、消毒设施等。

4.2.1 厌氧生物膜池

厌氧生物膜池是指通过在厌氧池内填充生物填料强化厌氧处理效果的一种厌氧生物膜技术。污水中大分子有机物在厌氧池中被分解为小分子有机物,能有效降低后续处理单元的有机污染负荷,有利于提高污染物的去除效果。[4]厌氧生物膜池具有投资费用省、施工简单、无动力运行、维护简便等优点,常用于农村生活污水处理工程。厌氧生物膜池对于污染物的去除效率不高,尤其是对氮、磷基本无去除效果,出水水质较差,不宜单独使用,一般作为生化处理、生态处理的前置处理单元。

厌氧生物膜池运维主要包括池体防腐防渗检查、内部过流和搅拌设备检查,以及定期排放污泥和安全检查等。

厌氧生物膜池运行的常见问题及运维对策如下。

1.池体老化、渗漏、过流孔管堵塞

农村生活污水处理系统中的厌氧生物膜池常见形式有钢砼池体和一体化罐(箱)体两种。其中,一体化罐(箱)体一般采用玻璃钢、聚丙烯(polypropylene,PP)或者碳钢防腐材料制成。池体本身常伴有渗漏、锈蚀、老化等问题。运维人员应定期对厌氧生物膜池进行渗漏检查,具体包括对厌氧生物膜池进出水口、检查口、通气孔、排渣孔等的检查,确保通畅。

2.生物填料老化、脱落、沉积

厌氧生物膜池内填充生物填料强化厌氧处理效果,这是该技术的核心部分。其常见问题主要是,生物填料的老化、脱落和沉积。运维人员应检查池内生物填料的状态,查看生物膜的生长情况,当发现无挂膜、少膜等情况时,应检查进出水水质和池内流态。生物填料脱落、堆积时,应及时进行清理和更换。

3.混合或搅拌设备故障

运维人员应检查厌氧生物膜池内部过流情况和搅拌设施情况,发现短流或者搅拌不均匀时应及时进行调整或维修。搅拌设备常见问题及解决对策参见 4.4.3 节。

4.池内污泥淤积

厌氧生物膜池长期运行会存在底部污泥淤积问题,运维人员应及时开启搅拌混合和排泥(清掏)等应对措施。生物膜池应每年进行一次常规排泥(清掏),排出部分淤积污泥,排泥时应注意保留池容30%左右的料液,确保常规排泥后池内有足够的厌氧微生物维持厌氧反应正常运行,常规清掏或排泥一般安排在夏季进行。

5.安全问题

厌氧生物膜池运维属于厌氧处理过程,日常安全问题重点是进行防爆、防毒。对厌氧生物膜池内设备维修操作前,必须先放空、通风,并对现场有毒有害、气体进行检测,不得在超标环境下操作。所有参与操作的人员都必须佩戴防护装备,直接操作者应在可靠的监护下进行,符合《城镇排水管道维护安全技术规程》(CJJ 6—2009)的规定。厌氧生物膜池防护范围内严禁明火作业。

4.2.2 净化沼气池

"净化沼气池"之名来自《生活污水净化沼气池技术规范》(NY/T 1702—2009),该规范明确了其设计、建设、验收、运行管理等技术要求。其原理是:采用厌氧发酵技术和兼性生物过滤技术相结合的方法,在厌氧和兼性厌氧的条件下,将生活污水中的有机物分解转化成甲烷、二氧化碳和水,达到净化污水、实现资源化利用的目的。净化沼气池在农村生活污水处理系统中常作为生活污水的分散处理装置使用,它集生物、化学、物理处理于一体,能实现污水中多种污染物的逐级去除。但在实际运行过程中,净化沼气池出水氮磷浓度过高,达标较困难。因此,目前净化沼气池单独作为处理工艺的情况已比较少见,常作为农村生活污水处理的预处理单元,常用的类型包括水压式沼气池、浮罩式沼气池、半塑式沼气池和罐式沼气池。

净化沼气池运维的主要内容包括启动接种、水质检测、及时清渣、规范安全用气等。净化沼气池运行的常见问题及运维对策如下。

1.不产沼气

生活污水净化沼气池最常见的问题是,净化池不产沼气或沼气量很少。运维人员应从以下几方面进行解决:

(1)重新接种。重新加入厌氧消化单元有效容积5%～15%的接种物后启动系统,特别是沼气净化池淘渣、维修后需要重新接种并进料启动。

(2)对出水进行检测,至少3个月进行一次进出水水质水量检测,根据检测结果判断沼气净化池是否存在问题。如存在问题,则应参照《生活污水净化沼气池技术规范》(NY/T 1702—2009)相关措施及时予以解决。

2.沉渣过多、进出料口或管道堵塞

由于农村生活污水处理时,净化沼气池中不能生物降解的物质较多,因此会出现池内沉渣过多、进出料口或管道被堵塞的情况,需要及时清渣。净化沼气池的清渣需要由专业人员负责,清除池中砖头、瓦块、石头、玻璃、金属、塑料等杂物,预防进出料口堵塞。

沼气净化池宜采用机械出渣。残渣清掏期一般为 1~2 年,沉砂除渣单元期为 1~2 个月;净化沼气池出残渣时,应保留厌氧消化单元有效容积 10%~15% 的活性污泥做接种物;净化沼气池排渣时应停止使用沼气,并开启活动盖。

3.安全问题

净化沼气池的运行过程存在较大安全风险,因此规范操作十分重要。净化沼气池必须处于敞开环境,其外壁距离建筑物不宜小于 5m;所有露天井口及其他附属管口均应加盖,盖板应有足够的强度,防止人畜掉进池内;严禁有毒物质如电石、农药或家用消毒剂、防腐剂、洗涤剂等入池。净化池所产沼气应按照沼气使用操作规程安全用气,严禁将输气管堵塞或放在阴沟里;严禁在沼气池周边使用明火。净化沼气池检修时,应参照《沼气工程安全管理规范》(NY/T 3437—2019)实施。运维管理其他方面的要求应参考《生活污水净化沼气池技术规范》(NY/T 1702—2009)实施。

4.2.3 厌氧—缺氧—好氧(缺氧—好氧)工艺

AAO(AO)工艺虽是目前农村生活污水处理中应用较为普遍的,但 AAO(AO)工艺多数是结合接触氧化法使用的。

AAO(AO)工艺运行的常见问题及运维对策如下。

1.活性污泥量不足

活性污泥(以形成菌胶团的细菌和原生动物为主的微生物群)是污水中污染物分解去除的核心,活性污泥量不足会降低生化系统的效率,造成污水处理系统出水不达标等问题。生化处理系统活性污泥量不足的主要原因在于,工艺设计不合理或运维不当。

工艺设计方面造成活性污泥量不足或减少的主要原因包括:进水水质水量不稳定、缺少调节池、二沉池负荷过高造成污泥流失、污泥回流不合理等。

运维方面造成活性污泥量不足或减少的主要原因包括:日常运行曝气量过大或过小、设备故障、排泥量过大、进水有机负荷过低等。

针对生化系统活性污泥量不足的问题,可采用如下解决措施:

(1)增建或扩建调节池,均化进水水质,稳定水量负荷。

(2)考虑在生化池内增加生物填料,如悬挂填料、悬浮填料等,形成生物膜减少活性污泥流失。

(3)适时调节污泥回流和外排量,保持生化池污泥浓度。

(4)根据进水和曝气设备确定曝气强度,可采用时间控制器对鼓风机的开启时间进行调节。

(5)活性污泥量过少时,应及时补充活性污泥,可通过接种活性污泥或投加菌剂等补充微生物量。

2.污泥膨胀

正常活性污泥沉降性能良好,污泥含水率在 99% 左右。当污泥发生膨胀时,污泥容积指数上升,污泥体积膨胀,上清液体积变小,污泥在二沉池中不能进行正常的泥水分离,污泥随着水流大量流失,导致出水中的 SS 含量超标、曝气池中污泥量减少,从而影响 AAO 池的污染物去除效率。引起污泥膨胀的原因有很多,主要有水质方面和运行方面两大原因。

污泥膨胀的主要水质原因有:

(1)BOD/N 和 BOD/P 比值高,N、P 不足。

(2)pH 低,pH 在 4 左右时,真菌类会大量繁殖。

(3)污水中低分子的碳水化合物较多。

(4)水温过高或过低。

污泥膨胀的主要运行原因有:

(1)沉淀池中的污泥排除不及时。

(2)污泥回流比不够。

(3)好氧池溶解氧低。

在运维过程中,需根据污泥膨胀的具体原因,采取外加碳源、调整 pH 或改变回流比等对应的控制措施。

3.二沉池污泥上浮

AAO 工艺中的二沉池会出现污泥不沉降、成块上浮或已沉降的污泥成块上浮并随出水流失的现象。污泥发生上浮的原因主要有:

(1)污泥在沉淀池中的停留时间过长,处于缺氧状态,因产生腐化而上浮。

(2)生化系统中好氧段时间过长,污泥因发生反硝化产生氮气而上浮。

(3)污水中含油量高,污水因含油而上浮。

污泥上浮会使生化池系统污泥大量流失,因此需要及时采取控制措施:

(1)投加混凝剂,协助污泥沉降。

(2)增加系统污泥回流比,减少污泥在沉淀池中的停留时间。

(3)及时排除剩余污泥,在反硝化之前即把污泥排出。

(4)如果污泥颗粒细小,就证明溶解氧过高,可适当降低溶解氧。

(5)缩短污泥龄,使其不能进行到硝化阶段。

4.泡沫问题

泡沫是 AAO 工艺中常见的问题。泡沫有两种:一种是化学泡沫,另一种是生物泡沫。化学泡沫是由污水中的洗涤剂及其他一些起泡物质形成的;生物泡沫是由诺卡氏菌造成的。诺卡氏菌是丝状菌,体内含有大量的类脂物质,具有极强的疏水性,在曝气作用下,诺卡氏菌伸出液面,形成空间网状结构,等到诺卡氏菌死亡之后,尸体漂浮在液面,形成泡沫。诺卡氏菌在温度大于 20℃ 及富含油脂类物质的污水中容易大量繁殖。[5]泡沫一般表现为产生白色黏稠的空气泡沫、细微的暗褐色泡沫和脂状暗褐色泡沫。当遇到泡沫问题时,要具体分析,对症下药,否则泡沫问题不但不能解决,反而会越来越严重。

泡沫问题的预防对策包括:①控制活性污泥浓度,及时排泥;缩短污泥龄,减少污泥老化产生的泡沫。②控制曝气方式,避免过量曝气,使溶解氧控制在 2～3mg/L。

当泡沫产生后,要及时清除,常用的方法是用水喷洒泡沫,此法既清洁又不会造成二次污染,也可以采用机械消泡,但应慎重使用消泡剂。

5. 出水浑浊,SS 含量超标

农村生活污水处理系统普遍存在出水中 SS 含量超标的超标现象,主要应检查二沉池是否出现短流、排泥管是否存在堵塞等问题,若有则应及时清除管道堵塞,排除剩余污泥,提高污泥回流比(一般控制在 80%～100%)。对于无法实现连续排泥的农村生活污水处理系统,一般每两周应对二沉池剩余污泥进行一次排泥,可采用吸污车对底泥进行抽吸。设有污泥浓缩池的处理站点,应及时将二沉池污泥排入污泥浓缩池,进行规范处理处置。

6. 设备故障问题

涉及 AAO 工艺的主要设备包括厌氧池、缺氧池和好氧池的机械搅拌设备、好氧曝气设备、回流装置或设备以及连接设备的管阀等。运行时,应保持缺氧池进出水水位,保证硝化液回流符合设计或者运行技术要求。运维人员应重点检查风机、提升泵、回流泵、污泥外排泵等机电设备是否运行正常。在巡查中,若发现设备和部件存在损坏、老化或故障,则应及时维修或更换。

AO 工艺设施由于运维管理与 AAO 基本一致,故可参照本节实施。

4.2.4　序批式活性污泥法

序批式活性污泥(SBR)法是在同一反应池中,按时间顺序由进水、曝气、沉淀、排水和待机五个基本工序组成的活性污泥污水处理方法。虽然 SBR 工艺在农村生活污水处理中较少运用,但该技术进行集成化改进后,易形成成套化设备,因此,在一些用地紧张、处理污水量大、用电条件好、运维管理能力强的农村地区仍有运用。

SBR 工艺与 AAO 工艺同属活性污泥法,有很多设备相同,运维人员应严格执行设备操作规程,定时巡查设备运转是否正常。

序批式活性污泥法运行的常见问题及运维对策如下。

1. 出水浑浊

SBR 反应池出水浑浊的主要原因在于,剩余污泥排放不足,冬季池内温度低、污泥出现结块现象,或者曝气量大、污泥老化松散导致沉降性下降。若在运维期间发现上述情况,则应及时加大剩余污泥的排放量,控制鼓风机的运行强度,投加适量的混凝剂或辅助填料,提高污泥沉降性能。另外,在设定运行周期不变的情况下,根据工艺运行条件,适当调整排水比(或充水比),以保证各反应池的配水均匀、稳定。排水时,应确保水面匀速下降,下降速度宜小于或等于 30mm/min。

2.曝气不均匀

SBR工艺池内微孔曝气器容易堵塞,应定时检查曝气器的堵塞和损坏情况,及时更换破损的曝气器,保持曝气系统运行良好。

3.滗水器运行故障

滗水器是SBR工艺池排出上清液的设备,它能在不搅动沉淀污泥的情况下从静止的池表面将上清液滗出,确保出水水质。SBR工艺池为间歇反应,进水、反应、沉淀、排水在同一池内完成,其中,滗水器是替代二次沉淀池和污泥回流设备的关键设备。

滗水器常见故障及解决对策如下:

(1)滗水器故障指示灯亮起。如发现滗水器故障指示灯亮起,要及时停止滗水器运行,并检查滗水器有无异响、发热,水面有无漏油,检查电气元件和电气线路是否有损坏,若有则应及时维修或更换。

(2)滗水器有停滞问题。检查滗水器螺杆是否发生偏移,主螺杆是否发生侧弯、螺杆转头是否有磨损,如有则应及时维修。

4.搅拌机故障

SBR工艺池中除核心的滗水器设备以外,一般还会辅助安装搅拌装置。在SBR工艺池运行中,应防止推流式潜水搅拌机叶轮损坏或堵塞、表面空气吸入形成涡流、水流不均匀等引起的震动。

4.2.5 生物接触氧化法

生物接触氧化法兼有生物膜法和活性污泥法的特点,其中生物膜法起主要作用。生物接触氧化法具有容积负荷大、占地面积小、生物活性高、剩余污泥量少、结构简单、对水质和水量波动的适应性强等优点,被广泛应用于AAO(AO)工艺,在生化池内增加生物填料帮助生物膜的生长。因此,农村生活污水处理系统的生物接触氧化法与前述AAO(AO)工艺的运维有很多共同点,在此不再重复。

生物接触氧化法运行的常见问题及解决对策如下。

1.生物填料挂膜少

在农村生活污水处理系统中,生物接触氧化池常出现的问题为生物填料挂膜少,甚至是不挂膜,挂膜后容易脱落等。因此,运维人员应重点观察填料载体上生物膜生长与脱落的情况。针对曝气量过大引起的生物膜大面积脱落、挂膜少等问题,可适当进行气量调节。冬季水温低于4℃,无条件保温或增温时,可适当增加曝气时间。

2.填料结块堵塞

采用悬浮填料的生物接触氧化池,容易出现填料内部生物增殖过量,填料结块堵塞,造成填料比表面积下降从而影响生化效果。运维人员应检查有无填料结块堵塞现象,并适当增加搅拌强度或曝气强度,加速污泥膜更新,必要时更换填料,同时对二沉池污泥进行排泥处理。

3.填料松散、脱落

接触填料作为微生物栖息的场所,是生物膜的载体,影响微生物生长、繁殖和脱落。填料性能对生物膜性状、氧利用率和水力分布等起到重要作用,是直接影响生物接触氧化法处理效果的关键因素。运维人员应重点检查接触氧化池生物填料的状态,对出现的填料松散、脱落、下沉或漂浮堆积等问题及时查明原因,避免问题持续恶化。若问题严重时,则应及时更换填料。

4.二沉池出水浮泥

生物接触氧化池后端二沉池的设计表面负荷一般高于活性污泥法。农村生活污水处理系统运行过程中有时会发现沉淀池出水带有絮状生物膜,而且沉淀池底部污泥斗易翻起团状污泥。出现此类问题时,运维人员应尽快排出沉淀池底部污泥斗中的剩余污泥,减少污泥在沉淀池内的停留时间,并适时调整好氧段曝气强度。

5.曝气不均匀

检查生物接触氧化池有无曝气死角或曝气装置脱落、开裂等问题,调整气量、曝气头位置或更换损坏部件,保证均匀曝气。

4.2.6 生物滤池

生物滤池是在间歇砂滤池和接触滤池的基础上发展起来的人工生物处理法,可分为普通生物滤池、高负荷生物滤池、塔式生物滤池、曝气生物滤池等。在生物滤池中,污水通过布水器均匀地分布在滤池表面,滤池中装满了石子等填料(一般称之为滤料),污水沿着滤料的空隙从上向下流动到池底,通过集水沟、排水渠,流出池外。其运行主要受生物膜生长、污水性质、溶解氧、水温、进水 pH 和毒物等因素的影响。

生物滤池的关键技术主要体现在滤料成分及其排布方式、布水方式、进水模式等方面。不同生物滤池技术在其运维要求上往往有很大的不同。因此,在生物滤池的运维上,运维人员首先要对运维对象的工作原理、技术特点有充分的了解,并掌握操作手册中的运维要求。

生物滤池运行的常见问题及解决对策如下。

1.布水不均匀

运维人员应定期检查布水器喷嘴,清除喷口的污物,防止堵塞。冬季停水时,不可使水存积在布水管中,以防管道冻裂。旋转式布水器的轴承需定期加油。

2.滤料堵塞

生物滤池滤料常采用碎石、卵石、炉渣、焦炭、塑料等。随着运行时间的延长,滤料表面生物膜不断增加,且滤池表面会有落叶等杂物,容易造成滤池堵塞或过流阻力增大。运维人员应及时清除滤池表面杂物,对生物膜造成的堵塞可以采用将生物滤池的一部分出水回流到滤池进水处与进水混合冲洗的方式解决。对堵塞严重的滤池宜进行滤料更换,确保正常过滤和通风。

3.滤池有臭味

当进水有机物浓度过高或滤料层中截留的微生物膜过多时,生物滤池滤料层内局部会产生厌氧代谢,有可能会产生异味,并滋生蚊蝇。发现上述问题时,可通过减少滤池中微生物膜的积累,让微生物膜正常脱膜并通过冲洗排出池外;同时保证滤池通风正常,甚至可以采取临时措施增加供风,快速改善滤池内部溶氧条件;另外,运行过程尽可能避免高浓度污水的冲击。

4.蚊蝇滋生

蚊蝇滋生是生物滤池的一大缺陷。滤池蝇是一种小型昆虫,幼虫在滤池的生物膜上滋生,成体蝇在滤池周围群集,在环境干湿交替条件下发生频繁。一般可通过以下方法去除:

(1)使滤池不间断连续进水。

(2)除去过剩的生物膜。

(3)隔1~2周淹没滤池24h。

(4)彻底冲淋滤池暴露部分的内壁,如可延长布水横管,使污水能洒布于壁上,若池壁保持潮湿,则滤池蝇不能生存。

(5)铲除滤池蝇的藏身场所。

(6)在进水中加氯,使余氯为0.5~1.0mg/L,加药周期为1~2周,以阻止滤池蝇完成生命周期。

(7)在滤池壁表面施加杀虫剂,杀死欲进入滤池的成蝇,加药周期一般为4~6周,在施药前应考虑杀虫剂对受水水体的影响。

5.出水发黑发臭

出水发黑发臭是生物滤池效率下降的直接表现。当滤池系统运行正常,且生物膜生长情况较好,仅仅是处理效率有所下降时,这种情况一般不会是水质的剧烈变化或有毒污染物质的进入造成的,而可能是进水pH、溶解氧、水温等短时间超负荷运行所致。对于这种现象,只要处理效率降低的程度不影响出水水质的达标排放,就可不采取措施,过一段时间便会恢复正常;若出水水质影响达标排放,臭味明显时,则需采取一些(如调整供风量等)措施加以解决。一般可以采用以下方法避免:

(1)系统应维持好氧条件。

(2)减少污泥和生物膜累积。

(3)在进水中短期加氯。

(4)出水回流。

(5)疏通出水渠道中所有的死角。

(6)清洗所有通气口。

6.冬季结冰

应避免冬天低温影响或结冰。低温会降低处理效率,结冰时可能导致生物滤池完全失效。一般可采用以下方法避免:

(1)减小出水回流倍数,或完全不回流。

(2)当采用两级滤池时,可使它并联运行,无回流或小回流。

(3)调节喷嘴,使布水均匀。

(4)滤池上风头设挡风。

(5)经常破冰,并将冰去除。

4.2.7 生物转盘

生物转盘由盘片、转轴与驱动装置、接触反应槽三部分组成,其工作原理和生物滤池基本相同,常用于小规模污水处理工程,具有污泥不易膨胀、可忍受负荷突变、脱落的生物膜易沉淀、运转费用较省等优点。

生物转盘运行过程受水质、水量、气候变化影响较大,且操作管理比较复杂,日常管理不慎会严重影响或破坏生物膜的正常工作,并导致处理效果下降,因此,在农村生活污水处理中应用较少。

生物转盘运行的常见问题及解决对策如下。

1.生物膜大量脱落

生物转盘运行阶段,生物膜大量脱落会造成运行困难,其原因及解决对策如下。

(1)进水中含有过量毒性物质或抑制生物生长的物质,如重金属、氯或其他有机毒物。此时,应首先查明引起中毒的物质及其浓度,再将氧化槽内的水排空,用其他污水稀释。最后,应设法缓冲高峰负荷,使含毒物的污水在容许负荷范围内均匀进入,如设置调节池。

(2)pH 突变。当进水 pH 在 6.0～8.5 时,运行正常,生物膜不会大量脱落。若进水 pH 急剧变化,在 pH<5 或 pH>10.5 时,将引起生物膜减少,此时应投加化学药剂予以中和,使其 pH 保持在正常范围内。

2.生物膜异常

当进水发生腐败或负荷过高使转盘槽缺氧时,生物膜会产生硫细菌(如贝氏硫菌、发硫菌等),并优势生长。此外,当进水偏酸性,生物膜中丝状菌大量繁殖时,盘面生物膜会出现颜色和性状异常,导致处理效果下降。针对上述问题可采取如下措施:

(1)进行进水预曝气,提高溶解氧的浓度。

(2)消除超负荷状况,可将串联运行改为并联运行。

3.出水固体悬浮物累积

预处理设施对固体污染物去除效果欠佳时,进水中固体悬浮物会在生物转盘槽内累积,造成管道堵塞风险,积累的固体悬浮物还会在转盘槽中发酵产生臭气,影响系统的正常运行。运维人员应及时检查转盘槽内污泥积累情况,若有则应将其去除。

4.处理效率降低

生物转盘运行处理效率低下的原因主要有污水温度、流量负荷突变,pH 波动等。运维人员应根据运行情况及时采取如设备保温、进水加热、进水负荷和 pH 调整等措施。有硝化要求的生物转盘对 pH 和碱度的要求比较严格,硝化时 pH 应尽可能控制在 8.4 左右,进水碱度至少应为进水 NH_3—N 浓度的 7.1 倍,以使反应完全进行而不影响微生物的活性。

5.设备故障

为保证生物转盘正常运行,应对所有设备定期进行检查维修,如转轴的轴承、电机是否发热;转盘有无杂音,传动皮带或链条的松紧程度;减速器、轴承、链条的润滑情况,盘片的变形程度等。若存在上述问题,则应及时更换损坏的零部件。

4.2.8 膜生物反应器

膜生物反应器(MBR)是一种由膜分离单元与生物处理单元相结合的新型水处理技术,其中的膜组件相当于传统生物处理系统中的二沉池,利用膜组件进行固液分离,截流的污泥回流至生物反应器中,膜过滤出水外排。[6]

农村生活污水处理系统中膜生物反应器一般为内置式,其运行常见问题及解决对策如下。

1.膜组件产水量下降

造成膜组件产水量下降的原因主要有膜污堵、出水泵异常、管道气密性异常等。出现问题时,宜针对问题原因进行调查,并采取相应对策。

(1)膜污堵问题。膜污堵原因包括毛发纤维缠绕、微生物黏附、污染物电荷凝聚、膜孔内阻塞等。毛发纤维缠绕等问题不仅影响膜通量和膜丝强度,而且只能通过人工去除,给膜的清洗带来很大的困难。因此,运行过程中应尽量避免毛发纤维的进入。由于膜的截留作用,MBR 具有较高的污泥浓度和污泥停留时间,活性污泥容易在膜外表面沉积。随着污泥浓度升高,污泥黏度也随之升高,进一步导致膜过滤阻力增加,会降低膜通量。因此,运行时需要控制膜生物反应器内的污泥浓度,同时合理设置间歇曝气量,利用空气压差,在膜外面造成机械扰动,减少膜面污泥沉积。污染物电荷凝聚、膜孔内阻塞造成的膜堵塞问题,需要通过药剂在线清洗或离线清洗。

(2)检查膜出水泵和水位计,发生设备故障时应及时维修或更换。

(3)检查与膜出水泵配套的配管气密性和紧固连接部等,若发现破损、未紧固等问题应及时予以解决。

2.MBR 池出水浑浊

MBR 池出水浑浊的原因主要有膜丝或膜片断裂、破损,膜池内集水管路渗漏、破损等。对存在膜丝或膜片断裂、破损的应及时更换膜组件;集水管路破损会造成污泥混入出水且会伴随抽吸压力的异常,应及时排查破损点并进行维修、更换。

3.MBR 池发泡剧烈

MBR 池内发泡剧烈问题,可参见 4.2.3 节实施。

MBR 池运行较为复杂,特别是膜清洗具有很强的专业性,建议由专业的膜维护单位进行清洗。本节针对膜清洗过程和保养做简要梳理,供参考使用。

(1)物理清洗。膜物理清洗通常是在系统运行状态下按预先设定的程序自动进行,包括停止曝气、反冲洗和清水冲洗三种形式。需要按供应商提供的规程操作,重点应注意曝气量、持续时间、反洗压力等技术要点。

(2)化学清洗。膜化学清洗可分为维护性清洗和恢复性清洗两种。应定期对膜组件进行维护性清洗,通过化学药剂的杀菌、溶解、调节 pH 等作用,减缓膜表面的生物污染和化学污染,维持膜通量。维护性清洗剂一般采用次氯酸钠、柠檬酸等溶液或两者交替使用。恢复性清洗是采用较浓的化学药剂进行充分清洗,清除膜孔和膜表面的生物污染和化学污染物,以恢复膜通量。化学清洗应严格按照相对应的操作规程实施,同时应注意药剂使用的安全防护,避免造成人身伤害和环境污染。

(3)维护保养。膜维护保养主要包括膜分离系统完整性检测、膜组件破损的封堵修复、膜组件更换、管道及其他配套机电设备的维护与保养。具体维护保养应按照相应的操作规程或参照《膜生物反应器通用技术规范》(GB/T 33898—2017)实施。

4.2.9 人工湿地

人工湿地是通过模拟自然湿地的结构与功能,人为建造的、用于污水处理的半自然型污水处理系统。它具有投资费用少、运行成本低、使用效果好、美化环境、运维便捷等优势,是我国农村生活污水处理中应用最多的技术。

人工湿地日常养护主要包括植物管理、设备与设施管理、水质管理。人工湿地运行的常见问题及解决对策如下。

1.湿地滤料堵塞

人工湿地堵塞的主要原因包括:进水悬浮物浓度高,固体颗粒淤积,湿地填料选择不合适,运行方式不科学,植物配置不合理。

针对人工湿地滤料堵塞问题可选择如下解决对策:

(1)强化人工湿地进水预处理,截留和去除悬浮物,同时可通过降解有机污染物,减轻湿地系统处理负荷,提高污水的可生化性,保障出水水质稳定优质。

农村生活污水处理设施 运行维护与管理　▶▶▶

（2）选择合适粒径的填料。粒径较大的填料不易堵塞，但过大的粒径会缩短水力停留时间，因此需要慎重选择填料粒径大小，对填料选择不合理造成的堵塞，应尽可能进行填料更换。

（3）湿地填料中的溶解氧浓度决定于湿地的运行方式，长时间连续进水会使系统的填料层一直处于还原状态，湿地内部处于厌氧状态会加速系统的堵塞。因此，采用间歇进水方式并保持适当的湿地干化期，能够有效缓解湿地系统的堵塞问题。

（4）人工湿地植物根系的过度发达会横向压实填料，为了缓解人工湿地堵塞问题，应该选用适宜的湿地植物。

2.植物长势不良

湿地植物长势不良时应及时对植物进行补种、养护。在湿地建成初期，观察植物的生长情况，及时补植枯死、生长不良的植物。成长后的湿地植物，应定期检查植物长势，辨别长势不良（包括枯萎、倒伏、死亡等）和损害（包括病害、干旱、高温、冻害、非自然损伤等）原因，及时予以解决。虫害防治宜采用生物防治和物理防治手段，避免使用除草剂或杀虫剂等。对湿地池渗漏、短流、堵塞等引起的湿地植物长势不良，应配合湿地维修和改造进行解决。

3.设备故障

人工湿地系统主要由配水和集水装置、循环水泵、增氧风机等设备组成。运行过程中，运维人员应及时检查进水管、布水孔和布水堰槽堰口等是否堵塞，潜流人工湿地布水是否均匀；各单元过水管（渠）和阀件等是否存在渗漏、损坏或位移等异常情况；进出水井是否有积泥或破损、池体附属井口盖板是否牢固安全等。发现问题后，对进出水管（渠）、阀件等进行清洗清理或维修。运维人员应定期检查人工湿地设施内部的循环水泵、增氧风机等设备，按照设备养护规程及时保养，若发现问题应及时维修或更换。

4.2.10　稳定塘

稳定塘又称氧化塘或生物塘，是经过人工适当修整或修建的设围堤和防渗层的污水池塘，主要通过水生生态系统的物理、化学和生物作用对污水进行自然净化。污水在塘内经较长时间的停留，通过水中包括水生植物在内的多种生物的综合作用，使有机污染物、营养素和其他污染物质进行转换、降解和去除，从而实现污水的无害化、资源化和再利用的目的。

稳定塘运行的常见问题及解决对策如下。

1.超负荷运行

稳定塘属于生态治理方式，为了控制运行和管理成本，一般对进水的限制不是很严格，往往会出现超负荷运行情况。应及时核实产生超负荷的原因，包括是否有不正常或未知污染源存在、是否超设计标准等。具体的解决对策如下：

（1）尽快查明不正常污染源，从源头控制过量污染物的进入。

（2）如有备用氧化塘，则停止进水、让其"休息"一段时间进行恢复。

（3）上述两个条件不满足时，可考虑投加 $NaNO_3$，部分异养细菌能利用硝酸盐作为电子受体，进行无氧呼吸来氧化有机物。投加量为：①进水 BOD 重量的 $5\% \sim 15\%$；②每天投加 $11.2g/m^2$。

硝酸盐的播撒应均匀，小塘可在塘四周分撒，大塘须用船播撒，也可将硝酸盐添加在进水管中随水进入塘中。

（4）可考虑临时安装充氧装置，采用间歇性曝气方式供氧。

2. 稳定塘堤岸损毁、塘体漏水

稳定塘在长时间运行后其塘体、堤岸会受到水蚀、风蚀和动物破坏等因素导致损毁甚至渗漏、坍塌。因此，运行时应加强对塘体的检查和维护，相应措施如下：

（1）控制点坡度要加强维护。氧化塘中曝气塘堤岸的坡度一般比较陡，因此水流侵蚀较快，需要经常维护。由于堤岸会被风和塘水波动而侵蚀，大型氧化塘堤岸高度至少为 $0.6 \sim 0.9m$，堤岸顶宽最小为 3m，土质剥离率不大于 $6mm/d$，塘壁应整直。扎根于塘底或坡岸上的沉水植物有一定的净水作用，但也有一定的危害作用，在稳定塘的维护中应连根拔起，勿采用切断植株或用除莠剂的方法清除。这两种措施会让部分植物遗留在塘内，腐烂后会产生大量 BOD，并招引昆虫和野生动物。

（2）加强控制堤岸上的植物生长，清除塘堤岸及两侧斜坡上的所有乔木和灌木，以减少堤岸中沿树根处可能存在的渗漏，并减少因植物叶面的蒸腾作用而消耗的塘水，降低植物残体对塘内附加的有机负荷；从堤岸内侧水线 0.3m 以上至堤岸顶和整个外侧堤岸可种植多年生浅根草本植物，不应种植苜蓿、芦苇等深根植物；在温暖季节须定期割草；内侧堤岸从水位线至水面以上 0.3m 处应保持光秃；防止塘内滋生有根植物。

（3）控制鼠等掘穴的动物。水岸边常出现的鼠、蛇等掘穴的动物，特别是鼠会在堤岸上打洞，通道沿水位线行进，当水位上升时它会挖掘新的洞穴以维持在水位线以上，当水位下降时，入口不再浸于水面下，它也不能马上掘穴。因此，控制鼠的一个方法是在较短时间内数次变动氧化塘的水位，这样会使它失去挖掘新的合适洞穴的机会。假如堤岸坡度较平缓，可在内侧斜坡上铺一层沙或砾石，当动物试图在其打洞时即会坍塌，不利于打洞，但不能用粗砾石，因为蚊虫会在水中的砾石上滋生。如上述方法均不能奏效，则只能采用捕捉的方法。

塘的渗漏会引起地下水污染，同时使之不能维持足够的水位。蛇类亦常栖居在氧化塘旁，危及运维人员安全，可安放一些瓷质仿造鸡蛋在蛇出没处，当它吞食后因消化不了而死亡。补漏时应用泥土面，不可用塘底积物，覆盖适当的草皮可防止堤岸侵蚀。

3. 藻类死亡、水质恶化、有臭味

当稳定塘中出现藻类死亡、发黑发臭时，运维人员应重点检查进水水质、水温、pH和塘体水流流态的变化。

藻类是稳定塘污染物去除的重要参与者,所以好氧塘和兼性塘功能运行正常时应呈淡绿色。当水体缺乏光照、温度过低或进水中含有毒性物质时,藻类光合作用不足,呈褐色;当水体呈灰色时,表明藻类已死亡。

好氧塘结冰后净化效率极低,其功效仅作为污水存放之用。在冰点以下的天气应停止使用表面曝气翼轮,只能使用扩散充气系统,因冰挂在翼轮上,重量不平衡会损坏马达。在温暖季节,有时可因水层过深、藻类生长繁茂使浊度过高或因浮渣的影响,塘水透光性降低、藻类光合作用受到抑制,产氧量减少,使进水中的污染物在塘内积累,并随出水带出。控制好水深、光照、浮渣等是出水水质达到设计要求的重要措施。

为保证稳定塘的有效运行,应要求进水和可沉物较均匀地分布于整个塘域,同时藻类产生的氧也应分布于整个塘域。在无人工曝气的氧化塘中,影响进水和塘水混合的主要因素是风力和进出水口的布局。此外,进水与塘水的温差、进水动能、因太阳能和蒸发冷却而形成的温度梯度等对混合也有一定的影响。由于风向、塘的方位、进出水位置等,塘内可形成死角,若常年存在死角,则可安装固定喷水装置,用出水口附近的塘水来喷冲死角。

4.环境卫生问题

生态塘环境卫生问题主要为清除淤泥、臭气、泡沫、蚊蝇等。好氧塘及兼性塘正常运行时,只有少量污泥累积。当厌氧塘和曝气塘污泥沉积量大时,应停止运行并清塘。淤泥可用吸泥船抽吸,亦可将塘水排空、风干后用人工或机械开挖,清运妥善处理。污泥在场地临时堆放时,需要做好防雨、防冲刷措施。稳定塘负荷过高时,常常产生臭气。短期的解决办法可用石灰或纯碱调整 pH 至 7～8,使之适于产甲烷菌的生长或用邻近消化池中的污泥重新接种。有时厌氧塘的进水含有高浓度的硫酸盐,反硫化细菌即会将它还原成 H_2S,因此,调节 pH 至微碱性可以控制 H_2S 的产生。曝气塘的充氧器有可能产生泡沫和飞沫,会被风吹越塘堤而影响周边环境卫生,通常应控制机械曝气的强度,可采用喷水消泡、机械消泡,必要时可采用消泡剂消泡,但应严格控制使用量。昆虫常滋生于氧化塘的阴暗和安静的死角,那儿往往生长着有根植物或具有浮渣层。常见的昆虫有蚊、蝇、虻、甲虫等。控制昆虫滋生的基本方法是清除杂草和浮渣,必要时可用杀虫剂。

5.设备故障

稳定塘运行常用设备有进水泵、排泥泵、增氧机等,相应的设备故障及解决对策参照4.4节实施。

4.2.11 混凝沉淀池

混凝沉淀池在农村生活污水处理中常用于强化除磷或处理规模较大的污水处理终端的出水水质提升。其主要作用是通过化学药剂降低出水磷含量,同时减少污水中的悬浮物和胶体物质。

混凝沉淀池运行的常见问题及解决对策如下。

1. 出水浮泥

出水浮泥是指混凝沉淀池出水带有细小的悬浮污泥颗粒,表明混凝沉淀池的沉淀效果变差。主要原因为:

(1)混凝区搅拌不均匀、药剂反应不充分。

(2)沉淀区短流造成停留时间不足,局部负荷过大。

(3)水力超负荷。

(4)操作不当,如用药剂量过大、底泥扰动等。

对应的解决对策有以下几点:

(1)增加或调整混凝区水力搅拌或机械搅拌,确保混凝药剂有充足的反应接触时间。

(2)调整出水堰的水平或解决出水堰损坏问题,以防止产生短流。

(3)控制进水量,减少水力负荷对混凝池的冲击。

(4)优化药剂投加工艺参数和用量,必要时调整化学絮凝剂种类。

2. 排泥堵塞

混凝沉淀池排泥堵塞常见的问题是管道中流速低,无机物含量高、易沉积。可采用如下对策解决:

(1)通过高压水流和气体扰动疏通池底沉积的物质,改善排泥环境。

(2)用水、气等反冲堵塞的管线,解决堵塞问题。

(3)可经常采用临时泵输送污泥,及时清除管道淤积隐患。

(4)改造污泥管线。

3. 出水不均匀

混凝沉淀池出水常遇到的问题有池体短流、局部负荷过大,出水不均匀。产生这种情况的原因主要有水力超负荷、出水堰不平、堰板脏污、设备故障等。可采用如下对策解决:

(1)控制流量、均匀分配进水。

(2)调整出水堰水平,清理堰板杂物和微生物膜。

(3)修理或更换损坏的出泥和刮泥装置。

4. 设备故障

混凝沉淀池的主要设备为刮泥排泥机,其常见的故障为刮泥器扭力过大。可按照如下方法进行改善:

(1)定期放空水,并检查是否有砖、石和松动的零部件卡住刮泥板。

(2)及时更换损坏的环子、刮泥板等部件。

(3)当沉淀池表面结冰时应及时破冰。

(4)可适当减慢刮泥机的转速。

4.2.12 过滤设施

生活污水处理设施出水悬浮物要求较高或者出水悬浮物无法达到排放标准时,可设置过滤设施。生活污水处理过程中的过滤一般是指以石英砂等粒状滤料层、多孔介质或材料截留水中悬浮杂质,主要去除水中的悬浮或胶态杂质,特别是能有效去除静置沉淀所不能去除的微小粒子和细菌等,且对 BOD 和 COD 等也有部分去除效果。根据过滤介质的不同,过滤方式可分为石英砂过滤、滤布过滤等。过滤一般设置在沉淀池后端。滤池对悬浮物的分离效果较好,但同时造价高、运行费用高,管理操作复杂(同沉淀、气浮法相比)。常用于污水高级处理以及城市给水处理,农村生活污水处理中过滤使用较少,仅在部分水环境敏感区域使用,且一般为小型过滤设备,以砂滤为主。

过滤设施运行的常见问题及解决对策如下。

1. 滤床堵塞,滤速下降

过滤器周期性出水水质下降是常见的问题,主要原因有:过滤材料与悬浮物结块、反洗的强度不够、反洗的周期过长、配水装置损坏引起的偏流、滤层高度太低、原水水质变得浑浊等。处理方法可采用加强反洗,使水达到澄清的效果、调整好水的压力和流量、增加反洗的次数、缩短反洗的周期、检查配水的装置、增加滤层的高度。

过滤器过滤流量不够也是常见的问题。形成原因为:进水管道阻力过大、滤层上不被污泥堵塞。处理方法可采用反洗过滤器,降低水中悬浮物的含量。

2. 滤料损耗大,材料流失

主要是反洗强度太大、排水装置损坏导致水在过滤器截面上分布不均。一般解决方法是降低反洗强度、检查排水装置。

3. 出水水质差,反洗无效

长时间反洗后浑浊度才降低的原因主要是,反洗水在过滤器截面分布不均、滤层脏,可通过适当增加反洗的次数和强度来解决。另外,滤层表面被污泥污染、滤层高度不够、过滤的速度太快等也是出水水质差的原因,可通过加强水的澄清工作,增大反洗速度、增加滤层高度、调整好过滤水的速度等措施解决。

4. 设备故障

过滤器常见设备故障主要是:过滤布水装置损坏造成布水不均匀;过滤效率下降、水中出现过滤材料等问题。运维过程中若发现此类故障应及时更换排水装置。另外,使用时应定期检查过滤设备本体及附属的各种阀门、管路、仪表和各种设备附件是否正常;检查配套水泵、电气设备是否完好,若发现问题可参照本章 4.4 节进行排查和解决。

4.2.13 消毒设施

污水经二级处理后,水质虽然已经得到改善,细菌数量也大幅度减少,但生物学指标仍经常超标。因此,在排放水体前或在农田灌溉时,应进行消毒处理。污水消毒应连续运行,特别是在环境敏感区如水源地的上游、旅游区,或流行病出现季节,应严格、连续消毒。非上述地区或时期,在经过卫生防疫部门的同意后,也可考虑采用间歇消毒或酌减消毒剂的投加量。目前,农村生活污水处理中常用的消毒方式为紫外消毒和氯片(次氯酸钠)消毒。

消毒设施运行的常见问题及解决对策如下。

1. 紫外消毒效率下降

农村生活污水处理设施很难同城镇污水处理厂一样能进行 24h 运行维护。紫外消毒设施的维护需要经常性检测消毒效率以及消毒设施运行情况。为了保证紫外消毒设施正常运行更长的时间,还需要注意以下几点:

(1)对进入紫外消毒的污水尽可能降低悬浮物、有机物和氨氮浓度,减少对紫外光照射的干扰,提高消毒效率。

(2)确保紫外线灯管全部浸入水面以下。浸水式是把石英灯管置于水中,此法的特点是紫外线利用率较高,杀菌效能好。

(3)定期检查紫外线灯管,对表面污染物尽可能及时清除,确保足够的紫外线照射强度和照射量。

2. 氯片溶解过快

农村生活污水处理中,氯片消毒面临的主要问题是,污水处理系统进出水不连续、不稳定,氯片的使用效率不高,溶解速度过快。主要解决办法是,改造氯片消毒装置,适应其运行条件,提高氯片缓释效率。

4.3 一体化设备运维

4.3.1 一体化设备介绍

一体化污水处理设备是将初沉池、生化池、二沉池、污泥池等集中一体的集成化设备。该设备适用于住宅小区、村镇、办公楼、商场、宾馆饭店、疗养院、机关学校、部队、医院、高速公路、铁路、厂矿、旅游景区等生活污水和其他小规模废水的处理。目前,一体化设备常用的工艺技术有厌氧—好氧(AO)、厌氧—缺氧—好氧(AAO)、序批式活性污泥法(SBR)、膜生物反应器(MBR)、生物转盘等。典型的一体化污水处理设备实例,见图

4-2～图 4-4。

图 4-2　玻璃钢一体化罐

图 4-3　钢制一体化箱体

图 4-4　集装箱式一体化设备

4.3.2　一体化设备的优缺点

一体化设备虽然在农村生活污水处理中得到了广泛应用,但其优点和缺点都很突出,需要正确认识才能有效应用和运维管理。

1.优点

一体化设备的主要优点是工厂内制造完成、集约化程度较高、现场安装速度较快、可节约现场施工工期。

2.缺点

就我国农村生活污水治理现状来看,一体化污水处理设备大量和长期使用存在许多不足,也是当前制约其发展的主要原因。

设备多埋于地下或安装于狭小空间内,生化段更换填料或材料清洗不便,维护成本高;不利于维修,一旦出现故障,检修与更换难度大,不少一体化设备因无法完成维修而做报废处置。对环境适应性弱,冬天需要防冻,夏天需要防洪,北方则需要埋入较深,并做保温处理。设备长时间处于地下或者暴晒,容易被腐蚀或老化,影响使用寿命。

从实际应用来看,农村生活污水很难做到完全的雨污分流,导致雨天水量冲击强,一体化设备容积小很难抵抗这种水量冲击,导致生物膜流失后整个设备运行失效。由于很难真正实现加药排泥和纯厌氧反硝化生化环境,因此,TP、TN等水质指标达标尤其困难。若按照规范的建设改造设计规程进行工艺参数选择和规范设计,采用一体化设备的处理系统总体占地面积往往也会比设备厂家宣传的大得多。同时,由于缺乏有效的设备设计建设标准予以强制规范,一体化设备的质量良莠不齐现象突出。

4.3.3 一体化设备运行常见的问题及解决对策

一体化设备运行的常见问题及解决对策如下。

1.变形、破损、渗漏

一体化设备在运行过程中常出现的问题主要有罐体、箱体等受压、碰撞、基础不均匀沉降等造成变形、破损和渗漏。针对此类问题,运维人员应根据设备受损情况做出技术评估,并进行维修或更换,评估时需要从技术难度、经济性和环境影响等方面进行。

2.老化、锈蚀

一体化设备的老化问题主要体现在罐体本身、内部材料、管道和支架等;锈蚀问题主要体现在配套设备、填料支架、管道等。针对老化、锈蚀问题应按照以下几方面进行解决。

(1)老化的填料支架和管道,应及时更换。

(2)锈蚀的设备应按照设备技术要求进行防腐蚀处理和保养;对锈蚀的支架和管道应按照规范进行防腐处理和保养。

(3)对于整体老化、结构强度不满足使用条件的一体化设备,应及时更换。

3.内部设备故障

一体化设备内部设备运行常见故障和解决对策,可参照一体化设备所采用的工艺对应的运行常见问题及解决对策和污水处理常用设备故障解决对策解决。

4.4 常用设备的运维

设备的损坏往往会导致污水处理系统不能正常运行。对处理设备需定期检查、保养及维修,运维人员一般应保证有1/3以上工时用于维护保养。由于农村生活污水处理系统规模小、数量大,运行维护涉及的设备数量庞大、种类繁多,而且设备所处的工作环境较差,多数和污水、污泥接触,易被腐蚀,因此需要根据各类设备的不同情况,有针对性地进行维护和保养。

4.4.1 水泵

1.水泵类型及特点

水泵是农村生活污水处理设施中的常用设备,常用于因标高受限而无法实现自流时的提升、污泥的输送、硝化液和污泥的回流等。不同的功能需求、场景等需要采用不同类型的水泵。因此,水泵选型是关系到污水处理工程能否正常运行的关键。首先,要根据被提升物的性质,特别是悬浮固体含量确定泵的类型,如集水池提升污水一般选择潜水泵,输送污水选择离心泵,输送活性污泥选择螺杆泵。其次,确定泵类型后,结合运行成本,根据被提升物流量及所需提升的高度等确定泵扬程等参数。在农村生活污水处理中,常用的水泵有以下几类。

(1)离心泵(见图 4-5):离心泵主要靠电动机带动叶轮高速旋转,泵体内液体被带着转动,液体被甩向泵壳,旋转的叶轮中心形成负压,不断吸入液体。离心泵的技术参数主要包括泵流量、泵扬程、泵转速、泵轴功率、泵对液体做的有效功率、泵效率、泵有效功率与轴功率的比值。

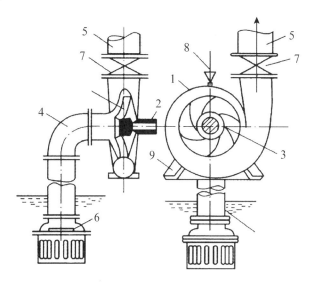

图 4-5　离心泵

1—泵壳;2—泵轴;3—叶轮;4—吸水管;5—压水管;6—底阀;7—控制阀门;8—灌水漏斗;9—泵座

(2)螺杆泵(见图 4-6):螺杆泵一般由定子(固定衬套)、转子(螺杆)表面形成的密封腔组成,密封腔及腔内液体随着转子的旋转沿轴被推送至出口。螺杆泵一般用于输送污水处理过程中产生的污泥。螺杆泵的技术参数主要包括泵流量、泵扬程、泵转速、泵功率、口径和温度。

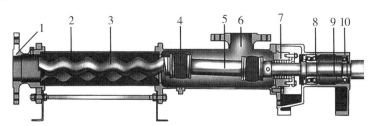

图 4-6　螺杆泵外观及结构示意

1—排出体;2—定子;3—转子;4—万向节;5—中间轴;6—吸入室;7—轴封件;8—轴承;9—传动轴;10—四轴承体

（3）隔膜泵（见图 4-7）：隔膜泵通过柔性隔膜替代活塞，在驱动装置作用下隔膜往复运动，完成液体吸入排出，隔膜泵输送液体的显著特点是，被输送液体与驱动装置之间完全隔开，为腐蚀性液体的输送提供便利。在农村生活污水处理中，隔膜泵常用于污泥的输送。

（4）潜污泵（见图 4-8）：潜水泵的泵体与电动机作为一个整体，一并潜入水中，电动机带动泵叶轮旋转，液体在叶轮作用下，抽提出水面。潜水泵一般用于污水提升。

图 4-7　隔膜泵　　　　　图 4-8　潜污泵

2. 水泵运行常见问题及解决对策

（1）离心泵

①泵不能启动或启动负荷大

若原动机或电源不正常，则应检查电源和原动机情况，解决故障问题。当泵卡住无法正常启动时，可用手盘动联轴器检查，必要时可解体检查，消除动静部分故障。填料若压得太紧，可用专用工具放松填料环压盖 2～5mm，放松填料。若排出阀未关，则可关闭排出阀，重新启动离心泵。若平衡管不通畅，则可拆下平衡管进行疏通，若无法疏通则应更换原厂配件。

②泵不排水

若灌泵不足（或泵内气体未排完），则应重新灌泵。若泵转向不对，则应检查确认旋转方向是否与出水方向一致，若一致则应调换电源相线。若泵转速太低，则应检查转速，将转速提高至正常水平。若滤网堵塞、底阀不灵，则应检查滤网、清除杂物，并检查底阀的密封性，如无法维修，则应更换底阀。若高度提升太大，或吸液槽出现真空，则应降低吸水高度，并检查吸液槽压力。

③泵排液后中断

若吸入管路漏气，则应检查吸入侧管道连接处及填料函的密封情况。若灌泵时吸入侧气体未排完，则应重新灌泵。若吸入侧突然被异物堵住，则应停泵后处理异物。若吸入大量气体，则应检查吸入口有无旋涡、淹没深度是否太浅。

④流量不足

若壳体和叶轮耐磨环磨损过大，则应拆卸后修理或更换耐磨环、叶轮。若泵叶轮堵塞、磨损、腐蚀，则应清除堵塞异物，检查是否存在明显的磨损或腐蚀问题，如存在则应及时更换。若阻力损失增加,则应检查止逆阀是否处于正常使用状态,管路是否堵塞,若有堵塞则应进行疏通或更换问题管段。

⑤泵振动或异常声响

判断泵基础是否牢靠,应检查离心泵的地脚螺栓是否紧固,若不紧固,则应加固地脚螺栓。若联轴器松动,密封装置有摩擦,则应予以修理、调整或更换。判断轴承安装是否出现问题或是否损坏,应检查轴承是否损坏,若有则应及时更换损坏的轴承。若转子中心位置发生偏移,造成摩擦振动,则应调整校正转子中心位置,如调整后无改善,则应及时返厂检查维修。

(2)螺杆泵

①螺杆泵发生振动

若电动转子不平衡,则应采取调整、修理、加固、更换等办法进行处理。若联轴器松动,密封装置有摩擦,则应予以修理、调整或更换。判断轴承安装是否出现问题或是否损坏,应检查轴承是否损坏,若有则应及时更换损坏的轴承。

②螺杆泵漏水或漏气

若机封出现磨损、密封失效,则需要重新拆装,并更换密封。填料压盖螺丝不宜拧得过松或过紧,过松时会导致填料密封效果差,可尝试调节填料压盖螺栓,使其达到正常使用状态;过紧时会导致填料密封太好,因出现发热而烧坏填料。

③螺杆泵填料过热

若填料压得太紧,冷却水不能进入填料内,则应调节压盖螺栓,使其达到正常使用状态。若轴表面损坏,则应适当放松填料、清理封管堵塞等。填料磨损必须更换新的,安装前在机油内浸透,逐圈装入,切口要错开,这样可减少漏水,后一圈填料装好后,要装紧压盖,运转时再调整松紧度。

④螺杆泵不上水

若底阀卡死,则应修理底阀。若过滤装置堵塞,则应清除过滤装置处的异物。若叶轮流道堵塞,则应清洗叶轮。若吸水高度太高或吸水管漏气,则应降低吸水高度,检查并修复漏气点。若转向错误,则应纠正转向后重新开启,检查其是否恢复正常。

(3)隔膜计量泵

①隔膜泵没有动作或运作很慢

若空气过滤装置堵塞,则应清除空气入口端的滤网或检查空气过滤装置是否有杂质。若空气阀被卡住,可用清洁液清洗空气阀。若空气阀磨损,必要时可更换新的零件。若中心体的密封零件有明显磨损,则可拆除并更换配件。润滑油使用不当,添加的润滑油如果高于建议用油的黏度,活塞可能被卡住或运作不正常,建议使用轻薄及抗冻的润滑油。若泵出现气穴现象,则应降低泵的速度让液体进入液室后恢复正常。检查阀球是否因操作液体与弹性体不相容而导致弹性体膨胀后被卡住,如是,则须更换适当材质的弹性体。若泵入口的接头存在渗漏,则应检查入口端阀球附近的卡箍是否锁紧。

②泵空气阀结冰

若压缩空气含水量过高,则应安装空气干燥设备。

③泵出口有气泡产生

若膜片破裂,则应更换膜片。若卡箍未锁紧,尤其是入口管卡箍,则应紧固卡箍或更换卡箍配件。

④药剂自空气排放口流出

若膜片破裂,则应更换膜片。若膜片及内外夹板在轴上未夹紧,则应紧固膜片。

(4)潜污泵

①潜水排污泵流量低或不出水

若进水滤网、排污泵叶轮、泵壳、输水管等部件被堵塞,则应立即断电停机检查,并清理堵塞物。若水池里的出水管断裂,则应更换断裂、损坏的管段。若是不正确地接线导致反转,则应检查是否缺相,并重新安装接线。

②接上电源后叶轮不转,绕组烧坏

叶轮或其他转动部件被杂物卡住,导致电动机不转、过电流保护装置失灵、定子电流突然增大,从而烧毁绕组。此时,应切断电源,检查线路,看是否有保险丝熔断或电路不通的情况,若有则应更换保险丝,维修故障电路。若电路正常,那么很可能是电动机的定子绕组烧坏,应拆卸电动机,维修故障器件。

③潜水排污泵泄漏

若机械密封面破损,则应将潜水泵放置在干燥的环境中,再将机械密封面换新,就可以重新投入使用了。

4.4.2　风机

1.风机类型及特点

风机的正确选型关系到污水处理工程的运行费用和难易程度。风机选型的主要控制参数为风量、风压、使用工况、排送气体成分、安装位置、安装形式等,选用时应根据被输送气体的物理、化学性质以及用途,选择不同型式的风机。此外,若风机放置于居民区等敏感区,还需要考虑风机的噪声问题。在农村生活污水处理中,常用的风机有以下几类。

(1)罗茨风机

罗茨风机属于恒流量风机(见图 4-9)。工作的主参数是风量,输出的压力随管道和负载的变化而变化,且风量变化很小,是一种容积式风机。

罗茨风机的工作原理为:风机内有两个三叶叶轮在由机壳和墙板构成的密封空间中相对转动;叶轮与叶轮、叶轮与机壳、叶轮与墙板之间的间隙极小,从而使进气口形成了真空状态,空

图 4-9　罗茨风机

气在大气压的作用下进入进气腔;然后,每个叶轮的其中两个叶片与墙板、机壳构成了一个密封腔,进气腔的空气在叶轮转动的过程中,被两个叶片所形成的密封腔不断地带到排气腔;又因为排气腔内的叶轮是相互啮合的,从而把两个叶片之间的空气挤压出来;这样连续不停地运转,空气就能源源不断地从进气口输送到出气口。罗茨风机结构简单、制造方便,风机性能稳定,可长期连续运转,适用于中小型污水处理站的污水处理系统曝气。

(2)回转式风机

回转式风机同样属于恒流量风机(见图4-10),但其能够变容压缩。工作的主参数是风量,输出的压力随管道和负载的变化而变化。风量变化很小,具有低转速、低噪声、低振动、高效率、高节能等特点。

回转式风机靠汽缸内偏置的转子偏心运转,并使转子槽中的叶片之间的容积变化将空气吸入、压缩、吐出。在运转中利用鼓风机的压力差自动将润滑油送到滴油嘴,滴入汽缸内以减少摩擦及噪声,同时可保持汽缸内

图4-10 回转式风机

气体不回流。回转式风机价格相对便宜,适用于小型污水处理站或污水厂的小规模曝气、调节池搅拌等。

(3)气泵

气泵(见图4-11)构成较简单,通过50Hz/220V的交流电,利用电磁感应原理,线圈一端的衔铁会形成50Hz的推挽运动,带动气泵的气室一吸一合,将空气压入水中,让空气中的氧气与水体充分接触,使氧气溶入水中,从而增加水体的溶氧量,以保证耗氧类生物的生长需求。气室上面共有两个单向气阀,一个连接气泵的进气口,进气而不出气,进气口处有过滤海绵;另一个连接气泵的出气口,出气而不进气。

图4-11 气泵

气泵风压及风量一般较小,当池体较深时,不适宜从底部曝气,适用于小型一体化污水处理等供气量不大、风压要求不高的设备曝气充氧。

2.风机运行常见问题及解决对策

(1)罗茨风机

①叶轮与叶轮摩擦

若叶轮上有污染杂质,造成间隙过小,则应清除污物,并检查内件有无损坏。若齿轮磨损,造成侧隙大,则应调整齿轮间隙;若齿轮侧隙大于平均值的30%~50%,则应更换齿轮。如果齿轮固定不牢,就不能保持叶轮同步,应重新装配齿轮,保持锥度配合接触面积达75%。若轴承磨损导致游隙增大,则应更换轴承。

②叶轮与墙板、叶轮顶部与机壳摩擦

若运转压力过高,超出规定值,则应查出超载原因,将压力降到规定值。若机壳或机

座变形,风机定位失效,则应检查安装准确度,减少管道拉力。若轴承轴向定位不佳,则应检查修复,并保证游隙。

③温度过高

若油箱内油太多、太稠、太脏,则应降低油位或挟油。若过滤器或消声器堵塞,则应清除过滤器或消声器堵塞物。若压力高于规定值,则应降低通过鼓风机的压差。若叶轮过度磨损,间隙大,则应更换叶轮,确保间隙符合设计安装要求。若通风不好,室内温度高,造成进口温度高,则应开设通风口,以降低室温。若运转速度太低,皮带打滑,则应加大转速,防止皮带打滑。

④流量不足

若进口过滤堵塞,则应清除过滤器的灰尘和堵塞物。若叶轮磨损,间隙太大,则应更换叶轮,确保间隙符合设计安装要求。若皮带打滑,则应拉紧皮带并增加皮带数量。若进口压力损失大,则应调整进口压力,使其达到规定值。若管道存在通风泄漏,则应检查并修复管道。

⑤漏油或油泄漏到机壳中

若油箱位太高,油由排油口漏出,则应降低油位。若密封圈磨损,造成轴端漏油,则应更换密封圈。若压力高于规定值,中间腔装上具有 2mm 孔径的旋塞,则应打开墙板下的旋塞。若墙板和油箱的通风口堵塞,造成油泄漏到机壳中,则应疏通通风口。

⑥异常振动和异响

若滚动轴承游隙超过规定值或轴承座磨损,则应更换轴承或轴承底座。若齿轮侧隙过大,不对中,固定不紧,则应重装齿轮,并确保侧隙合适。若外来物和灰尘造成叶轮与叶轮、叶轮与机壳撞击,应清洗鼓风机,检查机壳是否损坏。若过载、轴变形造成叶轮碰撞,应检查背压,以及叶轮是否对中,并调整好间隙。若过热造成叶轮与机壳进口处摩擦,应检查过滤器及背压,加大叶轮与机壳进口处的间隙。若积垢或异物造成叶轮失去平衡,应清洗叶轮与机壳,确保叶轮工作间隙。若地脚螺栓及其他紧固件松动,应拧紧地脚螺栓并调平底座。

⑦电机超载

与规定压力相比,压差大,即背压或进口压力大,应将压力降到规定值。与设备要求的流量相比,风机流量太大,造成压力增大,应将多余气体排出或降低鼓风机转速。若进口过滤堵塞,出口管道障碍或堵塞,则应立即停机检查,清除障碍物。若转动部件相碰和摩擦卡住,则应立即停机检查,如简单修复后仍未恢复,则需联系厂家维修。若窄 V 形皮带过热,振动过大,皮带轮过小,则应更换皮带轮。

(2)回转式风机

①出气量减小

若管道阀门未打开,则应打开阀门。若吸风管不够大或风机进风口未安装变接口,则应更换吸风管及安装变接口。若皮带松弛,则应调整皮带轮中心距,拉紧皮带。若电源电压低或接反,则应检查电源或调换两相接线。若吸风管过长,吸风口过多、过细,变头多,配用风机风量过小,则应更换风量大的风机。若叶轮污积过多,则应清洗叶轮。若风机蜗牛下部积油(水)过多,则应放掉多余的油(水)。若风管连接口漏气,可用结构胶或胶水或玻璃胶封好接口。

②风机振动剧烈

若叶轮变形或不平衡,则应拆卸后重新调整叶轮安装位置,如不能恢复正常,则应更换叶轮。若轴承严重磨损,叶轮同轴度偏差过大,则应更换轴承,调整同轴度。若基础螺栓或风机连接处松动,则应紧固地脚螺丝连接位。若叶轮定位螺栓或夹轮螺栓松动,则应紧固定位螺栓或夹轮螺栓。若叶轮积压、污积物过多,则应清理叶轮积尘或杂物。若叶轮转动时与积压风口或机壳碰擦,则应调整叶轮与机壳间隙。

③电动机温度过高

若输入电压过高或过低,则应安装过载保护装置。若电机缺相运转,则应重新按照安装要求接线。若流量过多或负压过高,则应重新设计安装风管。若供电线路平方截面过小,则应更换供电线路电线。

④轴承底座温度过高或漏油

若润滑油脂变质或缺油,则应清洗轴承,并更换油脂。若轴与轴承不同心,安装歪斜,则应调整轴承提高同轴度。若轴承磨损严重,则应更换轴承。若水冷却系统不流畅或进水量过小,则应清洗输送水管或适量加大过水量。若轴承底座倾斜或加油太多,则应校正轴承底座水平,观察油孔,减少油量。

⑤皮带拖底及打滑

若皮带过长松弛,则应调整皮带轮距离,拉紧皮带。若两皮带轮位置偏斜不在同一直线上,则应调整皮带轮位置,使其处于同一直线上。若皮带高温打滑及发出噪声,皮带拖底,则应更换。

(3)气泵

①气泵出气量减少或不出气

听声音看线圈通电后是否正常,如果有杂音则表示线圈有问题,需要更换。查看皮碗是否破损,若破损则应更换。查看气阀片是否被堵塞,若有则应及时清理干净。若气泵内空气滤清器被灰尘堵塞,则应及时清理或更换堵塞的过滤器。

②故障停机

压缩机启动电容损坏或压缩机损坏,应打开机器后壳,卸下启动电容,用万用表测电容是否损坏,若损坏则应换一个电容。如启动电容没坏,是压缩机损坏,则应更换压缩机。压缩机工作时间过长,造成压缩机过热,此时,压缩机会打开过热保护,自动停机。尝试停机半小时后重新启动,并降低工作环境温度,避免压缩机过热。

③噪声大

将增氧泵机壳打开,在散热器的入口处,串接一个压力表,开动氧气机,监测压力表读数,如果系统压力超过0.28Mpa,则视为系统压力高。应检查散热器、阀门,及分子筛罐有无堵塞,若有则应及时清理干净。

如果系统压力没有超过 0.28Mpa,则可能是安全阀启动压力变低,应重新调整安全阀的启动压力到 0.3Mpa,或更换新的调整好的压力安全阀。更换安全阀时,先把小罩壳进气罐一侧的挡板拆下,然后把压缩机上的安全阀卸下,选择合格的安全阀换上拧紧,注意安全阀丝扣上必须缠上胶带。

4.4.3 搅拌机

1.常用搅拌机类型及特点

农村生活污水处理系统中常用的搅拌机包括潜水推流式搅拌机、桨式搅拌机。潜水推流式搅拌机常用于调节池、厌氧池等水质混合搅拌,桨式搅拌机常用于混凝沉淀混合搅拌。

潜水推流式搅拌机(见图 4-12)是一种潜于水体中工作的设备,叶轮在驱动装置作用下,以不同转速对泥水混合液等水体进行搅拌、混合,形成不沉积且连续流动的流场、流态。潜水推流式搅拌机主要由电动机、电控设备、减速机构、叶轮和起吊机构组成。它具有结构紧凑、操作维修简单,具有自洁功能,可防杂物缠绕、堵塞,也可有效防止沉淀,机械密封性能好等优点。潜水推流式搅拌机可实现不同安装位置得到不同效果的多种流动模式,从而在池中创造更好的流动模式,消除搅拌死角。

桨式搅拌机(见图 4-13)主要由减速机、机架、联轴器、搅拌轴、桨板等组成。桨板旋转后,池中投加的药剂充分溶解,药剂分子与污水中的有害物质迅速反应,达到高效混合的效果。桨式搅拌机驱动装置安装在反应池顶部,电动机和减速机间采用法兰连接,便于安装和维护。

图 4-12　潜水推流式搅拌机

图 4-13　桨式搅拌机

2.搅拌机运行常见问题及解决对策

（1）电机不运转

若电源线未接好,则应按标准要求接妥电源。若电源其中一相未通电,则应检查保险丝与电源,接通三相电源。若电机被烧坏,则应检查电机烧坏情况,修理电机或更换电机。若保护装置被损坏,则应修理或更换保护装置。

（2）轴不转动

若减速箱被卡死，则应检修减速箱。若减速箱中进入磨粒性杂质或者蜗轮与蜗杆啮合有问题，则应检查并加入润滑油。

（3）搅拌器保护器自动断开

保护器选用不当或已损坏，应重新选用合适的保护器（保护器的额定电源一定要与电机的额定电流相符）。若电机定子线圈匝间断路，则应修理或更换。若电源电机受潮或漏水使绝缘电阻过低（低于 0.5MΩ），则应拆下电机烘干。若机械密封或密封圈或电缆密封头损坏引起漏水，应更换损坏的密封圈零部件。若电机二相运转，则应检查电源或接头。若电源电压过低，则应将电压恢复到正常值。

4.4.4 曝气装置

1.曝气装置的类型及特点

曝气是指将空气中的氧强制向液体中转移的过程，其目的是获得足够的溶解氧。此外，曝气还有防止池内悬浮物下沉、加强池内有机物和微生物与溶解氧接触的作用，从而保证池内微生物在有充足溶解氧的条件下，对污水中有机物的氧化分解作用。在废水的活性污泥法中，混合液的溶解氧必须用曝气法补给。常用的曝气装置主要有盘式曝气器（见图 4-14）和管式曝气器（见图 4-15）两种。

盘式曝气器是使用较早、较成熟的曝气器，主要有板式、钟罩式、膜片式三种。压头丧失较管式略小，约 1000Pa；传氧效率比起某些管式略高。但盘式曝气器搅拌性能不如管式曝气器，不曝气的时候，污泥就直接沉积在盘的表面，再次启动时要把泥重新搅拌起来，比起管式要多消耗 30%～40% 的能量；且盘式曝气器存在曝气死角，曝气器底部无法进行有效的搅拌曝气。与盘式曝气器相比，管式曝气器是 360 度打孔的，不存在曝气死角，节省了部分管道的用度，工程造价要显著低于盘式，停止曝气的时候，泥只能沉积在管面最旁边很小的范畴，再次启动时，一振就把泥振起来并且能迅速搅拌，在曝气度要求很高、池面面积较小的情形下，只有微孔管式曝气器能满足要求。

图 4-14 盘式曝气器

图 4-15 管式曝气器

2.曝气装置运行的常见问题及解决对策

（1）鼓风机压力增加,供氧依然不足

若曝气器堵塞,则应检查曝气背压,清洗曝气器。若气流控制阀故障,则应检查阀的控制,修理排除阀的故障。

（2）气泡不均匀

若空气量不足,则应检查鼓风机运行是否正常。若空气管上的阀门关闭或没有完全打开,则应检查阀门是否处于开启状态。若池内曝气系统安装情况不合理,则应排空有问题区域的水,检查曝气布气管的水平误差是否在±6mm以内;检查空气管道和接口是否已结垢堵塞,如有则可用空气吹除和高压水枪冲洗。

（3）存在大气泡或者气泡群

若曝气器损坏,膜片破裂、漏气,则应抽干水池检查系统的泄漏情况,更换损坏零件。若卡箍松动,则应抽干水池,检查卡箍的松紧程度,坚固松动的卡箍。

（4）曝气池内存在死区

若空气流率不足,务必使区域和整池空气流率不得低于建议的最小流率。若曝气器完全堵塞,则应抽干水池,清洗或更换曝气部件或膜片。

4.4.5 仪器仪表

1.流量计

流量计又称流量仪表,主要用于测量管道或明渠中流体的瞬时流量或者累计流量。按工作原理的不同,可分为差压流量计、转子流量计、电磁流量计、科氏力质量流量计、涡街流量计、涡轮流量计、超声波流量计等。

流量计种类繁多,测量原理和结构各不相同,使用方法、适用范围、准确度、抗干扰能力、价格等也不尽相同。表4-1列出了几种常见流量计的类型及其特点。农村生活污水处理设施处理规模多为 $30\sim100t/d$,对于其流量的在线检测除了精度满足要求之外,还应尽可能选择低价、耐用、低维护成本的产品。

表 4-1 不同流量计的特性

名称		准确度	压力损失	抗干扰能力	对测量流体的要求	价格/元
转子式	金属	中	中	中	多用于小管径和微流量的测量	1000 左右
	玻璃	低—中				100～500
电磁式		中—高	无	中	能测量具有腐蚀性、黏性以及易燃、易爆的流体,但不能测量气体和电导率很低的流体	2000～3000
超声波式	时差式	中	无	弱	能测量大管径以及不易接触和观察到的介质流量,但流体温度不宜超过 200℃	1000～2000
	多普勒式	低				

（1）流量计的种类

在农村生活污水处理中，主要以使用转子式流量计和电磁式流量计为主。

①转子式流量计

转子式流量计又称浮子式流量计，是通过测量设在直流管道内的转动部件的位置来推算流量的装置（见图4-16）。流量计的主要测量元件为一根小端向下，大端向上垂直安装的锥形塑料管及其在内可以上下移动的浮子。当流体自下而上流经锥形塑料管时，在浮子上下之间会产生压差，浮子在此压差作用下上升。因此，流经流量计的流体流量与浮子上升高度，即与流量计的流通面积之间存在一定的比例关系，浮子的位置高度可作为流量量度。

图 4-16　转子式流量计

转子式流量计虽价格低廉，但其对直管段及安装位置要求较高，且测量精确度较其他流量计偏低，主要用于监测瞬时流量。

②电磁式流量计

电磁式流量计是应用电磁感应原理，根据导电流体通过外加磁场时感生的电动势来测量导电流体流量的一种仪器（见图4-17）。它主要由磁路系统、测量导管、电极、外壳、衬里和转换器等部分组成。电磁式流量计可用来测量腐蚀性介质的流量，不受流体密度、黏度、温度、压力和电导率变化的影响，精度较高，可达 0.5%，与其他的流量计相比，电磁式流量计在测量流量时，不受直管段影响，对安装的位置要求较低。基于这些优点，电磁式流量计在农村生活污水治理设施中应用最为普遍。

一体式　　　　　　　　　　　　　　　分体式

图 4-17　电磁式流量计

（2）流量计维护保养要点

要做好日常的维护工作，检查周围环境，如果发现上面有灰尘和污垢，就要马上清除。每月应检查接线是否良好，确保仪表附近无强电磁场设备或新装电线横跨仪表。每月检查管道是否泄漏或是否处于非满管状态、管道内是否有气泡、信号电缆是否被损坏、转换器输出信号（后位仪表输入回路）是否开路等。每年应定期清洗电磁式流量计电极，防止污泥在测量管壁内沉淀、结垢。

2.液位计

液位计在农村生活污水处理设施中有着广泛的应用。液位计的类型有音叉振动式、磁浮式、压力式、超声波、声呐波、磁翻板、雷达等。

（1）液位计的种类

目前，在农村生活污水处理设施中应用较多的液位计主要有浮球液位开关和超声波液位计。

①浮球液位开关

浮球液位开关结构主要基于浮力和静磁场原理设计生产的，带有磁体的浮球在被测介质中的位置受浮力作用影响。液位变化导致磁性浮子位置的变化，浮球中的磁体和传感器（磁簧开关）作用产生开关信号。浮球液位开关与浮球液位计原理虽相似，但浮球液位开关输出的是离散的开关信号，而浮球液位计输出的是标准连续的电信号。

浮球液位开关外壳一般采用工程塑料，机械强度高、密封性好，具有价格便宜、结构简单、性能可靠的特点，输出稳定可靠的"通""断"开关控制信号，安装简易、调试方便，上下移动定位重块，可随意调节准面控制范围。因此，在农村生活污水处理设施中的应用最为广泛。

②超声波液位计

超声波液位计的原理与声呐相同。由于超声波液位传感器不直接接触液体，常用于腐蚀性液体的液位测量，且可以连续测量液位值，而不像浮球液位开关只能测量高液位和低液位。但是，当待测水体有大量泡沫时，超声波液位计容易测量不准。

（2）液位计维护保养要点

每月至少现场检查一次，包括是否能正常工作、是否进水、浮球是否卡住。定期清除连杆及浮球上的污垢，检查环扣上的螺钉是否有松动。

3.在线监测设备

（1）COD在线检测仪

目前，COD在线检测仪测定生活污水主要采用重铬酸钾消解-氧化还原滴定法、重铬酸钾消解-恒电流库仑法、重铬酸钾消解氧化-分光光度法进行 COD_{Cr} 测试。其中，重铬酸钾消解-氧化还原滴定法是《化学需氧量（COD_{Cr}）水质在线自动监测仪技术要求及检测方法》（HJ/T 377—2019）要求使用的方法，具体原理详见5.4.3节。

COD在线检测仪选用应满足以下主要性能指标：

测量范围:15～2000mg/L。

测量周期:≤30min。

分辨率:<1mg/L。

零点漂移:±5mg/L。

量程漂移:±10%。

测量误差:<10%。

平均无故障连续运行时间:≥360h/次。

应具有自动零点、量程校正功能。

应具有计量器具型式批准证书或生产许可证。

其他各项性能指标应符合《化学需氧量(COD_{Cr})水质在线自动监测仪技术要求及检测方法》(HJ/T 377—2019)的要求。

COD在线检测仪使用维护注意事项:

除程序设定的自动零循环校准外,在第一次使用、更换试剂或防护性检修之后,均要进行零点和标准溶液的校正。采用实验室制备的蒸馏水作为零点校准液,校准过程与测量循环过程相同,校准后保留新零点的参数,并对工作曲线进行校准。

连接电源后,按照仪器制造商提供的操作说明书中规定的预热时间进行预热运行,以使各部分功能稳定。

应该对其工作曲线进行定期的校核。按照仪器制造商提供的操作说明书中规定的校正方法,用化学需氧量(COD_{Cr})标准贮备液配制仪器规定浓度的标准溶液进行校正。

仪器暂停使用时,要先用蒸馏水彻底清洗后排空,再依次关闭进出口阀门和电源,重新启用时用新试剂进行彻底清洗,并对工作曲线进行校准。

(2)总磷在线检测仪

对于总磷的检测而言,钼酸铵分光光度法是目前水质检测中广泛使用的方法,其原理详见5.4.7节。

总磷在线检测仪选用应满足以下主要性能指标:

测量范围:0～50mg/L。

零点漂移:±5%。

量程漂移:±10%。

实际水样对比试验:±10%。

平均无故障连续运行时间:≥720h/次

应具有自动零点、量程校正功能。

应具有计量器具型式批准证书或生产许可证。

其他各项性能指标应符合《总磷水质自动分析仪技术要求》(HJ/T 103—2003)的要求。

总磷在线检测仪使用维护注意事项如下:

定期检查并补充各试剂。

定期检查废液瓶内废液存量,并及时排除,切勿造成废液溢流。

定期检查潜水泵进出水口,并确保顺畅。

定期检查计量管的洁净程度。

重现性、漂移和响应时间校准周期为每月至少进行一次现场校验,可自动校准或手动校准。

进行校正前,仪器接通电源预热运行后,按操作说明书规定的预热时间进行自动分析仪的预热运行,以使各部分功能及显示记录单元稳定。然后,按仪器说明书的校正方法,用零点校正液(蒸馏水)和量程校正液(采用80%量程值的溶液)进行仪器零点校正和量程校正。

(3)氨氮在线检测仪

目前,较常见的氨氮在线检测仪有纳氏试剂分光光度法、水杨酸分光光度法以及氨气敏电极法。其中,《氨氮水质在线自动监测仪技术要求及检测方法》(HJ 101—2019)要求使用的是纳氏试剂分光光度法或水杨酸分光光度法,其原理详见5.4.5节。

氨氮在线检测仪选用应满足以下主要性能指标:

测量范围:0.1～150mg/L。

温度补偿精度:±5%。

零点漂移:≤0.02mg/L。

量程漂移:≤2%。

实际水样对比试验:≤10%。

平均无故障连续运行时间:≥720h/次。

应具有自动零点、量程校正功能。

其他各项性能指标应符合《氨氮水质在线自动监测仪技术要求及检测方法》(HJ 101—2019)的要求。

氨氮在线检测仪使用维护注意事项如下:

仪器必须可靠接地。

当仪器运行时,切勿触摸仪器的工作部件,以防发生触电、烫伤等事故。

溢流管、废液管必须排放顺畅,且出口端不可插入废液液面以下。

不宜使用化学试剂擦拭仪器表面,要清洁仪器表面时可使用湿抹布。

根据仪器说明书的校正方法,定期进行手动校准或自动校准,并设置自动校准周期。

(4)总氮在线检测仪

总氮在线检测仪采用碱性过硫酸钾消解紫外分光光度法检测,其原理详见5.4.6节。

总氮在线检测仪选用应满足以下主要性能指标:

测量范围:0～100mg/L。

测量周期:≤30min。

零点漂移:±5%。

量程漂移:±10%。

实际水样对比试验：±10％。

平均无故障连续运行时间：≥720h/次。

应具有自动零点、量程校正功能。

应具有计量器具型式批准证书或生产许可证。

其他各项性能指标应符合《总氮水质自动分析仪技术要求》（HJ/T 102—2003）的要求。

总氮在线检测仪使用维护注意事项如下：

仪器运行时禁止断电。

禁止非专业人员进行系统设置。

对仪器进行维修时，必须断电。

仪器内部管路或接头出现漏液或破损时，应立即清理，关机并更换破损管路。

定期检查仪器的硬件与化学管路。

禁止仪器无试剂空转，及时补充试剂或清洗水。

清洗水应符合无氨水标准。

重现性、漂移和响应时间校准周期为每月至少进行一次现场校验，可自动校准或手动校准。

总氮在线检测仪校正液有以下两种：零点校正液（按 GB 11894—89 获得无氨水）和量程校正液（采用 80％ 量程值的溶液）。按照《总氮水质自动分析仪技术要求》（HJ/T 102—2003）的要求，根据仪器说明书的校正方法，用校正液校正仪器零点和量程。

（5）pH 计

pH 的测定一般使用 pH 计。pH 计是利用原电池的原理工作的。原电池的两个电极间的电动势依据能斯特定律，既与电极的自身属性有关，又与溶液里的氢离子浓度有关。原电池的电动势和氢离子浓度之间存在对应关系，氢离子浓度的负对数即为 pH。

pH 计选用应满足以下主要性能指标：

测量范围：pH 为 2.0～12.0（0～40℃）。

温度补偿精度：pH 在 ±10％ 以内。

漂移：pH 在 ±10％ 以内。

实际水样对比试验：pH 在 ±10％ 以内。

平均无故障连续运行时间：≥720h/次。

应具有自动零点、量程校正功能。

其他各项性能指标应符合《pH 水质自动分析仪技术要求》（HJ/T 96—2003）的要求。

（6）悬浮物含量/浊度仪

污水中的悬浮物含量和浊度两个指标既有联系又有区别。悬浮物含量是指悬浮在水中的固体物质，包括不溶于水的无机物、有机物及泥沙、黏土、微生物等，单位是毫克每升（mg/L）。浊度是一种光学效应，是光线透过水层时受到阻碍的程度，表示水层对于光线散射和吸收的能力,单位是 NTU。它不仅与悬浮物含量有关,还与水中杂质的成分、颗粒大小、形状及其表面的反射性能有关。一般来说,水中悬浮物越多,对光线阻碍越大,水的浊度也就越大,但没有严格的换算关系。然而,针对同一类污水,浊度与悬浮物含量基本呈现一个较为固定的比值关系。如果通过实验得出这个比值,就能在检测浊度的同时计算出污水的悬浮物含量。

悬浮物含量/浊度在线检测仪,是利用光电光度法原理制成的。按照测定方法的不同又可以分为透射光测定法、散射光测定法、透射光和散射光比较测定法、表面散射光法。

悬浮物含量/浊度仪选用应满足以下主要性能指标:

测量范围:0～1000mg/L。

零点漂移:±3%。

量程漂移:±5%。

平均无故障连续运行时间:≥720h/次。

其他各项性能指标应符合《浊度水质自动分析仪技术要求》(HJ/T 98—2003)的要求。

(7)电导率仪

电导率表示溶液传导电流的能力,是指电流通过横截面积均为 1cm² ,相距 1cm 的两电极之间水样的电导,单位是微西门子每厘米(μS/cm)。农村生活污水的电导率一般为几百至上千 μS/cm。纯水的电导率很小,当水中含无机酸、碱或盐时,电导率增加。水溶液的电导率取决于离子的性质和浓度、溶液的温度和黏度等。电导率常用于间接推测水中离子成分的总浓度,一般不能分辨出某一离子的浓度。但因农村生活污水来源单一,水质较为稳定,且污水中电导率的来源主要是 N、P 等污染物以及 Na^+ 、K^+ 、Cl^- 等常见离子。同一地区,生活习惯、用水特征以及水质特征较为相似,因而所产生的生活污水中污染物的总量和浓度也较为相似。

电导率仪选用应满足以下主要性能指标:

测量范围:0～5/50/500mS/m。

零点漂移:±1%。

量程漂移:±1%。

平均无故障连续运行时间:≥720h/次。

温度补偿精度:±1%。

其他各项性能指标应符合《电导率水质自动分析仪技术要求》(HJ/T 97—2003)的要求。

(8)氧化还原电位仪

氧化还原电位(ORP)是用来反映水溶液中所有物质表现出来的宏观氧化还原性。氧化还原电位越高,氧化性越强,氧化还原电位越低,还原性就越强。单位为毫伏(mV),电位为正表示溶液显示出一定的氧化性,为负则表示溶液显示出一定的还原性。

自然界中的氧化还原电位的上限是 820mV,属于富氧环境,下限是 −400mV,属于充满氢(H₂)的环境。污水氧化还原电位高低可以间接反映其中氧化性物质和还原性物质的相对比例。

用活性污泥法处理污水时,各种微生物要求的氧化还原电位不同。一般好氧微生物要求的 ORP 为 300~400mV;兼性厌氧微生物的 ORP 为 100mV 以上,进行好氧呼吸,ORP 为 100mV 以下,进行无氧呼吸;专性厌氧细菌要求 ORP 为 −250~−200mV,其中,专性厌氧的产甲烷细菌要求的 ORP 甚至更低,为 −400~−300mV,最适 ORP 为 −330mV。好氧活性污泥法系统中的 ORP 为 200~600mV 时,属正常的氧化还原环境。

ORP 仪选用应满足以下主要性能指标:

测量范围:−2000~2000mV。

温度补偿:0~80℃。

精度:±1mV。

漂移:±1mV。

平均无故障连续运行时间:≥720h/次。

应具有自动零点、量程校正功能。

实际水样对比试验:±1mV。

(9)溶氧仪

溶解氧为水体中游离氧的含量,用 DO 表示,单位为毫克每升(mg/L),在实际的污水处理操作中具有举足轻重的作用。溶解氧的恶化或波动过大,会迅速影响活性污泥系统的稳定性及处理效率。溶解氧的检测通常是运用在线检测仪器或便携式溶解氧检测仪进行的。依据其原理的不同,可分为化学膜法和荧光法。

化学膜法是传统的溶解氧测量方法。溶解氧分析仪传感部分是由金电极(阴极)和银电极(阳极)及氯化钾或氢氧化钾电解液组成。氧通过膜扩散进入电解液与金电极和银电极构成测量回路。当给溶解氧分析仪电极加上 0.6~0.8V 的极化电压时,氧通过膜扩散,阴极释放电子,阳极接收电子,产生电流,整个反应过程为:

阳极:$Ag+Cl^- \rightarrow AgCl+e^-$

阴极:$O_2+2H_2O+4e^- \rightarrow 4OH^-$

荧光法溶解氧测量仪基于荧光猝熄原理,蓝光照射到荧光物质上使荧光物质激发并发出红光,由于氧分子可以带走能量(猝熄效应),所以激发红光的时间和强度与氧分子的浓度成反比。通过测量激发红光与参比光的相位差,并与内部标定值对比,从而可计算出氧分子的浓度。由于没有膜和电解液,所以几乎不用维护,性能依然优异,且使用方便。

溶氧仪选用应满足以下主要性能指标:

测定范围:0~10mg/L 或 0~20mg/L。

重复性误差:±0.3mg/L。

零点漂移:±0.3mg/L。

量程漂移：±0.3mg/L。

平均无故障连续运行时间：≥720h/次。

响应时间（T90）：2min 以内。

温度补偿进度：±0.3mg/L。

其他各项性能指标应符合《溶解氧（DO）水质自动分析仪技术要求》（HJ/T 99—2003）的要求。

（10）视频监控

视频监控是农村生活污水处理设施进行实时监控的物理基础。运维管理部门可通过它获得有效视频、图像等信息，对突发性异常事件的过程进行及时的监视和记忆，以提供高效、及时的指挥和处理。目前，市场上常见的远程监控系统产品几乎都包含了以下功能：①利用 GPS 或 GIS 快速定位污水处理站点位置，准确展现每个站点的瞬时数据；②对污水处理站点的数据进行采集、记录、检测、计算、报警；③可以实现远程查看，实时监控站点。

视频监控使用的注意事项如下：

不可随意切断电脑电源。

禁止无故插拔电脑及主机箱后各类电源设备数据线。

除切换各摄像头图像外，不可对软件其他项目做任何调试设置。

专机专用，不可在该电脑内装其他任何无关的软件。如在必要情况下要对电脑及监控软件做相关变动，则应及时联系相关专业维护人员操作，禁止非专业人员的任何操作。

4. 在线监测设备及其保养要点

（1）COD、总磷、氨氮、总氮在线检测仪器

定期检查仪器工作是否正常，包括进出管路是否通畅、有无泄漏，并保持仪器的清洁，尤其是对转动部分和易损件要定期检查和更换，防止其损坏造成泄漏而腐蚀仪器。

定期检查并补充更换各试剂，一般至少 3 个月更换一次。定期检查废液瓶内的废液存量，并及时排除，切勿造成废液溢流。定期检查潜水泵进出水口，并确保顺畅。定期检查计量管的洁净程度，当计量高位或低位信号任意一路低于 600dB 时，应关机后把计量管拆下手动刷洗。每年至少彻底检查、清洗、检修一次测量室和反应室。应经常检查和紧固各种设备连接件，定期更换联轴器的易损件。应定期检查、清扫电器控制柜，并测试其各种技术性能；应定期检查各种管道闸阀的启闭情况；应定期检查电动闸阀的限位开关、手动与电动的联锁装置。在每次停泵后，应检查油封的密封情况，进行必要的处理，并根据需要添加或更换润滑油脂。凡设有钢丝绳的装置，绳的磨损量大于原直径的10%，或其中的一股已经断裂时，必须更换。各种机械设备除应做好日常维护保养外，还应按设计要求或制造厂的要求定期进行检修。

检修各类机械设备时，应根据设备的要求，必须达到其同轴度、静平衡等技术要求。不得将维修设备更换出的润滑油脂、实验室污水及其他杂物排入污水处理设施内。维

修机械设备时,不得随意搭接临时动力线。

建(构)筑物的避雷、防爆装置的测试、维修及其使用周期,应符合电业和消防部门的规定。应定期检查或更换消防设施等防护用品。

(2)pH 计、电导率仪、ORP 仪维护保养要点

对于 pH 和 ORP 电极,建议每个月进行一次清洗、维护;在电极清洗过程中,不要摩擦电极感测玻璃头,否则会影响电极反应速率,甚至损坏电极。不同污染物清洗方式及清洗步骤如下。

初步清洗:用去离子水充分冲洗电极或用自来水洗。

一般性污染:将初步清洗后的电极浸泡在 3%～5% 的稀 HCl 溶液中 3～5min,来溶解沉淀物。

有机物、油脂污染:将初步清洗后的电极浸泡在乙醇或丙酮中,并进行短暂的清洗,时间为 5～10s。

硫化物的污染(电极头部及渗出界面变黑):将初步清洗后的电极浸泡在 HCl 溶液中,直到电极隔膜变白为止。

清洗后的电极必须浸泡在自来水或去离子水中 3～5min,方可进行电极校正,否则会影响电极反应时间。

对于二极式电导率电极,建议每个月进行一次清洗、维护;对于四极式电导率电极,建议每 3 个月进行一次清洗、维护。二级式电导率电极在清洗过程中,可用去离子水或自来水充分冲洗电极,不要摩擦电极探头,以免损坏铂黑涂层。四级式电导率电极在清洗过程中,可用柔软工具(如棉签)清洗。

日常校验包括重现性、漂移和响应时间校准周期,建议每个月至少进行一次现场校准,当校准前后的测试值的差值超过 20% 时,需更换相应电极。

(3)溶氧仪维护保养要点

对于化学膜法电极:

每 1～2 周清洗一次电极,如果膜片上有污染物,就会引起测量误差,清洗时应小心,注意不要损坏膜片。将电极放入清水中刷洗,如污物不能洗去,则可用软布或棉布小心擦洗。

日常校验包括重现性、漂移和响应时间校准周期,建议每个月至少进行一次现场校准,可自动校准或手动校准。

每 2～3 月应重新校准一次零点和量程。电极的再生大约每年进行一次,当测量范围调整不过来,就需要对溶解氧电极再生,电极再生包括更换内部电解液及膜片、清洗银电极,如果观察到银电极有氧化现象,则可用细砂纸抛光。在使用中如发现电极泄漏,就必须更换电解液。

对于荧光法电极:

每月清洗一次电极,日常校准包括重现性、漂移和响应时间校准周期,建议每个月至少进行一次现场校准,可自动校准或手动校准。

（4）悬浮物含量/浊度仪维护保养要点

建议每个月对悬浮物含量/浊度电极进行一次清洗、维护，若电极配有清洁刷自动清洗功能，则可适当延长清洗维护周期。电极清洗过程中，应使用柔软工具（如棉签）清洗，否则可能损坏电极。

日常校准包括重现性、漂移和响应时间校准周期，建议每个月至少进行一次现场校准，包括自控水样和实际水样校准。

仪器每次校准前都必须将测量窗部分清洗干净，根据使用情况可用不同浓度的盐酸溶液冲洗，再用水反复冲洗干净，最后用去离子水冲洗。

4.5 运维固废管理

运维固废是指农村生活污水处理系统运行维护过程中产生的固体废弃物，包括清掏物、剩余污泥、收割湿地植物、废弃填料及其他运维杂物。运维过程中产生的固体废弃物种类多、总量大，如不合理有效地处理就会产生二次污染。运维固废的处置应遵循"资源化、无害化、减量化、稳定化"的原则。

4.5.1 运维固废的来源

1. 清掏物

清掏物主要来自农村生活污水处理系统中的化粪池、隔油池、格栅井、检查井、清扫井等构筑物中清出来的浮油、栅渣、浮渣、泥沙、沉渣等。其中，浮油是居民厨房或农家乐、餐饮经营户餐厨含油污水经隔油设备将水、杂物分离后漂浮在最上层的油污。栅渣是经格栅分离出的混合在污水中的固体废弃物，如塑料瓶、枯枝落叶、食物残渣等。浮渣是漂浮在污水处理构筑物中的固体废弃物。泥沙是污水在迁移、流动和汇集过程中混入的泥沙，经过沉积后形成的固体废弃物。沉渣是污水处理过程中沉积在构筑物底部的固体废弃物。

2. 剩余污泥

剩余污泥来自生化池处理系统中的二沉池或沉淀区，即：排出系统外的剩余活性污泥。这部分污泥含水量大、氮磷含量高，易产生二次污染。

3. 收割的湿地植物

人工湿地运维过程中，湿地植物收割产生的秸秆等固体废弃物。

4. 废弃填料

废弃填料是指运维过程中从农村生活污水处理系统中清出的已经失效或老化的各类生物填料，如废弃弹性填料、浮球填料、湿地基质等。

5.其他运维杂物

其他运维杂物包括废弃的管道、井盖、工器具和防护用品等。

4.5.2 运维固废处理

农村生活污水中运维固废处理一般分为集中处理和就地处理两种方式。由于农村生活污水处理系统分布分散,若是采用固废集中处理成本极大。因此,产生的固废应尽量依托各村镇生活垃圾收运处理系统统一管理,且尽可能就地资源化利用。

集中处理是指将各个农村生活污水处理系统运维过程中产生的废弃物,通过收集工具收集后运送至专门的固废处理中心进行集中处置。集中处理的固废主要是剩余污泥、化粪池清掏物和隔油池清掏的油污。剩余污泥和化粪池清掏物一般纳入城镇污水处理厂污泥处理站或集中废弃物处理中心进行集中处理。隔油池清掏物可采用回收集中再生利用。管道沉积物、检查井沉积物、隔油池沉积物、栅渣、毛发、接户井清掏物也可与生活垃圾共同收集处理。这些固废在归入生活垃圾之前应对其进行预处理,比如渗沥脱水、堆置风干等。

就地处理是指根据运维固废来源、性质的不同进行区分,就地进行预处理后采用堆肥或者其他方式防止污染的处理方法。运维固废可就地处理的主要是偏远站点少量化粪池清掏物和剩余污泥,一般采用堆肥法堆制成肥料农用。收割的湿地植物也可根据植物种类和收割量大小采取就地堆肥、制备生物质能源、用作饲料等资源化方式处置。

废弃填料可根据其性质的不同,进行分类处理。属生物和塑料材质的,可考虑与生活垃圾归并处理。人工湿地填料(如基质碎石)相对较多的,可以考虑作填方、建材、道路铺筑等资源化再利用。

主要参考文献

[1]厉兴.浅谈浙江省农村生活污水处理设施运维管理特色[J].房地产导刊,2020(2):9.

[2]太原工业大学.室内给水排水工程[M].2版.北京:中国建筑工业出版社,1986.

[3]魏新庆,周雹.小型污水处理厂调节池的设计探讨[J].中国给水排水,2014,30(6):6-8.

[4]龙腾锐,何强.排水工程[M].北京:中国建筑工业出版社,2015.

[5]李亚峰,晋文学.城市污水处理厂运行管理[M].北京:化学工业出版社,2005.

[6]Stephenson,Judd,Jeffe,et al.膜生物反应器污水处理技术[M].张树国,李咏梅,译.北京:化学工业出版社,2003.

第 **5** 章

农村生活污水处理设施
运维水质监测

充分了解农村生活污水处理设施进出水水质数据,是做好农村生活污水处理设施运维工作的基础,也是监管部门评价处理设施运行状态与运行质量的科学依据。水质监测是获取上述数据的重要手段,但目前运维单位分析专业技术人员的技术水平参差不齐,为了保证农村生活污水处理设施运维过程中的水质监测的规范性和监测质量的可靠性,本章系统归纳了农村生活污水水质监测全过程涉及的方法、规范、注意事项与要求[1-8],以满足运维单位监测工作人员对水质监测系统认知的需求,也可作为农村生活污水处理设施运维过程中水质监测工作的参考手册。

5.1　农村生活污水样品的采集与保存[2,6-8]

5.1.1　农村生活污水监测点位

1.污水排放监测点位

　　针对农村生活污水处理设施的环境管理要求,监测农村生活污水经污水处理设施处理后所排放的尾水水质时,污水排放监测点位应设在污水处理设施的总排放口。

2.污水处理设施处理效率监测点位

　　监测污水处理设施的整体处理效率时,在各污水进入污水处理设施的进水口和污水处理设施的出水口设置监测点位;监测各污水处理单元的处理效率时,在各污水进入污水处理单元的进水口和污水处理单元的出水口应设置监测点位。

3.农村排水户污水排入监测点位

　　为了保证农村生活污水处理设施的有效运行,排入污水处理设施的农村排水户污水需满足国家或地方的相关排入要求。监测农户生活污水排入特征时,污水排入监测点位应设置在接户井。

　　除上述监测点位外,其他点位的设置可根据目的来定,比如,运维时如需了解好氧池挂膜材料菌膜生长及微生物群落特征,则可按照好氧池挂膜材料分布等特征来确定。

5.1.2　监测准备

1.采样器材和现场测试仪器的准备

　　采样器材主要是采样器具和样品容器。应按照监测项目所采用的分析方法的要求,准备合适的采样器材。常用的采样装置有聚乙烯塑料桶、单层采水瓶、直立式采水器及自动采样器。如要求不明确时,可按照表5-1执行。

　　采样器材的材质应具有较好的化学稳定性,在样品采集、样品储存期内不会与水样发生物理化学反应,从而引起水样组分浓度的变化。采样器具可选用聚乙烯、不锈钢、聚四氟乙烯等材质,样品容器可选用硬质玻璃、聚乙烯等材质。

表 5-1　常用污水监测项目的采样和水样保存要求

序号	项目	采样容器[1]	采集或保存方法	保存期限	建议采样量[2]/mL
1	pH	P 或 G		12h	250
2	色度	P 或 G		12h	1000
3	悬浮物	P 或 G	冷藏[a],避光	14d	500
4	五日生化需氧量	溶解氧瓶	冷藏[a],避光	12h	250
		P	−20℃冷冻	30d	1000
5	化学需氧量	G	H_2SO_4,pH≤2	2d	500
		P	−20℃冷冻	30d	100
6	氨氮	P 或 G	H_2SO_4,pH≤2	24h	250
		P 或 G	H_2SO_4,pH≤2,冷藏[a]	7d	250
7	总氮	P 或 G	H_2SO_4,pH≤2	7d	250
		P	−20℃冷冻	30d	500
8	总磷	P	HCl,H_2SO_4,pH≤2	24h	250
		P	−20℃冷冻	30d	250
9	石油类和动植物油类	G	单独采样,容器不能用采集的水样冲洗;HCl,pH≤2	7d	500
10	阴离子表面活性剂	P	1%(V/V)的甲醛,冷藏[a]	24h	250
		G		4d	250
11	氯化物	P 或 G	冷藏[a],避光	30d	250
12	总大肠菌群和粪大肠菌群	G(灭菌)或无菌袋	与其他项目一同采样时,应先单独采集微生物样品,不预洗采样瓶,冷藏[a],避光,样品采集至采样瓶体积的 80% 左右,冷藏[a],如水样中有余氯,则应在每 1L 样品中加入 80mg $Na_2S_2O_3 \cdot 5H_2O$	6h	250

注:1. P 为聚乙烯瓶等材质制成的塑料容器;G 为硬质玻璃容器。

　　2. 每个监测项目的建议采样量应保证满足分析所需的最小采样量,同时考虑重复分析和质量控制等的需要。

　　a 表示冷藏温度范围为 0~5℃。

采样器具内壁表面应光滑,易于清洗、处理;具应有足够的强度,使用灵活、方便可靠,没有弯曲物干扰流速,尽可能减少旋塞和阀的数量。样品容器应具备合适的机械强度、密封性好,用于微生物检验的样品容器应耐高温、灭菌,并在灭菌温度下不释放或产生任何能抑制生物活动或导致生物死亡或促进生物生长的化学物质。

污水监测应配置专用的采样器材,不能与地表水、地下水等环境样品的采样器材混用。按照监测项目所采用的分析方法的要求,选择现场测试仪器。

2.辅助用品的准备

准备现场采样所需的保存剂(可按照表 5-1 执行)、样品箱、低温保存箱以及记录表格、标签、安全防护用品等辅助用品。

5.1.3 现场监测调查

现场监测期间,监测人员应对排污单位进行现场监测调查,做好相应的记录,由排污单位人员确认。

现场监测调查内容包括:排污村落和监测点位的基本信息、监测期间处理设施是否正常进水及进水负荷、污水处理设施处理工艺、污水处理设施运行是否正常及运行负荷、污水排放去向和排放规律及其他必需的相关信息。

5.1.4 采样方式、采样频次及采样位置

1.采样方式

(1)基本要求

采集的水样应具有代表性,能反映污水的水质情况,满足水质分析的要求。水样采集方式可通过手工或自动采样,自动采样时所用的水质自动采样器应符合《水质自动采样器技术要求及检测方法》(HJ/T 372—2007)的相关要求。

(2)瞬时采样

下列情况适用瞬时采样:①所测污染物性质不稳定,易受到混合过程的影响;②不能连续排放的污水,如间歇排放;③需要考察可能存在的污染物,或特定时间的污染物浓度;④需要得到污染物浓度最高值、最低值或变化情况的数据;⑤需要得到短期(一般不超过 15min)的数据以确定水质的变化规律;⑥需要确定水体空间污染物变化特征,如污染物在水流的不同断面和(或)深度的变化情况;⑦污染物排放(控制)标准等相关环境管理工作中规定可采集瞬时水样的情况。当村落的生活污水排放连续且稳定,污水处理设施正常运行,污水能稳定排放(浓度变化不超过 10%),瞬时水样具有较好的代表性,可用瞬时水样的浓度代表采样时间段内的采样浓度。

(3)混合采样

下列情况适用混合采样:①计算一定时间的平均污染物浓度;②计算单位时间的污染物质量负荷;③污水特征变化大;④污染物排放(控制)标准等相关环境管理工作中规定可采集混合水样的情况。混合采样包括等时混合水样和等比例混合水样两种。

当污水流量变化小于平均流量的 20%,污染物浓度基本稳定时,可采集等时混合水样。当污水流量、浓度甚至组分都有明显变化时,可采集等比例混合水样。等比例混合

水样一般采用与流量计相连的水质自动采样器采集,分为连续比例混合水样和间隔比例混合水样两种。连续比例混合水样是在选定采样时段内,根据污水排放流量,按一定比例连续采集的混合水样。间隔比例混合水样是根据一定的排放量间隔,分别采集与排放量有一定比例关系的水样混合而成。

2.采样频次

涉及相关污染物排放(控制)标准及其他相关环境管理规定等对采样频次有规定的,应按规定执行。如未明确采样频次的,则按照农村生活污水排放周期确定采样频次,采样频次一般为 3 次(早、中、晚各一次)。若排放污水的流量、浓度、污染物种类有明显变化的,则应在排放周期内增加采样频次。

运维单位也可在正常排放周期内加密监测,每 2h 采样 1 次,采样的同时测定流量,了解排放周期水质动态变化。

3.采样位置

采样位置应在监测点位污水混合均匀的位置,如计量堰跌水处、巴歇尔量水槽喉管处、井等位置。

5.1.5 样品采集及注意事项

1.样品采集

采样前要认真检查采样器具、样品容器及其瓶塞(盖),及时维修并更换采样工具中的破损和不牢固的部件。确保样品容器已盖好,减少污染的机会并安全存放。注意用于微生物等组分测试的样品容器在采样前应保证包装完整,避免采样前造成容器污染。

到达监测点位,先将采样容器及相关工具排放整齐。采样前先用水样荡涤采样容器和样品容器 2~3 次。对照监测指标采集样品。采样时,应去除水面的杂物、垃圾等漂浮物,不可搅动水底部的沉积物。

对不同的监测项目选用的容器材质、加入的保存剂及其用量、保存期限和采集的水样体积等,必须按照监测项目的分析方法要求执行;如未明确要求,则可按照表 5-1 执行。

采样完成后,应在每个样品容器上贴上标签,标签内容包括样品编号或名称、采样日期和时间、监测项目名称等,同步填写现场记录。

采样结束后,核对监测方案、现场记录与实际样品数,如有错误或遗漏,应立即补采或重采。如采样现场未按监测方案采集到样品,则应详细记录实际情况。

2.注意事项

部分监测项目采样前不能荡洗采样器具和样品容器,如动植物油类、微生物等;部分监测项目在不同时间采集的水样不能混合测定,如水温、pH、色度、动植物油类、生化需氧量、氯化物、微生物等;部分监测项目保存方式不同,须单独采集储存,如动植物油类、氯化物、微生物等；部分监测项目采集时须注满容器，不留顶上空间，如生化需氧量等。

采样时不可搅动水底的沉积物，且应保证采样点的位置准确。必要时使用定位仪（GPS）定位。认真填写水质采样记录表，用签字笔或硬质铅笔在现场做好记录，字迹应端正、清晰，项目完整。保证采样按时、准确、安全。

采样结束前，应核对采样计划、记录与水样，如有错误或遗漏，应立即补采或重采。如采样现场水体很不均匀，无法采到有代表性的样品，则应详细记录不均匀的情况和实际采样情况，供使用该数据者参考。

如果水样中含沉降性固体（如泥沙等），则应分离除去。具体分离方法为：将所采水样摇匀后倒入筒形玻璃容器（如 1～2L 量筒），静置 30min，将不含沉降性固体但含有悬浮性固体的水样移入盛样容器，并加入保存剂。测定水温、pH、悬浮物和油类的水样除外。

5.1.6　现场监测项目的测定

1. 现场监测项目的测定

水温、pH、水样感官指标、流量测量等能在现场测定的监测项目或分析方法中要求须在现场完成测定的监测项目，应在现场测定。

2. 流量测量

已安装自动污水流量计，且通过计量部门检定或通过验收的，可采用流量计的流量值。采用明渠流量计测定流量，应按照《城市排水流量堰槽测量标准》（CJ/T 3008.1—1993）等相关技术要求修建或安装标准化计量堰（槽）。

排污渠道的截面底部须硬质平滑，截面形状为规则几何形，排放口处须有 3～5m 的平直过流水段，且水位高度不小于 0.1m。通过测量排污渠道的过水截面积，以流速仪测量污水流速，计算污水量。

在以上流量测量方法不满足条件无法使用时，可用统计法、水平衡计算等方法。

3. 水样感官指标的描述

用文字定性描述水的颜色、浑浊度、气味（嗅）等样品状态、水面有无油膜等表观特征，并做好现场记录。

4. 采样记录与样品标签

采样记录应包含以下内容：监测目的、排污单位名称或处理设施名称、气象条件、采样日期、采样时间、现场测试仪器型号与编号、采样点位、污水处理设施处理工艺、污水处理设施运行情况、污水排放量/流量、现场测试项目和监测方法、水样感官指标的描述、采样项目、采样方式、样品编号、保存方法、采样人、复核人及其他需要说明的有关事项等，具体格式可自行制订。同时，所采集样品的标签需注明样品编号、采集点位、采样人、采

168

样时间、测定指标等主要信息。

5.采样安全

现场监测人员须考虑相应的安全防护措施,应在采样过程中采取必要的防护措施。监测人员应身体健康,适应工作要求,现场采样时至少有两人同时在场。在监测过程中,应配备必要的防护设备、急救用品。现场采样时,若采样位置附近可能存在有毒气体、可燃性物质等,须穿戴防护用具。现场监测人员要注意安全,避免滑倒落水,必要时应穿戴救生衣。

5.1.7 样品保存、运输和交接

1.样品保存与运输

样品采集后应尽快送往实验室进行分析,并根据监测项目所采用的分析方法的要求,确定样品的保存方法,确保样品能在规定的保存期限内做好分析测试工作。如要求不明确时,则可按照表5-1执行。

根据采样点的地理位置和监测项目保存期限,选用适当的运输方式。样品运输前应将容器的外(内)盖盖紧。装箱时应用泡沫等减震材料分隔固定,以防破损。除防震、避免日光照射和低温运输外,还应防止玷污。

同一采样点的样品应尽量装在同一样品箱内,运输前应核对现场采样记录上的所有样品是否齐全,还应有专人负责样品运输。

2.样品交接

现场监测人员与实验室接样人员进行样品交接时,须清点和检查样品,并在交接记录上签字。

5.2 监测项目与分析方法的基本要求

1.监测项目的基本要求

污水监测项目应按照污染物排放(控制)标准及其他相关环境管理规定等明确要求的污染控制项目来确定。此外,还可根据本地区水环境质量改善需求、污染源排放特征等条件,增加监测项目。

2.监测分析方法的基本要求

监测项目分析方法应优先选用污染物排放(控制)标准中规定的标准方法;尚无国家、行业标准分析方法的,可选用国际标准、区域标准、知名技术组织或由有关科技类图书或期刊中公布的、设备制造商规定的其他方法,但须按照《环境监测分析方法标准制订技术导则》(HJ 168—2020)的要求进行方法确认和验证。

所选用分析方法的测定下限应低于排污单位的污染物排放限值。

除分析方法有规定的,污水分析前须摇匀取样,不能过滤或澄清。

5.3 数据处理和结果表示[3]

5.3.1 数据处理

数值修约:通过省略原数值的最后若干位数字,调整所保留的末位数字,使最后所得到的值最接近原数值。确定修约值的最小数值单位和数值范围的极限值。应采用法定计量单位,非法定计量单位的记录应转换成法定计量单位的表达,并记录换算公式。

测试人员应根据标准方法、规范要求对原始记录做必要的数据处理。在数据处理时,若发现异常数据不可轻易剔除,应按数据统计规则进行判断和处理。

一组监测数据中,个别数据明显偏离其所属样本的其余测定值,即为异常值。可按照以下方式对异常值进行判断和处理:保留离群值并用于后续数据处理或找到实际原因时修正离群值;剔除离群值,不追加观测值;剔除离群值,并追加新的观测值或用适宜的插补值代替。

5.3.2 有效数字及近似计算规则

有效数字用于表示测量数字的有效意义,是指测量中实际能测得的数字。由有效数字构成的数值,其倒数第二位以上的数字应是可靠的(确定的),只有末位数字是可疑的(不确定的)。有效数字的位数不能任意增删,由有效数字构成的测定值必然是近似值,因此,测定值的运算应按近似计算规则进行。

数字"0",当它用于指小数点的位置、而与测量的准确度无关时,不是有效数字;当它用于表示与测量准确程度有关的数值大小时,即为有效数字。这与"0"在数值中的位置有关。即,第一个非零数字前的"0"不是有效数字;非零数字中的"0"是有效数字;小数中最后一个非零数字后的"0"是有效数字;以"0"结尾的整数,往往不易判断此"0"是否为有效数字,可根据测定值的准确程度,以指数形式表达。

一个分析结果的有效数字位数,取决于原始数据的正确记录和数值的正确计算。在记录测量值时,要同时考虑到计量器具的精密度和准确度,以及测量仪器本身的读数误差。对检定合格的计量器具,有效位数可以记录到最小分度值,最多保留一位不确定数字(估计值)。

以实验室最常用的计量器具为例:用万分之一天平(最小分度值为0.1mg)进行称量时,有效数字可以记录到小数点后面第四位,如称取 1.0321g,此时有效数字为五位;称取 0.8783g,则为四位有效数字。用玻璃量器量取体积的有效数字位数是根据量器的容量允许差和读数误差来确定的。如单标线 A 级 50mL 容量瓶,准确容积为 50.00mL;单标线 A 级 10mL 移液管,准确容积为 10.00mL,有效数字均为四位;用分度移液管或滴定管,其读数的有效数字可达到其最小分度后一位,保留一位不确定数字。分光光度计最小分度值为 0.001,因此,吸光度一般可记到小数点后第三位,且其有效数字位数最多只有三位。带有计算机处理系统的分析仪器,往往根据计算机自身的设定打印或显示结果,可以有很多位数,但这并不增加仪器的精度和数字的有效位数。在一系列操作中,使用多种计量仪器时,有效数字以最少的一种计量仪器的位数表示。

表示精密度的有效数字一般只取一位有效数字。当测定次数很多时,可取两位有效数字,且最多只取两位有效数字。分析结果有效数字所能达到的数位不能超过方法检出限的有效数字所能达到的数位。如方法的检出限为 0.02mg/L,则分析结果报 0.088mg/L就不合理,应报 0.09mg/L。

以一元线性回归方程计算时,校准曲线斜率 b 的有效位数,应与自变量 x_i 的有效数字位数相等,或最多比 x_i 多保留一位。截距 a 的最后一位数,则和因变量 y_i 数值的最后一位取齐,或最多比 y_i 多保留一位数。

在数值计算中,当有效数字位数确定之后,其余数字应按修约规则一律舍去。某些倍数、分数、不连续物理量的数值,以及不经测量而完全根据理论计算或定义得到的数值,其有效数字的位数可视为无限。这类数值在计算中可按需选择位数。

加法和减法:几个近似值相加减时,其和或差的有效数字决定于绝对误差最大的数值,即最后结果的有效数字自左起不超过参加计算的近似值中第一个出现的可疑数字。在小数的加减计算中,结果所保留的小数点后的位数与各近似值中小数点后位数最小者相同。在运算过程中,各数值保留的位数可以比小数点后位数最少者多保留一位小数,计算结果则按数值修约规则处理。当两个近似数值相减时,其差的有效数字位数会有很多损失。因此,如有可能,应把计算程序组织好,使其尽量避免损失。

乘法和除法:几个近似值相乘除时,所得积与商的有效数字位数决定于相对误差最大的近似值,即最后结果的有效数字位数要与近似值中有效数字位数最少者相同。在运算过程中,可先将各近似值修约至比有效数字位数最少者多保留一位,最后将计算结果按上述规则处理。

乘方和开方:近似值乘方和开方时,原近似值有几位有效数字,计算结果就可以保留几位有效数字。

对数和反对数:在近似值的对数计算中,所取对数的小数点后的位数(不包括首数)应与真数的有效数字位数相同。

求 4 个或 4 个以上准确度接近的数值的平均值时,其有效数字位数可增加一位。

5.3.3 结果表示

所使用的计量单位应采用中华人民共和国法定计量单位。

1. 浓度含量的表示

水和污水分析结果用 mg/L 表示,浓度较小时,则以 μg/L 表示,浓度很大时,例如 COD 为 12345mg/L 应以 1.23×10^4 mg/L 表示。

pH 单位为无量纲,当测定结果小于 10 时,保留小数点后两位;当测定结果大于 10 时,保留三位有效数字。

粪大肠菌群分析方法为滤膜法时,单位为 CFU/L;分析方法为多管发酵法时,单位为 MPN/L。

若双份平行测定结果在允许误差范围之内,则结果以平均值表示。

2. 测定结果的精密度表示

平行样的精密度用相对偏差表示。

平行双样相对偏差的计算方法为:

$$相对偏差(\%) = \frac{A - B}{A + B} \times 100\%$$

式中:A、B——同一水样两次平行测定的结果。

多次平行测定结果相对偏差的计算方法为:

$$相对偏差(\%) = \frac{x_i - \overline{x}}{\overline{x}} \times 100\%$$

式中:x_i——某一测量值;

$\overline{x}$——多次测量值的均值。

一组测量值的精密度常用标准偏差或相对标准偏差表示。标准偏差或相对标准偏差的计算方法为:

$$标准偏差(s) = \sqrt{\frac{1}{n-1} \sum_{i=1}^{n} (x_i - \overline{x})^2}$$

$$相对标准偏差(RSD,\%) = (s/\overline{x}) \times 100\%$$

式中:x_i——某一测量值;

$\overline{x}$——一组测量值的平均值;

n——测量次数。

3. 测定结果的准确度表示

以加标回收率表示时的计算式为:

$$回收率(P,\%) = \frac{加标试样的测定值 - 试样测定值}{加标量} \times 100\%$$

根据标准物质的测定结果,以相对误差表示时的计算式为:

$$相对误差(\%) = \frac{测定值 - 保证值}{保证值} \times 100\%$$

5.4 农村生活污水处理设施排放主要管控指标的监测方法[8]

5.4.1 pH

污水 pH 测定采用玻璃甘汞电极法,其原理是通过测量电池的电动势而得。该电池通常由饱和甘汞电极为参比电极,玻璃电极为指示电极所组成。在 25℃时,溶液中每变化 1 个 pH 单位,电位差改变为 59.16 mV,据此在仪器上直接以 pH 的读数表示。温度差异在仪器上有补偿装置。

具体所需试剂、仪器及操作参见《水质 pH 的测定 电极法》(HJ 1147—2020)(见附录1)。

5.4.2 悬浮物

污水中悬浮物采用重量法测定,其原理为:水样通过孔径为 $0.4\mu m$ 的滤膜时,水质中的悬浮物被截留,截留在滤膜上的悬浮物于 $103\sim105$℃烘干至恒重,滤膜上增加重量,即为悬浮物固体物质的重量。

具体所需试剂、仪器及操作参见《水质 悬浮物的测定 重量法》(GB 11901—1989)(见附录2)。

5.4.3 化学需氧量

1.重铬酸盐法

重铬酸盐法测定原理为:在试样中加入已知量的重铬酸钾溶液,并在强酸介质下以银盐作为催化剂,经沸腾回流后,以试亚铁灵为指示剂,用硫酸亚铁铵滴定水样中未被还原的重铬酸钾,由消耗的重铬酸钾的量计算出消耗氧的质量浓度。

注 1:在酸性重铬酸钾条件下,芳烃和吡啶难以被氧化,其氧化率较低。在硫酸银催化作用下,直链脂肪族化合物可有效地被氧化。

注 2:无机还原性物质如亚硝酸盐、硫化物和二价铁盐等将使测定结果增大,其需氧量也是 COD_{Cr} 的一部分。

具体所需试剂、仪器及操作参见《水质 化学需氧量的测定 重铬酸盐法》(HJ 828—2017)(见附录3)。

2.快速消解分光光度法

快速消解分光光度法测定原理为:于试样中加入已知量的重铬酸钾溶液,在强硫酸介质中,以硫酸银作为催化剂,经高温消解后,用分光光度法测定 COD 值。

当试样中 COD 值为 $100\sim1000mg/L$，在 $(600\pm20)nm$ 波长处测定重铬酸钾被还原产生的三价铬 (Cr^{3+}) 的吸光度，试样中 COD 值与三价铬 (Cr^{3+}) 的吸光度的增加值成正比，将三价铬 (Cr^{3+}) 的吸光度换算成试样的 COD 值。

当试样中 COD 值为 $15\sim250mg/L$，在 $(440\pm20)nm$ 波长处测定重铬酸钾未被还原的六价铬 (Cr^{6+}) 和被还原产生的三价铬 (Cr^{3+}) 的两种铬离子的总吸光度；试样中 COD 值与六价铬 (Cr^{6+}) 的吸光度减少值成正比，与三价铬 (Cr^{3+}) 的吸光度增加值成正比，与总吸光度减少值成正比，将总吸光度值换算成试样的 COD 值。

具体所需试剂、仪器及操作参见《水质 化学需氧量的测定 快速消解分光光度法》（HJ/T 399—2007）（见附录 4）。

5.4.4　五日生化需氧量

生化需氧量测定原理为：将水样充满完全密闭的溶解氧瓶中，在 $(20\pm1)℃$ 的暗处培养到 $5d\pm4h$ 或 $(2+5)d\pm4h$［先在 $0\sim4℃$ 的暗处培养 2d，接着在 $(20\pm1)℃$ 的暗处培养 5d，即培养 $(2+5)d$］，分别测定培养前后水样中溶解氧的质量浓度，由培养前后溶解氧的质量浓度之差，计算每升样品消耗的溶解氧量，以 BOD_5 表示。

若样品中的有机物含量较多，BOD_5 的质量浓度大于 $6mg/L$，样品需适当稀释后测定；对不含或含微生物少的工业废水，如酸性废水、碱性废水、高温废水、冷冻保存的废水或经过氧化处理等的废水，在测定 BOD_5 时应进行接种，以引进能分解废水中有机物的微生物。当废水中存在难以被一般生活污水中的微生物以正常的速度降解的有机物或含有剧毒物质时，应将驯化后的微生物引入水样中进行接种。

具体所需试剂、仪器及操作参见《水质 五日生化需氧量（BOD_5）的测定 稀释与接种法》（HJ 505—2009）（见附录 5）。

5.4.5　氨氮

1.水杨酸分光光度法

水杨酸分光光度法测定原理为：在碱性介质（pH＝11.7）和硝普钠存在时，水中的氨、铵离子与水杨酸盐和次氯酸离子反应生成蓝色化合物，在 697nm 处用分光光度计测量吸光度。

具体所需试剂、仪器及操作参见《水质 氨氮的测定 水杨酸分光光度法》（HJ 536—2009）（见附录 6）。

2.纳氏试剂分光光度法

纳氏试剂分光光度法测定原理为：以游离态的氨或铵离子等形式存在的氨氮与纳氏试剂反应生成淡红棕色络合物，该络合物的吸光度与氨氮含量成正比，于波长 420nm 处测量吸光度。

具体所需试剂、仪器及操作参见《水质 氨氮的测定 纳氏试剂分光光度法》(HJ 535—2009)(见附录 7)。

3.蒸馏中和滴定法

蒸馏中和滴定法测定原理为:调节水样的 pH 为 6.0～7.4,加入轻质氧化镁使其呈微碱性,蒸馏释出的氨用硼酸溶液吸收。以甲基红-亚甲蓝为指示剂,用盐酸标准溶液滴定馏出液中的氨氮(以 N 计)。

具体所需试剂、仪器及操作参见《水质 氨氮的测定 蒸馏-中和滴定法》(HJ 537—2009)(见附录 8)。

5.4.6 总氮

1.碱性过硫酸钾消解紫外分光光度法

碱性过硫酸钾消解紫外分光光度法测定原理为:在 120～124℃下,碱性过硫酸钾溶液使样品中含氮化合物的氮转化为硝酸盐,采用紫外分光光度法于波长 220nm 和 275nm 处,分别测定吸光度 A_{220} 和 A_{275},按以下公式计算校正吸光度 A,总氮(以 N 计)含量与校正吸光度 A 成正比。

$$A = A_{220} - 2A_{275}$$

具体所需试剂、仪器及操作参见《水质 总氮的测定 碱性过硫酸钾消解紫外分光光度法》(HJ 636—2012)(见附录 9)。

2.流动注射－盐酸萘乙二胺分光光度法

流动注射-盐酸萘乙二胺分光光度法测定原理为:在碱性介质中,试料中的含氮化合物在(95±2)℃、紫外线照射下,被过硫酸盐氧化为硝酸盐后,经镉柱还原为亚硝酸盐;在酸性介质中,亚硝酸盐与磺胺进行重氮化反应,然后与盐酸萘乙二胺偶联生成紫红色化合物,于 540nm 处测量吸光度。

流动注射-盐酸萘乙二胺分光光度法测定总氮参考工作流程见图 5-1。

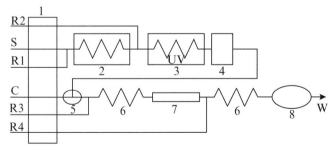

图 5-1 流动注射-盐酸萘乙二胺分光光度法测定总氮参考工作流程

1—蠕动泵;2—加热池(95℃);3—紫外消解装置;4—除气泡装置;5—注入阀;6—反应圈;7—镉柱;
8—检测池(10mm、540nm);R1—消解溶液;R2—四硼酸钠缓冲溶液;R3—氯化铵缓冲溶液;R4—显色剂;
C—载液;S—试样;W—废液

具体所需试剂、仪器及操作参见《水质 总氮的测定 流动注射-盐酸萘乙二胺分光光度法》(HJ 668—2013)(见附录10)。

5.4.7 总磷

1.钼酸铵分光光度法

钼酸铵分光光度法测定原理为:在中性条件下,用过硫酸钾(或硝酸-高氯酸)使试样消解,将所含磷全部氧化为正磷酸盐。在酸性介质中,正磷酸盐与钼酸铵反应,在锑盐存在下生成磷钼杂多酸后,立即被抗坏血酸还原,生成蓝色的络合物。

具体所需试剂、仪器及操作参见《水质 总磷的测定 钼酸铵分光光度法》(GB 11893—1989)(见附录11)。

2.流动注射-钼酸铵分光光度法

流动注射-钼酸铵分光光度法测定原理为:在封闭的管路中,一定体积的试样注入连续流动的载液中,试样和试剂在化学反应模块中按特定的顺序和比例混合、反应,在非完全反应的条件下,进入流动检测池进行光度检测。在酸性条件下,试样中各种形态的磷经125℃高温高压水解,再与过硫酸钾溶液混合进行紫外消解,全部被氧化成正磷酸盐,在锑盐的催化下正磷酸盐与钼酸铵反应生成磷钼酸杂多酸。该化合物被抗坏血酸还原,生成蓝色络合物,于波长880nm处测量吸光度。

流动注射-钼酸铵分光光度法测定总磷参考工作流程见图5-2。

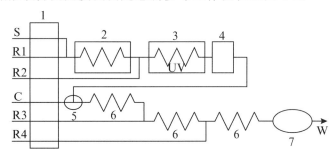

图5-2 流动注射-钼酸铵分光光度法测定总磷参考工作流程

1—蠕动泵;2—加热池(125℃);3—紫外消解装置;4—除气泡装置;5—注入阀;6—反应(混合)圈;7—检测池(10mm、880nm);R1—硫酸溶液;R2—过硫酸钾消解溶液;R3—显色剂;R4—还原剂;C—载液;S—试样;W—废液

具体所需试剂、仪器及操作参见《水质 总磷的测定 流动注射-钼酸铵分光光度法》(HJ 671—2013)(见附录12)。

5.4.8 石油类和动植物油类

石油类和动植物油类采用红外分光光度法测定,其原理为:水样在 pH≤2 的条件下用四氯乙烯萃取后,测定油类;将萃取液用硅酸镁吸附去除动植物油类等极性物质后,测定石油类。油类和石油类的含量均由波数分别为 2930cm^{-1}(CH$_2$基团中 C—H 键的伸缩振动)、2960cm^{-1}(CH$_3$基团中 C—H 键的伸缩振动)和 3030cm^{-1}(芳香环中 C—H 键的伸缩振动)处的吸光度 A_{2930}、A_{2960} 和 A_{3030},根据校正系数进行计算;动植物油类的含量为油类与石油类含量之差。

具体所需试剂、仪器及操作参见《水质 石油类和动植物油类的测定 红外分光光度法》(HJ 637—2018)(见附录 13)。

5.4.9 总大肠菌群与粪大肠杆菌

1. 粪大肠菌群(多管发酵法)

粪大肠菌群采用多管发酵法测定,其原理为:以最可能数(most probable number,MPN)来表示试验结果。实际上,它是根据统计学理论,估计水体中的大肠杆菌密度和卫生质量的一种方法。如果从理论上考虑,并且进行大量的重复检定,可以发现这种估计有大于实际数字的倾向。不过只要每一稀释度试管重复数目增加,这种差异便会减少,对于细菌含量的估计值,大部分取决于那些既显示阳性又显示阴性的稀释度。因此在实验设计上,水样检验所要求重复的数目,要根据所要求数据的准确度而定。

具体所需试剂、仪器及操作参见《水质 粪大肠菌群的测定 多管发酵法》(HJ 347.2—2018)(见附录 14)。

2. 粪大肠菌群(滤膜法)

粪大肠菌群采用滤膜法测定,滤膜是一种微孔性薄膜。其原理为:先将水样注入已灭菌的放有滤膜(孔径为 0.45μm)的滤器中,经过抽滤,细菌即被截留在膜上,然后将滤膜贴于 M-FC 培养基上,在 44.5℃温度下进行培养,计数滤膜上生长的此特性的菌落数,计算每升水样中含有粪大肠菌群数。

具体所需试剂、仪器及操作参见《水质 粪大肠菌群的测定 滤膜法》(HJ 347.1—2018)(见附录 15)。

5.5 其他指标监测方法[8]

5.5.1 水温

一般采用温度计或颠倒温度计测定法测定,其监测原理为:在水样采集现场,利用专门的水银温度计直接测量并读取水温。具体所需试剂、仪器及操作参见《水质 水温的测定 温度计或颠倒温度计测定法》(GB 13195—1991)。

5.5.2 色度

1.铂钴比色法

铂钴比色法测定原理为:用氯铂酸钾和氯化钴配制颜色标准溶液,与被测样品进行目视比较,以测定样品的颜色强度,即色度。样品的色度以与之相当的色度标准溶液的度值表示。具体所需试剂、仪器及操作参见《水质 色度的测定》(GB 11903—1989)。

2.稀释倍数法

稀释倍数法测定原理为:将样品用光学纯水(同铂钴比色法)稀释至用目视比较与光学纯水相比刚好看不见颜色时的稀释倍数作为表达颜色的强度,单位为倍。

同时用目视观察样品,检验颜色性质:颜色的深浅(无色、浅色或深色),色调(红、橙、黄、绿、蓝和紫等),如果可能还应包括样品的透明度(透明、混浊或不透明),用文字予以描述。

结果以稀释倍数值和文字描述相结合表达。具体所需试剂、仪器及操作参见《水质 色度的测定》(GB 11903—1989)。

5.5.3 溶解氧

1.碘量法

碘量法测定原理为:在样品中,溶解氧与刚沉淀的二价氢氧化锰(将氢氧化钠或氢氧化钾加入二价硫酸锰中制得)反应。酸化后,生成的高价锰化合物将碘化物氧化游离出等当量的碘,用硫代硫酸钠滴定法,测定游离碘量。具体所需试剂、仪器及操作参见《水质 溶解氧的测定 碘量法》(GB 7489—1987)。

2.电化学探头法

电化学探头法测定原理为:溶解氧电化学探头是一个用选择性薄膜封闭的小室,室内有两个金属电极并充有电解质。氧和一定数量的其他气体及亲液物质可透过这层薄膜,但水和可溶性物质的离子几乎不能透过这层膜。将探头浸入水中进行溶解氧的测定时,由于电池作用或外加电压在两个电极间产生电位差,使金属离子在阳极进入溶液,同时氧气通过薄膜扩散在阴极获得电子被还原,产生的电流与穿过薄膜和电解质层的氧的传递速度成正比,即在一定的温度下该电流与水中氧的分压(或浓度)成正比。

薄膜对气体的渗透性受温度变化的影响较大,要采用数学方法对温度进行校正,也可在电路中安装热敏元件对温度变化进行自动补偿。

若仪器在电路中未安装压力传感器不能对压力进行补偿时,仪器仅显示与气压有关的表观读数,当测定样品的气压与校准仪器时的气压不同时,应按后面相关的要求进行校正。

若测定海水、港湾水等含盐量高的水,则应根据含盐量对测量值进行修正。

具体所需试剂、仪器及操作参见《水质 溶解氧的测定 电化学探头法》(HJ 506—2009)。

5.5.4 氯化物

氯化物测定原理为:在中性至弱碱性范围内(pH 为 6.5～10.5),以铬酸钾为指示剂,用硝酸银滴定氯化物时,由于氯化银的溶解度小于铬酸银的溶解度,氯离子首先被完全沉淀下来,然后铬酸盐以铬酸银的形式被沉淀,产生砖红色,指示滴定终点到达。该沉淀滴定的反应如下:

$$Ag^+ + Cl^- \rightarrow AgCl \downarrow$$

$$2Ag^+ + CrO_4{}^{2-} \rightarrow Ag_2CrO_4 \downarrow (砖红色)$$

具体所需试剂、仪器及操作参见《水质 氯化物的测定 硝酸银滴定法》(GB 11896—1989)。

5.5.5 全盐量

全盐量常采用重量法测定,其测定原理为:将一定体积的废水通过孔径为 $0.45\mu m$ 的滤膜或滤器,滤液于 $(105\pm20)℃$ 烘干至恒重,获得残渣重量(如有机物过多,则应采用过氧化氢处理),计算所得单位体积废水的残渣量即为全盐量。

具体所需试剂、仪器及操作参见《水质 全盐量的测定 重量法》(HJ/T 51—1999)。

5.5.6 阴离子表面活性剂

1.亚甲蓝分光光度法

亚甲蓝分光光度法测定原理为:阳离子染料亚甲蓝与阴离子表面活性剂作用,生成蓝色的盐类,统称亚甲蓝活性物质(methylene blue active substance,MBAS)。该生成物可被氯仿萃取,其色度与浓度成正比,用分光光度计在波长为 652nm 处测量氯仿层的吸光度。

具体所需试剂、仪器及操作参见《水质 阴离子表面活性剂的测定 亚甲蓝分光光度法》(GB 7494—1987)。

2.流动注射-亚甲基蓝分光光度法

流动注射-亚甲基蓝分光光度法测定原理为:在封闭的管路中,将一定体积的试样注入连续流动的载液中,试样与试剂在化学反应模块中按特定的顺序和比例混合、反应,在非完全反应的条件下,进入流动检测池进行光度检测。

化学反应原理:样品中的阴离子表面活性剂与阳离子染料亚甲蓝形成亚甲基蓝活性物质(MBAS),三氯甲烷萃取,有机相于650nm波长处测量吸光度。

流动注射-亚甲基蓝分光光度法测定阴离子洗涤剂的参考工作流程见图5-3。

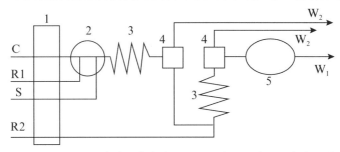

图5-3　流动注射-亚甲基蓝分光光度法测定阴离子洗涤剂的参考工作流程

1—蠕动泵;2—注入阀;3—反应环;4—相分离装置;5—检测池(10mm、650nm);R1—碱性亚甲基蓝溶液;R2—酸性亚甲基蓝溶液;C—载液;S—试样;W1—废液(三氯甲烷相);W2—废液(水相)

具体所需试剂、仪器及操作参见《水质 阴离子表面活性剂的测定 流动注射-亚甲基蓝分光光度法》(HJ 826—2017)。

5.6　数据的记录与存档[3]

5.6.1　原始数据的记录

1.现场原始记录

现场监测期间,监测人员应对监测对象进行现场监测调查,做好相应的记录。现场记录应包含以下内容:监测目的、排污村落名称、气象条件、采样日期、采样时间、现场测试仪器型号与编号、采样点位、污水排放工况、污水处理设施处理工艺、污水处理设施运行情况、污水排放量/流量、现场测试项目和监测方法、水样感官指标的描述、采样项目、采样方式、样品编号、保存方法、采样人、复核人、排污单位人员及其他需要说明的有关事项等,具体格式可自行制订。

2.样品交接原始记录

样品交接记录内容包括交接样品的日期、样品数量和性状、测定项目、保存方式、采样人、接样人等。

3.实验室分析原始记录

实验室分析原始记录包括标准溶液配制及标定记录、仪器工作参数、校准曲线记录、各监测项目分析测试原始记录、内部质量控制记录、分析人、审核人等信息。各实验室可根据需要自行设计各类分析原始记录表。

分析原始记录应包含详细的信息,以便在尽可能多的情况下找出影响不确定度的因素,并使实验室分析工作在最接近原来条件下能够复现。

5.6.2 数据记录的要求

污水现场监测采样、样品保存、样品交接、样品处理和实验室分析的原始记录应记录在表格上,按规定格式对各栏目认真填写,及时记录。原始记录表格应有统一编号,个人不得擅自销毁或损坏,用毕按期归档保存。原始记录应及时填写,不得以回忆方式填写或转誊。

原始记录可采用纸质或电子介质的方式。采用电子介质方式记录时,存储的原始记录应采取适当措施备份保存,保证可追溯和可读取,防止记录丢失、失效或被篡改。纸质原始记录应使用墨水笔或中性笔书写,做到字迹端正、清晰。如原始记录上数据有误需要改正时,应在错误的数据上画一条斜线,再将正确数字补写在其上方,并在右下方签名(或盖章)。不得在原始记录上涂改或撕页,如原始记录下方内容为空白,需填写"以下空白"字样。

原始记录须有监测人员、校核人员签名,分析原始记录须有分析人员、校核人员和审核人员签名,并随监测结果同时报出。

原始记录不能在非监测场合随身携带,不能随意复制、外借。

5.6.3 数据管理与资料存档

1.数据管理

监测分析的各种原始记录(包括采样、测试、数据的检验和分析)都应用钢笔或签字笔填写。分析测试的原始数据应记录相应的取样量、校准曲线实验、密码样、空白样的结果和样品测试结果。记录应统一记在编有页码的记录本上,不得随意涂改、撕页,更不得丢失。

测试数据的有效数字按分析方法的规定填写。修改错误数据时,应在原数据上画一条斜线表示弃去,并保留原数据的字迹清晰可辨。在操作过程中存在错误时,所得监测分析数据无论好坏都必须舍弃。

原始记录应统一管理,归档存查。常规监测的原始记录一般保存 8~10 年。专题项目的原始记录随专题报告存档。任何人都不得将监测数据据为己有。监测结果未经领导批准不得随意向外提供。

2.技术资料管理制度

（1）技术资料管理制度

遵照国务院批准的《科学技术档案工作条例》和国家科学技术委员会、国家档案局联合发布的《科学技术研究档案管理暂行规定》,凡记述和反映分析测试、科研活动过程所形成的具体查考凭证作用和保存利用价值的文字报告、数据记录、计算资料、协议合同、使用操作说明、图纸、图表及声像储存盘、带等都应立卷归档,实行集中统一管理。技术资料的整理、立卷方法应符合《科学技术档案工作条例》和《科学技术研究档案管理暂行规定》的要求。

(2)技术资料的归档范围

①实验室资料

实验室资料包括:标准溶液配制、标定记录,校准曲线测定记录,样品分析记录,质量控制实验记录,有毒化学品数量登记、领用记录,分析测试方法验证的实验报告等。

②监测资料

监测资料包括:实验室所负责的测试项目的分析测试数据、相应背景数据、现场记录、统计和汇总报表、阶段性总结报告、布点图、环境要素摸底调查、污染现状调查、污染源调查、污染治理效果调查等技术资料;监测月报、季报、年报及辖区环境质量报告书、年鉴、年报等。

③分析方法的科研资料

分析方法的科研资料包括:科研课题报告、专题调查报告及有关的计划任务书、研究设计方案、论证材料、调研材料、协议合同和审批文件等;分析方法的研究成果、学术论文、专著手稿及讨论记录等;科研成果鉴定、评价、推广、奖励等文件。

④仪器设备资料

仪器设备资料包括:仪器设备订购协议合同、说明书、操作规程、合格证、装箱单及全套图纸等;仪器设备运输和调试记录、测定数据、性能鉴定材料、维修验收记录及运行事故报告等;仪器设备报废的技术鉴定报告,主管部门审查核实的批示文件等。

⑤建筑资料

建筑资料包括:实验室的设计图纸、各种管线的配置图及修缮记录等。

⑥其他技术资料

其他技术资料包括:有关统计、水文、气象、地质资料及其他交流技术资料。

(3)归档资料完备性整理

归档资料必须保证完整、准确、真实,字迹工整、图表清晰,各技术环节审签手续完备,要注明项目、时间、地点、工作者、保管期限、机密等级和资料页数。一般技术资料按一式三份(原件一份,复制件两份)归档保存。

(4)归档资料移交

归档资料要指定专人负责及时收集整理。必须按规定定期向本单位的技术档案机构或档案管理人员移交,妥善保存,任何人不得据为己有。

(5)技术资料档案的管理

技术资料应按档案保管的有关规定设专库(室)、专柜、专箱保管,并由专人负责。技术资料应根据其性质、作用区分机密等级;根据其使用价值分为永久、长期(5年)、短期(3年)等三种保管期限。价值鉴定工作由站(所)领导、科室负责人会同档案管理人员组成鉴定小组确定。

　　档案管理人员接收案卷时,应详细检查案卷的质量和完整性,并按项目分类编号登记,编制案卷目录和检索卡片,以便查阅。技术资料向档案室移交时,须填写交接清单,经交接双方验证后签字。

　　技术资料档案库(室)应配置必要的安保设备,切实做到技术资料的安全、保密。要注意防晒、防尘、防鼠、防蛀、防潮、防水溢、防火、防盗等,确保档案的完整性,最大限度延长技术资料的使用寿命。

　　技术资料档案应建立借阅、复制制度。借阅时应履行借阅手续,技术资料一般原件不外借,如需借出,须办理审批手续。借阅者应负责安全、保密、严禁剪贴、抽取、拆散、勾画、涂抹、批注、加字、改字等。归还时,档案管理人员要认真检查,确保借阅资料的原样。档案材料属于国家财富,严禁私自复制、交换、转让、出售。

　　技术资料档案管理人员要定期检查技术资料的保管和使用情况,如发现破损、字迹褪色,应及时修补或复制。

　　要注销的技术资料档案,必须列出清单,经领导审定,并履行登记签字手续。销毁档案时,必须有监销人员在场,防止失密。销毁的技术资料档案要注销案卷目录和检索卡片。严禁私自销毁档案资料。

　　档案管理人员要忠于职守、不失密、不泄密。在工作变动时,要严格履行移交手续。交接人员必须认真清查核对清单,确认后签字。

5.7　实验室配置与药品保存的基本要求[2,5]

5.7.1　实验室设计原则

　　实验室设计原则为安全性、人性化、实用性。

　　安全性:实验室设备应该考虑具备相应的安全设计,能有效预防责任事故的发生,如台面的选用、柜体材质的选用、五金配件的选用等。

　　人性化:合理的实验室设备配置和空间的优化组合是实现人性化的最基本因素之一。

　　实用性:供应商提供的产品应满足实验需要,这是最现实的要素之一。

5.7.2　实验室基础配置总体要求

　　实验所用通风柜、实验台等设施均要求为防酸碱材质,实验台采用标准组合式。通风柜整体防腐,无级调速,噪声在 55dB 以下,铺设明管、避免开墙。上水管采用无毒、质轻、耐压、耐腐蚀的 PP-R 管。所有水龙头前端应装有阀门,方便检修。下水管采用耐酸碱、耐有机溶剂的材质,如 PVC 管、聚四氟乙烯管等。水槽采用防酸碱 PP 一体成形水槽,并配有洗瓶器、滴水架。电源插座采用多功能插孔,满足 10A 和 16A 两种电流的要求,干燥间应配有 220V 和 380V 两种电压的插座。其他还需配有紧急冲淋器、急救箱、洗眼器等。

5.7.3 实验室主体功能布局要求

应对实验区域进行合理分区,并明示其具体功能;应按监测标准或技术规范设置独立的样品制备、存储与检测分析场所。

1. 天平室

天平室以北向为宜,应远离震源,不宜与高温室和有较强电磁干扰的房间相邻。天平室宜采用双层窗,以利隔热同时为便于读数而设窗帘箱。防震、防尘、防风、防阳光直射、防腐蚀性气体侵蚀以及有较恒定的气温,且天平室内不得设置水盆或有任何管道穿过,以免管道渗漏、结露或在管道检修时影响天平的使用和维护。天平应放置在防震台上。

2. 仪器室

远离震源,不宜和有较强电磁干扰的房间相邻,电源插座采用多功能插孔,满足 10A 和 16A 两种电流的要求。同时保有为特定仪器所需的通风口及钢瓶储放要求的辅助设施的空间。

3. 理化分析室

理化分析室应远离震源,不宜和有较强电磁干扰的房间相邻,房内通风性好,设置水槽水台、实验台、通风柜等设备,房间内预留 220V、380V 两种电压的插座,满足 10A 和 16A 两种电流要求。

4. 干燥间

干燥间要求设有窗户,确保通风良好,要求墙体、台面采用防火材质。房内预留 220V、380V 两种电压的插座,满足 10A 和 16A 两种电流要求。

5. 样品储存间

样品储存间应设有窗户,通风良好,有冷藏柜和置物架,用于存放未检样品和留存样品。

6. 试剂及耗材储存间

(1)试剂及耗材储存间布局要求

试剂及耗材储存间,按常规、易燃易爆、有毒试剂三大类药品分类存放,安排特定的储存柜分类加以储存。房间装有换风系统(排风扇),用以净化房间空气,以防人员受到伤害,有需要时可配置冷藏柜和置物架,易制毒、易制爆试剂和有毒试剂须配备双锁、双人管理。危化品仓库具体布局应符合当地公安部门的要求。

（2）化学试剂放置要求

应对所有试剂加贴标签,标签应清楚标识试剂名称、浓度、溶剂、配制日期、配制人和有效期等必要信息;实验用水的标签应清楚标识制备时间、名称等信息,必要时还应根据不同用途注明相应的级别。

液体试剂不得与固体试剂混放,试剂柜应避免阳光直射。危险品采购、使用应严格执行有关危险品管理规定。

化学试剂、实验用水、用气均应符合分析方法中规定的质量要求,并按规定的方法配制和储存。冰箱内不宜存放易挥发物品。

7. 微生物化验室

微生物化验室由准备间、洗涤及灭菌室、缓冲区、无菌室四部分组成。这些房间的共同特点是,地板和墙壁的质地光滑坚硬,仪器和设备的陈设简洁,便于打扫卫生。

（1）准备间

准备间用于配制培养基和样品处理等。室内设有试剂柜、存放器具或耗材的专柜、实验台、电炉、冰箱和上下水道、电源等。

（2）洗涤及灭菌室

洗涤及灭菌室用于洗刷器皿等。室内应备有洗刷器皿用的盆、桶等,还应有各种瓶刷、消毒液、去污粉、肥皂、洗衣粉等。灭菌室主要用于培养基的灭菌和各种实验用器具的灭菌,室内应备有高压蒸气灭菌器、烘箱等灭菌设备及设施。

（3）缓冲区及无菌室

无菌室一般为独立小房间（与外间隔离）,无菌室前设置缓冲区。

无菌室也称接种室,是系统接种、纯化菌种等无菌操作的专用化验室。在微生物工作中,菌种的接种移植是一项主要操作,这项操作的特点是,要保证菌种纯种,防止杂菌的污染。在一般环境的空气中,存在许多尘埃和杂菌,易造成污染,因此对接种工作干扰很大。

无菌室应根据既经济又科学的原则来设置。其基本要求有以下几点:

一是无菌室内应当设拉门,以减少空气的波动,门应设在离工作台最远的位置上;外间的门最好也用拉门,要设在距内间最远的位置上。

二是在分隔内间与外间的墙壁或"隔扇"上,应开一个小窗口,作为接种过程中必要的内外传递物品的通道,以减少人员进出内间的次数,降低污染程度。小窗口宽 0.60m、高 0.40m、厚 0.30m,内外都挂对拉的窗扇。

三是无菌室容积小而严密,使用一段时间后,室内温度很高,故应设置通气窗。通气窗应设在内室进门处的顶棚上（离工作台最远的位置）,最好为双层结构,外层为百叶窗,内层可用抽板式窗扇。通气窗可在内室使用后、灭菌前开启,以便空气流通。有条件的可安装恒温恒湿机。

8. 红外测油仪室

红外测油仪室一般要求在 12m² 左右,分隔成 2 小间,一间为前处理间,另一间为红外比色间。前处理间应配有水槽水台、实验台等。2个房间分别设有一个通风柜,配置220V、380V两种电压,满足10A和16A两种电流的要求。

5.7.4 实验室试剂的保存与使用

1.化学试剂的购买

由实验室技术员根据库存量及化学试剂检验需要量提出购买申请,经实验室负责人审核,按公司物资购买流程购买。

供应科采购员到经公司审核批准的供应商或生产商处,依据采购计划要求的试剂品名、规格、等级、数量、生产商名称等,购买符合要求的试剂。购买时,应注意考察包装的完好性,标签是否为原厂粘贴、牢固无破损等。

2.化学试剂的出入库

化学试剂购买后由采购员按物资入库手续办理入库。入库时,由库管员严格按采购计划单内容,逐一进行核对。检查试剂外包装的完整性,如发现试剂封口不严密、有泄漏、标签损坏及内容不清晰,则判定为不合格试剂,不予入库。最后,实验室技术人员根据计划办理入库手续,建立化学试剂台账。

实验室使用人员根据实验需求领取化学试剂,并填写化学试剂领用记录。实验室已存在但无标签的试剂应予以销毁。

3.化学试剂的储存

化学试剂一般分为危险品和非危险品两种。非危险品危险系数小,但也不是没有危险;危险品一般分为剧毒、易燃、易爆、腐蚀性药品。危险品和非危险品应分类存放。

(1)非危险化学品的储存

存放原则:所有化学试剂都不能露天存放。理化性质互相抵触或灭火方法不同的也应该分类隔离存放,仓库应保持干燥、阴凉、通风、低温,应远离火、水、电、震源。固、液分开存放;袋装、瓶装也应分开存放。

化学试剂仓库和实验室均须配备消防设备(如消防水龙头、化学泡沫、二氧化碳、四氯化碳等),以及砂土。定期检查各种消防设备的完好程度,如遇有失效或损坏情况,则应及时更换。

所需各种试剂,根据生产需要取用,未用完的试剂应退回库房。注意化学试剂的存放期限。化学试剂应妥善保存以防变质,应尽量减少空气、温度、光、杂质等的影响。药品柜和试剂均应避免阳光直射及靠近热源。要求避光的试剂应装于棕色瓶中或用黑纸包好存于暗柜中。

保护药品或试剂瓶上的标签。万一掉失应照原样贴牢。分装或配制试剂后应立即贴上标签。绝不可在瓶中装上不是标签指明的物质,无标签的试剂不可乱倒,要慎重处理。

应按计划采购,根据需用量决定购买和库存量,避免造成积压和损失。建立非危险化学品台账,购进和取用均须登记。未经许可,任何人不得以任何理由将药品带出实验室做他用。

(2)危险化学品的储存

实验室危险化学品应分类管理。实验室危险化学品类型主要有剧毒品、易燃品、易爆品、腐蚀性药品等四大类,需对其分类储存和管理。其中,剧毒品应存放于保险柜内,易燃品、易爆品、腐蚀性物品应分类、分区存放。

存放仓库应保持干燥、阴凉、通风、低温,远离火、水、电、震源。易燃、易爆及剧毒化学品必须随用随领。腐蚀性药品按强酸、强碱及其他三类分开存放。强碱类固液应分开存放。

使用剧毒及腐蚀性药品时,必须戴上橡胶手套,手指破伤时不能使用。在酸性介质下不能使用,用完后的废弃物必须及时处理,注意保护环境。

建立危险化学品台账,药品购进和取用均须登记。未经许可,任何人不得以任何理由将危险化学品带出实验室做他用。

4. 化学试剂的配制

无购买剧毒化学品资格和没有持有剧毒化学品上岗资格证的工作人员,不允许配制使用剧毒化学品。

试剂配制应按批准的各类标准操作规程进行配制,并填写相应的配制记录。缓冲液配制记录内容包括名称、pH、配制日期、配制者、使用截止日期等。试液与指示液配制记录内容包括名称、变色范围、配制日期、配制数量、配制者、使用截止日期等。

配制人员在配制前应确认所领试剂、试药瓶签完好,试剂外观符合要求,在规定使用期内,方可进行配制。固体化学试药在储存中易吸潮而增加重量,故配制时需恒重,应按要求对试剂干燥后再称量配制。称量是决定所配制试剂准确性的关键步骤,必须准确无误。所用操作器具,必须干燥、洁净、无痕迹,并经过计量校正。严格按配制方法进行操作,实验操作应符合规定要求。

按一定使用周期配制试剂,不要多配。特别是危险品应随用随配,多余试药退库,以防时间长变质或造成事故,配制后存放时间根据不同试剂性质分别制定。配好后的试剂放在具塞、洁净适宜的试剂瓶中,见光易分解的试剂要装于棕色瓶中(放置于有避光措施的柜中)。挥发性试剂的瓶塞要严密,见空气易变质试剂应密封,贴好瓶签,注明名称、浓度、配制日期、使用期限、配制者。用过的容器、工具按各自的清洁规程清洗,必要时消毒、干燥、储存备用。

5. 化学试剂的使用

不了解试剂性质者不得使用。使用前应先辨明试剂名称、浓度、纯度以及是否过期,无瓶签或瓶签字迹不清,超过使用期限的试剂不得使用。用前观察试剂性状、颜色、透明度、有无沉淀、有无长菌等。变质试剂不得使用。

用多少取多少,用剩的试剂不得倒回原试剂瓶中。使用时要注意保护瓶签,避免试剂洒在瓶签上。防止污染试剂的几点注意事项:

(1)吸管。不要插错吸管,勿接触别的试剂、勿触及样品或试液。

(2)瓶塞。塞心勿与他物接触,勿张冠李戴。

(3)瓶口。不要开得太久,以免灰尘及脏物落入。

(4)低沸点试剂。用毕应盖好内塞及外盖,放置冰箱储存。

5.8 实验室废弃物处置[1,4]

5.8.1 一般要求

实验室废弃物处理前应充分了解实验室废弃物的来源、主要组成、化合物性质等,并对可能产生的有毒气体、发热、喷溅及爆炸等危险有所警惕。

处理实验室废弃物应尽量选用无害或易于处理的药品,防止二次污染。如用漂白粉处理含氰废水,用生石灰处理某些酸液等,还应尽量采用"以废治废"的方法,如利用废酸处理废碱液。

分离实验中产生的废渣,沾有有害物质的滤纸、称量纸、活性炭、药棉及塑料容器等应单独进行处理,以减少废液的处理量。用量较大的有机试剂,原则上要进行回收利用。

过期实验药品应请厂家回收,不得并入废液处理。对无法自行妥善处理的实验室废弃物应委托相关法律认可的专业机构处理。

处理实验室废弃物时,应对处理人、处理量、处理方式、处理时间等相关信息进行详细记录。

5.8.2 实验室废弃物分类方法

实验室废弃物分类方法见表 5-2。

表 5-2 实验室废弃物分类方法

分类对象	类型
无毒无害固体	垃圾、惰性化学品以及符合有关法律法规的无毒、无放射性、无腐蚀性的固体
酸碱废液	弱酸废液及其相关化合物(质量分数<10%)
	弱碱废液及其相关化合物(质量分数<10%)
	浓酸废液及其相关化合物
	浓碱废液及其相关化合物

续表

分类对象	类型
燃烧性	易燃的(燃点＜60℃)、不含卤素的有机溶剂及其相关化合物
	易燃的含卤素的有机溶剂及其化合物
	难燃的不含卤素的有机溶剂及其化合物
	难燃的含卤素的有机溶剂及其化合物
	发火物质
	不可经稀释后排入下水道的有机碳含量(TOD)≥10％的易燃物质
有机酸碱	有机酸
	有机碱
氧化物	无机氧化物、过氧化物
	有机氧化物、过氧化物
还原物	还原剂废液
	硫化物、氨废液
有毒物质	有毒重金属
	毒药、除草剂、杀虫剂、致癌物质
	多氯联苯(PCBs)
	氰化物
	被污染的实验室器皿和垃圾
致病性	传染物
来源不明	来源或性质不确定的水溶性实验室废弃物
	来源或性质不确定的非水溶性实验室废弃物
其他	空容器
	石棉、含石棉的实验室废弃物

5.8.3 固体及液体废弃物处置

实验室固体及液体废弃物的预处理和处理方法见表 5-3,含氰化物的实验室废弃物处理参照《含氰废物污染控制标准》(GB 12502—1990)。

表 5-3 实验室废弃物的预处理和处理方法

实验室废弃物类型	预处理方法	处理方法
垃圾		垃圾箱
弱酸	稀释,中和	下水道排放,固化处理
弱碱	稀释,中和	下水道排放,固化处理
浓酸	稀释,中和	下水道排放,实验室包装,固化处理
浓碱	稀释,中和	下水道排放,实验室包装,固化处理
易燃的非卤化有机溶剂	—	焚烧,实验室包装,固化处理
易燃的卤化有机溶剂	—	焚烧,实验室包装,固化处理
难燃的非卤化有机溶剂	—	焚烧,实验室包装,固化处理
难燃的卤化有机溶剂	—	焚烧,实验室包装,固化处理
有机酸	中和	下水道排放,焚烧,实验室包装
有机碱	中和	下水道排放,焚烧,实验室包装
无机氧化物	稀释,还原	下水道排放,实验室包装
有机氧化物	稀释,还原	下水道排放,实验室包装
有毒金属	稀释,还原	下水道排放,实验室包装,固化处理
有毒有机物	稀释,氧化	下水道排放,实验室包装,固化处理
还原剂溶液	稀释,氧化	下水道排放,实验室包装,固化处理
助燃物	—	消防队或警察局处置
含氰化物、硫化物或氨的废弃物	稀释,氧化	下水道排放或实验室包装
爆炸物	—	消防队或警察局处置
传染物	灭菌,消毒	焚烧,实验室包装
多氯联苯	碱分解法	焚烧

5.8.4　废气处理

实验室产生的少量废气一般可通过通风装置直接排至室外。氯化氢、硫化氢等酸性气体若浓度高,则应用碱液吸收,若浓度很低,则可以通过通风设备排至室外。若是毒性大的气体,则采用工业废气处置方法,用吸附、吸收、氧化、分解等方法处理后排放,使其达到国家废气排放相关标准。

5.8.5　实验废弃物包装

1.容器的准备

实验室废弃物装在设计及构造适当的密闭器内,如不锈钢桶、塑料桶和玻璃瓶。塑料容器材质可选择聚乙烯(PE)、聚丙烯(PP)、聚氯乙烯(PVC)、高密度聚乙烯(HDPE)或其他近似的材质。

容器(包括封盖)上任何直接与实验室废弃物接触的部分,都不能与装载物发生反应而产生危险品或减弱容器的坚固性。必要时,容器及其封盖应加内衬垫、涂层予以处理,容器材质或衬垫材质的选择参照表5-4。

所有装载实验室废弃物的容器都应密封完好、表面清洁、标识清晰。

表5-4 不同种类实验室废弃物与一般容器的化学相容性

实验室废弃物的种类	容器或衬垫的材料							
	高密度聚乙烯	聚丙烯	聚氯乙烯	聚四氟乙烯	软/碳钢	不锈钢		
						304	316	440
酸(非氧化)	R	R	A	R	N	*	*	*
酸(氧化)	R	N	N	R	N	R	R	*
碱	R	R	R	R	N	R	*	R
铬或非铬氧化剂	R	A*	A*	R	N	A	A	A
废氰化物	R	R	R	A*,N	N	N	N	N
卤化或非卤化溶剂	*	N	N	*	A*	A	A	A
润滑油	R	A*	A*	R	R	R	R	R
金属盐溶液	R	A*	A*	R	A*	A*	A*	A*
金属淤泥	R	R	R	R	R	*	R	*
混合有机化合物	R	N	N	A	R	R	R	R
油腻废物	R	R	R	R	A*	R	R	R
有机淤泥	R	N	N	R	R	*	R	R
废油漆(源于溶剂)	R	N	N	R	R	R	R	R
酚及其衍生物	R	A*	A*	R	N	A*	A*	A*
聚合的前驱物及产生的废物	R	N	N	*	R	*	*	*
皮革废料(铬鞣溶剂)	R	R	R	R	N	*	R	*
废催化剂	R	*	*	A*	A*	A*	A*	A*

注:* 因变异性质,请参阅个别化学品的安全资料。A:可接受;N:不建议使用;R:建议使用。

2.容器标签

标签的样式和尺寸见图5-4,标签上应提供下列说明:实验室废弃物名称、类别、危险情况、安全措施、实验室废物产生单位、地址、电话及日期等信息。如果实验室废弃物含多种化学品时,一般只需列出主要成分。

实验室废弃物（laboratory waste）		
危险类别  HARMFUL 有害	化学名称或普通名称（chemical name,common name）：	
	危险情况（particular risks）： ※ ※ ※	
	安全措施（safety precautions）： ※ ※ ※	
废弃物产生单位（company of waste producer）_____ 地址（address）_____ 电话（telephone number）_____ 数量（quantity）_____ 日期（d/m/y）_____		
注：字体为黑体,底色为醒目的橘黄色		

图 5-4　实验室废弃物容器标签

所有盛装实验室废弃物的容器都应贴上标签,标签应牢固贴附在容器的适当位置,且清晰易读。实验室废弃物产生单位若使用旧的或经修复的容器,则应确保容器上的旧标签全部被去除。

5.8.6　实验室废弃物储存

储存场所应能保护废弃物抵御自然外力及人为因素的破坏,并在明显处设置警示牌。

远离热源,特殊实验室废弃物如高温易爆或易腐败的实验室废弃物应在低温下储存。

混合后有可能产生危险后果的不同类别或不同来源的实验室废弃物,切勿装载在同一容器内。不能相互混合的实验室废物见表 5-5。

表 5-5　不能相互混合的实验室废弃物

过氧化物	有机物
氢氟酸、盐酸等挥发性酸	不挥发性酸
铵盐、挥发性胺	强碱
浓硫酸、磺酸、羧基酸、聚磷酸	其他酸
硫化物、氰化物、次氯酸盐	酸
铜、铬等多种重金属	酸类、氧化物（如硝酸）

容器装载液体废弃物时,容器顶部与液体表面之间应保留 10cm 空位,以确保容器内的液体实验室废弃物在正常处理、存放及运输时,不因温度或其他物理状况转变而膨胀,造成容器泄漏或永久变形。

实验室废弃物需要分类储存,不相容的废弃物不得混合储存,且实验室废弃物容器上应加贴标签。

保持通风良好,不得有散逸、渗出、污染地面或散发恶臭等情形。

储存容器应保持良好使用情况,如有严重生锈、损毁或泄漏,则应立即更换。为防止储存容器泄漏,实验废液的储存容器须置于不锈钢盛盘内,且盛盘容积至少为储存量的 1.1 倍。

实验室废弃物的储存应有专人负责,定期检查。

实验室危险废弃物的储存设施、设计、运行、安全防护和监测等参照《危险废物贮存污染控制标准》(GB 18597—2001)执行。

5.8.7　安全措施

处理实验室废弃物时,应配备专用的防溅眼罩、手套和工作服。应在通风柜内倾倒会释放出烟和蒸汽的废液,每次倾倒废弃物之后应立刻盖紧容器。

在特殊情况下于通风柜外处理废弃物时,操作人员必须戴上具有过滤功能的防毒面具。

主要参考文献

[1]丛静,王建林.实验室废弃物处理的注意事项和方法[J].商品与质量·学术观察,2012(4):335.

[2]国家环境保护总局《水和废水监测分析方法》编委会.水和废水监测分析方法[M].4 版.北京:中国环境科学出版社,2002.

[3]韩树新,孙铁夫,李广志.环境实验室分析数据质量控制技术[J].城市环境与城市生态,2002,15(1):38-40.

[4]胡青锋,江万宏.浅谈环境监测实验室废弃物处理[J].绿色科技,2013(11):202-204.

[5]姜楠.环境废水监测分析的实验室规范[J].科技创业家,2011(5):248-250.

[6]生态环境部.污水监测技术规范[M].北京:中国环境出版集团,2019.

[7]奚旦立,孙裕生.环境监测[M].4 版.北京:高等教育出版社,2010.

[8]中国标准出版社第二编辑室.环境监测方法标准汇编:水环境[M].3 版.北京:中国标准出版社,2014.

第 6 章

农村生活污水处理设施智慧管理系统

农村生活污水处理设施普遍处理规模较小且数量庞大,地理位置高度分散,利用远程信息化管理系统进行设施的运维管理是提升运维效率与水平的必然选择[1-2]。然而,目前大多数系统功能仅局限于设施现场视频、风机水泵等设备启停的监控,设施运维问题的发现和解决仍旧主要依靠人工巡检等方式,成本高且效率低。

建设农村生活污水处理设施智慧管理系统、开展设施智慧化运维是解决传统的人工巡检模式成本高、效率低的有效方法,也是在农村生活污水治理工作持续深化背景下,落实农村生活污水处理设施标准化运维和信息化监管的必然选择。本章概述了农村生活污水处理设施智慧管理的需求和特点,简明阐述了智慧管理平台系统的基本构成、功能、设计和使用要点,以期为相关人员提供农村生活污水处理设施智慧化管理的基础知识。

6.1 农村生活污水处理设施智慧管理系统结构与功能

6.1.1 设施管理的难点和智慧管理的目标

我国目前大约有 49 万个建制村,共居住近 7 亿农村人口,每年约产生 200 亿吨农村生活污水。截至 2020 年,全国约在 20 万个建制村建立了上百万座农村生活污水处理设施。这些设施在运维监管上面临两大难点:首先,农村生活污水处理设施数量多分布散,客观上造成了设施运维难度较大;其次,随着农村生活污水排放标准以及征地成本的提高,使用有动力设施的比例越来越高,而有动力设施的稳定运行依赖于设备的正常运转和运行状态的及时调整优化,但农村地区运维人员专业化水平不高、设施监管效率低下、发现和解决问题滞后,导致很多农村生活污水处理设施运行低效甚至废弃闲置。

农村生活污水处理设施效能的发挥重在运维,运维模式是决定设施运行成效的关键。传统的人工巡检运维模式成本高、效率低,亟须智慧化转型。智慧管理是解决农村生活污水处理设施运维监管难题的有效手段,也是提高设施运维监管效率,促进用户、运维企业和政府部门各方落实主体责任的重要抓手。

智慧管理系统的目标是通过数据采集和传输将大量分散的设施运行信息进行集中分析处理和应用,提高发现问题和解决问题的效率,提升污水处理设施运行智能化水平和管理专业化水平,降低运维监管人力成本,实现区域性统筹管理,保障农村生活污水处理设施的正常运行和达标排放。[3]

6.1.2 智慧管理系统的构成

一套完整的农村生活污水处理设施智慧管理系统分为现场端、通信网络和平台端三大部分,从原理上分别对应感知层、网络层和应用层(见图 6-1)。

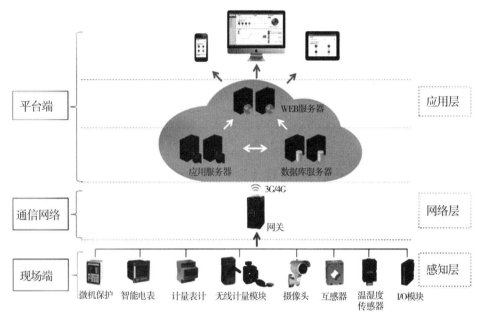

图 6-1 智慧管理系统基本构成

1.现场端

智慧管理系统现场端,即"感知层"。主要是基于物联网技术,实现对污水处理设施水质、水量、用电、设备运行等因素的"实时感知",它位于智慧管理系统的最底层,是实现设施智慧管理的数据基础。

现场端控制器一方面可以采集现场仪器、仪表的运行参数,将上述运行数据以TCP/IP 协议通过通信网络发送到平台端服务器;另一方面也可以通过通信网络接收管理平台端服务器下发的控制命令,对运行参数进行修改,确保及时发现问题,快速采取措施,提升远程监管控制水平。

2.通信网络

智慧管理系统通信网络,即"网络层"。主要采用通信技术(如环保专网、运营商网络结合 4G、卫星通信等技术)建立现场端与平台端之间的稳定连接,实现"更全面的互联互通"。它位于智慧管理系统的中间层,是实现智慧管理的数据桥梁。

3.平台端

智慧管理系统平台端,即"应用层"。它采用云计算平台进行资源整合,实现应用系统和信息服务门户资源最大化共享,提供"更智慧的决策"。

智慧管理平台可以根据管理和应用工作的特点,综合各种数据信息及处理软件,提供信息处理与分析系统、数据收集与管理系统,构建分类分项数据库。以业务需求为导向,通过整合、升级、改造、新建等方式,集成信息采集、内容管理、信息搜索,构建不同功能模块子系统,直接组织各类共享信息和内部业务基础信息,完成一项项具体的数据应用和服务工作。

6.1.3　智慧管理系统的功能

农村生活污水处理设施运行管理平台与城镇污水厂管理系统相比,监控设施数量更多、数据传输方式种类更复杂、所需要的运行运维监督管理功能也更为多样。因此,在构建智慧管理系统功能体系时必须考虑运行、维护、监督等多种类型用户的实际需求,主要体现在以下两个方面。

1.实现运维单位管理功能

针对运维单位,可以实现如下目标:一是农村污水处理基础设施建设的数字化,将设施地理位置、管网布置、工艺参数以及设备参数等设计基础信息数字化,并在地理信息系统上直观展示,方便运维单位规划资源。二是帮助运维单位优化编制运维活动计划,包括运维巡检、维修、养护等工作的流程设置,以及运维企业培训活动的开展。三是通过实时监控,掌握设施实时运行状态,异常时迅速发出警示。四是对电量、水质、水量数据按月核查,定期生成报告推送相关运维管理人员,并做好数据备份。五是根据上述运行和维护的过程管理,提供数据分析,帮助运维单位科学决策,进一步实现智能化管理。

2.保障政府部门有效监管

针对政府主管部门,可以实现如下目标:一是方便主管部门摸清家底,掌握本区域的农村污水处理设施信息资源,包括数量、规模、工艺、地理位置等资源数据,当前投入远程监控的设施和运行情况等。二是可以实时统计分析设施的运行数据,包括设施运行和达标情况,为支撑政府部门科学决策提供数据支撑。三是形成统一的监管平台,可以将相关数据资源进行充分整合,保障农村生活污水处理工程项目得到全面完善的监督与管理。

6.2　智慧管理系统现场端

6.2.1　现场端监控特点与设计原则

与城镇污水收集与处理模式不同,农村生活污水处理设施现场环境有自身的特点,对现场监控的建设也提出了相应的要求。

1.现场端监控特点

(1)设施分布广,数量大

为了达到更高的污水覆盖率和收集率,农村生活污水处理设施的建设分布与当地农户居住聚集情况息息相关。由于农村居民居住分散,污水处理设施也通常分布分散、类型多样且数量庞大。

(2)现场环境多样

浙江省地理特征丰富,地形多样,导致农村生活污水处理设施也广泛分布于山区、平原、沿海等多种地形与气候环境中。特别是农村生活污水处理设施往往仅有户外电控箱，没有站房，导致现场电控设备所处环境冬夏温差大，部分地区还面临高湿、高寒的室外环境，对设备的运维带来巨大的挑战。

（3）运行管理以无人值守为主

农村生活污水处理设施的日常管理以无人值守为主，且农村生活污水处理设施的一线运维人员技术水平难以保障，部分人员年龄偏大、文化程度不高。

（4）供电不稳定

农村地区基础设施相对落后，电网供电不稳定，现场短时停电、电压不稳情况时有发生。另外，村庄拆迁、道路建筑施工等也会对设施供电产生影响。

（5）通信网络信号不稳定

目前，4G 网络虽已覆盖全国大部分农村区域，但仍有部分山区存在无线通信网络基础设施落后、覆盖程度不足、通信信号不稳定等问题。同时，部分设施地处偏远，有线网络也难以建设到位。因此，农村污水处理设施的运行维护对现场控制系统的建设、运行和维护都提出了更高的技术要求。

2. 设计原则

（1）安全耐用

农村生活污水处理设施电气控制与运行监测系统的无故障工作时间要长，且具有在高温、高湿、高寒、震动等恶劣条件下正常工作的能力，从而保证全天候长期稳定运行。同时，应采用安全可靠的硬件设备与技术保障系统，以保障现场端运行安全与数据安全，避免对设施、人员及环境造成安全隐患。

（2）自动化程度高

农村生活污水处理设施电气控制与运行监测系统的智能化程度要求高，现场自控系统需满足配置多样的运行模式以适应不同处理工艺的要求。可在脱离网络的情况下根据预先设置的现场要求自动化运行，可根据现场传感器数据判断运行状况并进行及时处理。例如，可根据进水状况和水质情况，自动分析和选择运行模式。

（3）维护操作简单

农村生活污水处理设施的智能化监控设备对用户来说必须易于学习和使用。为了在维护过程中减少差错、维护成本，设备应能少维护，甚至免维护。

（4）经济实用

对区、县级区域来说，农村生活污水处理设施数量较大，所以设施的电气控制与运行监测系统应充分考虑用户的实际经济承受能力，设计选用功能和成本适合现场情况、符合用户要求的配置方案，通过严密、有机的组合，实现最佳的性价比。

6.2.2　现场端监控目标与内容

通常来说，农村生活污水处理设施现场端监控的主要目标是保障设施正常运行，促进出水达标排放。具体来说,现场端通过设施电气控制与运行监测系统建设,对设施主要运行参数、进出水水质和水量及安防情况等进行感知,实现对站点运行的全过程远程监控,辅助运维单位与主管部门开展设施远程管理(见图6-2)。

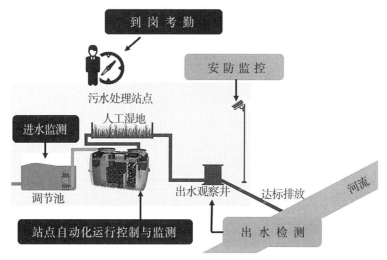

图 6-2　农村生活污水处理设施现场监控示意

为了达到上述目的,需要对设施运行状况进行监控,常见的监控项目包括进出水状态、运行情况、运维情况及安全保障等相关要素,具体见表6-1。

表 6-1　农村生活污水处理设施现场监控项目

监控项目		项目说明
进水监测	进水水质	防止异常污水进入处理设施,引起设施生物处理系统崩溃或无法达标排放
	进水水量	防止污水来源变化或管网渗漏导致的超水力负荷运转,或污水收集不足导致的设施无效运转
出水监测	出水水质	监测设施排水是否达到排放标准,防止超标排放
	出水口图像或视频	监测有无出水浑浊、出水口堵塞等现象
运行情况	设备自控	保障设施无人值守自动化控制运行,根据处理工艺要求与现场传感器数值调整运行方式;提供远程控制功能,包括控制远程启停和修改运行逻辑
	池体水位	防止发生浮球故障或出水提升泵损坏引起的池体水位过高或过低问题,防止设施超负荷运行
	动力设备运行状态	监测水泵、风机等动力设备运行,防止设备故障导致设施非正常运行
	用电状况	对断电、偷电、漏电等情况及时告警,防止因断电未处理导致设施故障;防止设施能耗超标,出现用电安全隐患

监控项目		项目说明
安防监控	全景图像或视频	及时掌握设施环境被破坏或出现脏乱、人工湿地植物枯萎等问题
	电控箱开启安全	对电控箱非法开启进行现场和平台告警,防止事故发生,保障设施和人员安全
	电控箱进水监测、漏电监测	对电控箱内进水和漏电进行监测,防止出现室外低洼地电控箱进水或电控箱漏电导致设施和人员的安全事故
运维情况	到岗质量监测	远距离监测运维人员何时到岗、何时离开、每次在岗时长;保障运维管理及时、到位,防止弄虚作假等情况产生

6.2.3　电气控制系统

1.系统基本构成

（1）基本构成

电气控制系统,是指由若干电器组件组成,用于实现对某个或某些对象的控制,从而保证被控设备安全、可靠地运行。电气控制系统的主要功能包括自动控制、保护、监视和测量等。在农村生活污水处理设施的有动力站点建设中,通常需要进行电气控制系统的设计与安装,并需要在日常进行必要的维护。常用电气控制系统组成如下。

①电源供电回路:供电回路对整个系统进行供电,通常供电电源有交流 220V、380V和直流电源等多种。

②保护回路:保护回路对电气设备和线路进行短路、过载和失压等各种保护,通常由熔断器、热继电器、失压线圈、整流组件和稳压组件等保护组件组成。当电路和设备出现故障时,保护回路各元器件根据需要可自动进行切断电路等操作,从而保护整个电气控制系统安全。

③信号回路:信号回路将系统状态通过灯光、音响等形式进行监视,能及时反映或显示设备和线路正常与非正常工作状态信息。

④自动与手动回路:电气设备为了提高工作效率,一般都设有自动环节,在无人干预情况下进行各动力设备的自动控制。但在安装、调试及紧急事故的处理中,控制线路中还需要设置手动环节,用于人工调试。

⑤制动停车回路:可切断电路的供电电源,并采取某些制动措施,使电动机迅速停车的控制环节,通常在异常或紧急情况下使用。

⑥自锁及闭锁回路:启动按钮松开后,线路保持通电,电气设备能继续工作的电气环节叫自锁环节。两台或两台以上的电气装置和组件,为了保证设备运行的安全性与可靠性,只能一台通电启动,另一台不能通电启动的保护环节,叫闭锁环节。

（2）常用电气元器件

电气控制系统中需要用到各类电气元器件，在农村生活污水处理设施的电气控制系统中，常用的电气元器件有防雷器、断路器、交流接触器、中间继电器、时间继电器、可编程逻辑控制器、热继电器、指示灯、按钮、监测仪表等。

①防雷器：也叫浪涌保护器，是一种为各种电子设备、仪器仪表、通信线路提供安全防护的电子装置。当电气回路受外界干扰突然产生尖峰电流或者电压时，浪涌保护器能在极短时间内导通分流，从而避免浪涌对回路中其他设备造成损害。

②断路器：指能够关合、承载和开断正常回路条件下的电流，并能在规定的时间内关合、承载和开断异常回路条件下的电流的开关装置。

③交流接触器：能频繁关合、承载和开断正常电流及规定的过载电流的开断和关合装置。

④中间继电器：用来增加控制电路中的信号数量或将信号放大的电器。

⑤时间继电器：是一种利用电磁原理或机械动作原理来延迟触头闭合或分断的自动控制电器。

⑥可编程逻辑控制器：一种具有微处理器的用于自动化控制的数字运算控制器，可以将控制指令随时载入内存进行储存与执行。

⑦热继电器：利用电流的热效应原理，在出现电动机不能承受的过载时切断电动机电路，为电动机提供过载保护的保护电器。

⑧指示灯：通常用于反映电路的工作状态（有电或无电）、电气设备的工作状态（运行、停运或试验）和位置状态（闭合或断开）等。

⑨按钮：用来发布操作命令，接通或开断控制电路，控制机械与电气设备的运行。

⑩监测仪表：主要监测电压、电流、功率、功率因数和电能等参数的仪器。

2. 系统设计要点

为使农村生活污水处理设施的电气控制系统设计做到保障安全、节约电能、技术先进、经济合理和安装维护方便，应遵循电气控制系统设计与安装原则。

为了保障电气控制的正常运行并且易于维护检修，总体设计应尽量使整个电气控制系统集中紧凑，同时在空间允许的条件下，把发热元件和噪声振动大的电气部件，尽量放在离其他元件较远的地方或隔离起来；控制柜的总电源开关、紧急停止控制开关应安放在方便且明显的位置。

总体配置设计合理与否关系到电气控制系统的制造和装配质量，也将影响到电气控制系统性能的实现及其工作的可靠性，以及操作、调试、维护等工作的方便及质量。所以，电气控制系统设计要考虑全面，电气设计与安装除应严格按照国家相关标准与规范执行外，还应考虑如下要点。

（1）电器元件布置要点

①同一组件中电器元件的布置应注意将体积大的和较重的电器元件安装在电器板的下面，而发热元件应安装在电气控制柜的上部或后部，但热继电器宜放在其下部，因

为热继电器的出线端直接与电动机相连便于出线,而其进线端与接触器直接相连接,便于接线并使走线最短,且易于散热。

②强电弱电分开,并注意屏蔽,防止外界干扰。

③需要经常维护、检修、调整的电器元件安装的位置不宜过高或过低,人力操作开关及需经常监视的仪表的安装位置应符合人体工程学原理。

④电器元件的布置应考虑安全间隙,并做到整齐、美观、对称,外形尺寸与结构类似的电器可安放在一起,以利加工、安装和配线;若采用行线槽配线方式,则应适当加大各排电器的间距,以利于布线和维护。

⑤电气控制系统为了便于检查与调试,可把需经常调节、维护和易损元件组合在一起。

(2)电气部件接线图的绘制要点

电气部件接线图是根据部件电气原理及电器元件布置图绘制的,它表示成套装置的连接关系,是电气安装、维修、查线的依据。接线图应按以下原则绘制:

①接线图相接线表的绘制应符合《控制系统功能表图的绘制》(GB/T 6988.6—1993)的规定。

②所有电气元件及其引线应标注与电气原理图中相一致的文字符号及接线号。原理图中的项目代号、端子号及导线号的编制分别应符合《电气技术中的项目代号》(GB 5094—1985)、《电器设备接线端子和特定导线线端的识别及应用字母数字系统的通则》(GB/T 4026—1992)及《绝缘导线的标记》(GB 4884—1985)等规定。

③与电气原理图不同,在接线图中同一电器元件的各个部分(如触头、线圈等)必须画在一起。

④电气接线图一律采用细线条绘制。

⑤接线图中应标出配线用的各种导线的型号、规格、截面积及颜色要求等。

⑥部件与外电路连接时,大截面导线进出线宜采用连接器连接,其他应经接线端子排连接。

(3)电气控制柜体设计要点

电气控制装置通常都需要制作单独的电气控制柜、箱,其设计需要考虑以下几方面:

①根据操作需要及控制面板、箱、柜内各种电气部件的尺寸,确定电气箱、柜的总体尺寸及结构型式,非特殊情况下,应使电气控制柜总体尺寸符合结构基本尺寸与系列。

②根据电气控制柜总体尺寸及结构型式、安装尺寸,设计箱内安装支架,并标出安装孔、安装螺栓及接地螺栓尺寸,同时注明配置方式。柜、箱的材料一般应选用专用型材。

③根据现场安装位置、操作及维修方便等要求来设计电气控制柜的开门方式及型式。

④为利于控制柜箱内电器的通风散热,在箱体适当部位设计通风孔或通风槽,必要时应在柜体上部设计强迫通风装置与通风孔。

⑤为便于电气控制柜的运输,应设计合适的起吊钩或在箱体底部设计活动轮。

3.系统常见故障及识别

在农村生活污水处理设施的运行与管理中,电气控制系统一旦出现故障,将对整个设施的正常运行与达标排放造成影响,甚至造成设施设备的损坏与安全隐患。

对电气控制系统各环节状态进行监测,可采集到电气控制的状态数据,通过对这些数据的实时状态判别、联合比对分析及时段统计,可以对农村生活污水处理设施电气系统各环节设备的各类常见运行故障进行识别,从而为运维管理工作提供辅助手段。

（1）控制逻辑状态异常

电气控制逻辑状态判断是指分析电气控制系统各环节实际的逻辑状态,只要与设计的逻辑状态进行对比,就可以判断电气控制系统与相关设备运行是否正常。

①控制回路设备输出故障:回路设备输出故障是指在电气控制回路上的各元器件采集的监测指标直接故障输出,根据监测指标与该指标在规定时间区域的设计值或正常值范围进行比对,从而对指标状态进行判别。在设施运行过程中,常见的电气控制设备输出异常见表6-2。

表6-2　常见的电气控制设备输出异常

电气控制设备	故障识别方法	典型故障
逻辑控制器	逻辑控制器输出状态在设置的应运行时间未处于运行状态	PLC或控制系统逻辑程序错误、参数错误、计时器损坏、设备损坏等
断路器	断路器断开故障	线路错误、短路、人为关闭断路器等
热继电器	热继电器输出故障	动力设备故障、漏电等导致电流过载

②控制回路监测状态异常:控制回路输入输出状态异常是指对电气控制回路上的若干环节监测指标进行比对时,监测指标对应关系异常,通常表示控制回路出现问题。在设施运行过程中,常见的电气控制输入输出状态异常见表6-3。

表6-3　常见的电气控制输入输出状态异常

监测指标	联动指标	故障识别方法	典型故障
逻辑控制器输出状态	中间继电器状态	逻辑控制器输出与继电器状态不相符	断路器断开、控制线路故障、逻辑控制器或继电器等元器件损坏等
	接触器状态	逻辑控制器输出与接触器状态不相符	断路器断开、控制线路故障、逻辑控制器或继电器、接触器等元件损坏等
主用泵运行开关状态（接触器状态）	备用泵运行开关状态	主备泵应符合交替运行逻辑,如运行状态重叠则为故障	控制逻辑程序错误、参数错误、线路错误、元器件损坏等
主用风机运行状态	备用风机运行开关状态	主备风机应符合交替运行逻辑,如运行状态重叠则为故障	控制逻辑程序错误、参数错误、线路错误、元器件损坏等
液位状态（浮球、液位计等）	水泵运行开关状态	液位状态应与对应水泵运行状态相符,例如,高液位对应水泵开启,低液位对应水泵关闭	断路器关闭、元器件损坏、设备故障、热继电器跳闸、线路故障、逻辑状态错误等

③电气设备启停行为异常:对于各电气设备控制状态的数据判别,除了对实时状态进行判别外,还需对动力设备启停行为进行按时段统计,并对行为数据进行判别。以按日统计为例,在设施运行过程中,常见的电气设备启停行为异常见表 6-4。

表 6-4　常见的电气设备启停行为异常

监测指标	统计方式	故障识别方法	典型故障
水泵运行开关状态(接触器状态)	统计水泵日运行时长	水泵 24h 连续运行或运行时长大于设置的限制值	进水负荷过多、浮球故障、手动运行未恢复、控制逻辑或参数故障等
		水泵 24h 连续不运行或运行时长小于设置的限制值	进水负荷太小或无负荷、浮球故障、断路器断开、控制逻辑错误等
	统计水泵日开启关闭次数	日水泵开启关闭次数应小于预定义的限制值	浮球故障等导致水泵频繁开启关闭
主用水泵运行开关状态	备用水泵运行状态	主备泵应符合交替运行逻辑,如运行状态重叠则为故障	控制逻辑程序错误、参数错误、线路错误、元器件损坏等
主用风机运行状态	备用风机运行状态	主备风机应符合交替运行逻辑,如运行状态重叠则为故障	控制逻辑程序错误、参数错误、线路错误、元器件损坏等
液位状态(浮球、液位计等)	水泵运行状态	液位状态应与对应水泵运行状态相符,例如,高液位对应水泵开启,低液位对应水泵关闭	断路器关闭、元器件损坏、设备故障、热继电器跳闸、线路故障、逻辑状态错误等

(2)运行负荷异常

对电气设备的运行电流监测,可以得到设备运行的真实电流状态和运行功率负荷,结合设备的额定电流,可判别设备是否真实运行,并可设置上下限来判断设备运行有无过载欠载的情况发生,还可通过智能算法进行波形分析,来判断设备是否处于老化阶段,以及老化程度,提前给运维人员预警信息,做到及时检修维护。在设施运行过程中,常见提升泵运行负荷异常见表 6-5。

表 6-5　常见提升泵运行负荷异常

故障识别方法	典型故障
接触器开关状态输出时,运行无电流	水泵故障或线路故障导致设备未启动
接触器开关状态输出时,运行电流过小	可能发生磨损、堵塞等故障,设备无法正常运转或流量过低
接触器开关状态输出时,运行电流过大	可能发生负载过大、设备老化、电压低等故障
接触器开关状态输出时,运行电流变化波动过大	可能发生气体进入、叶轮故障、轴承损坏等故障

(3)执行效果异常

在农村生活污水处理设施中,电气控制系统控制泵和风机等动力设备,完成污水输

205

送、曝气、增氧等功能,如动力设备发生故障,则处理系统无法达到应有的处理效果。将设施工艺运行状况的监测指标进行联合诊断,可对电气系统与动力设备运行的执行效果进行判别。在设施运行过程中,常见的电气控制系统执行效果监测指标异常见表6-6。

表6-6 常见的电气控制系统执行效果监测指标异常

监测指标	联动指标	故障识别方法	典型故障
水流量	水泵运行开关状态(接触器状态)	接触器开关状态输出时,同管道无流量	水泵故障或线路故障导致设备未启动,或水泵空转
		接触器开关状态输出时,流量过小	可能发生漏水、堵塞、回流阀异常等设备或管路故障
风管压差	风机(气泵)运行开关状态(接触器状态)	接触器开关状态输出时,风压无变化	风机(气泵)故障、线路故障、阀门关闭或管路故障导致设备未启动,或风机(气泵)空转
		接触器开关状态输出时,风压过小	风机(气泵)故障、阀门故障或管路漏气导致设备不能正常运行
DO值	风机(气泵)运行开关状态(接触器状态)	接触器开关状态输出时,DO值保持过小	风机(气泵)故障、阀门故障或管路漏气、堵塞导致曝气不正常

4.系统安全防护

常见的有动力的农村生活污水处理设施均使用电气设备,但同时电气设备也存在安全隐患。电气设备的安全性能直接影响设施运行的安全状况,甚至引发安全事故。因此,在设计设施的安全防护时,应把电气设备的安全性放在重要位置并给予重点考虑。以下是常用电气安全防护要点与防护措施。

(1)电气安全防护要点

①电气设备的金属外壳要采取保护接地或接零。

②安装带漏电保护功能的自动断电装置。

③尽可能采用安全电压。

④保证电气设备具有良好的绝缘性能。

⑤采用电气安全用具。

⑥考虑设立屏幕保护装置。

⑦保证人或物与带电体的安全距离。

⑧定期检查用电设备。

(2)常见电控箱安全防护措施

①确保电气控制柜中所有设备接地良好,使用短和粗的接地线连接到公共接地点或接地母排上。

②电气控制柜低压单元、继电器、接触器可使用熔断器加以保护。

③确保电气控制柜中的接触器有灭弧功能。

④电机电缆应与其他控制电缆分开走线。

⑤为了有效抑制电磁波的辐射和传导,变频器的电机电缆必须采用屏蔽电缆。

⑥电气控制柜应分别设置零线排组及保护地线排组。

⑦不能将装有显示器的操作面板安装在靠近电缆和带有线圈的设备旁边。

⑧功率部件(如变压器、驱动部件、负载功率电源等)与控制部件(继电器控制部分和可编程控制器)必须分开安装。

⑨电气控制柜的风道要设计合理,排风通畅,避免在柜内形成涡流,在固定的位置形成灰尘堆积。

⑩根据控制柜内设备的防护等级,需要考虑控制柜防尘以及防潮功能。

5.系统安装要点

农村生活污水处理设施电气控制系统的安装建设应做到安全、可靠,符合设计与运行的相关要求。电气控制柜的安装要点如下:

①柜本体外观检查应无损伤及变形,油漆完整无损。

②柜内部检查电器装置及元件都齐全,无损伤、裂纹等缺陷。柜内接线应整齐,满足设计要求及规定。

③挂墙式的控制柜可采用膨胀螺栓固定在墙上,但空心砖或砌砖墙上要预埋燕尾螺栓或采用对拉螺栓进行固定。

④落地式的控制柜应水平牢固,不得偏斜晃动。

⑤控制柜安装位置要避免阳光直射、避免溅水、避免潮气,并且前方有充裕的操作空间。

⑥控制柜柜体应接地良好,可采用铜线将柜内 PE 排与接地螺栓或接地棒可靠连接。

6.系统运行维护

(1)电气控制柜保养要点

为保障污水处理设施的长效运行,提高处理效率,确保相关设备可以正常运行使用。检查并及时处理供配电设备隐患,实现设备在良好的条件下运行,所以需要对相关电气设备进行定期维护保养。常规保养工作要点包括:

①定期检查各柜内是否有虫鼠活动的痕迹,应定期进行诱杀。

②检查各警告牌、检修牌摆放位置是否正确。

③检查应急工具、灯具是否齐全、正常。

④做好各柜体的保洁除尘工作。

⑤检查各柜体的风扇工作情况。

⑥电器仪表应外表清洁,显示正常,固定可靠。

⑦控制回路应压接良好、标号清晰、绝缘、无变色老化。

⑧指示灯、按钮、转换开关应外表清洁,标志清晰,牢固可靠,转动灵活。

⑨母线排应清洁,压接良好,色标清晰,绝缘良好。

⑩柜对地测试应接地良好。

(2)常见电气元器件的监测与维护

对电控箱内各类电气元器件,也应定期检查,消除安全隐患。常规电气元器件的保养要点如下。

①防雷器的维护保养

检查接线是否正确紧固,有无过热老化、松脱虚接现象,如果有则应更换。检查分离开关有无动作,是否有烧损变形。检查指示灯在正常或故障时指示是否正确。检查紧固部件(如基座、罩盖、铆钉、螺栓等)连接是否可靠。每年雷雨季节前,应按防雷设备要求由专门机构进行检测。清洗表面灰尘,消除运行中的常规性缺陷。检查接地线、接地体连接是否可靠、有无锈蚀,测量接地电阻是否合格。

②交流接触器的维护保养

应及时清理交流接触器的外部灰尘。检查交流接触器上的各紧固件是否有松动,特别是重要的导体连接部分,避免因导体的接触松动而使交流接触器发热。认真检查交流接触器的动、静触点位置是否正确。检查交流接触器的触点磨损情况。测量交流接触器的相间绝缘电阻,且电阻值不低于 $10M\Omega$。检查交流接触器的辅助触点动作是否灵活,触点行程是否符合规定值,检查辅助触点有无松动脱落现象。

③中间继电器的维护保养

清洁内部灰尘,如果铁心锈蚀,应用铜丝刷将其刷净,并涂上银粉漆。各金属部件和弹簧应完整无损,无变形,否则应予以更换。动、静触头应清洁、接触良好,若有氧化层,则应用铜丝刷将其刷净;若有烧伤处,则应用细油石打磨光亮。动触头片应无折损,软硬一致。各焊接头应良好,如为点焊者应重新进行锡焊,压接导线应压接良好。

④热继电器的维护保养

应检查热继电器有无过热、异味及放电现象。检查各部件螺丝有无松动、脱落及接触不良,表面有无破损及清洁与否。清扫卫生,查修零部件,测试绝缘电阻应大于 $1M\Omega$,通电校验。动作机构应正常可靠,可用手扳动 4～5 次观察之,复位按钮应灵活,调整部件,不得松动。热继电器接线螺钉要拧紧,触头必须接触良好,盖子应盖好。

⑤断路器的维护保养

应及时检查断路器主触头磨损程度。应及时检查、清洁断路器灭弧室、操作机构、传动机构、主接线、控制回路接线等。

6.2.4　运行监测系统

1.系统基本内容

农村生活污水处理设施的运行监测方面的发展较为迟缓,只有少数较发达地区处理设施配备了基础的动力设备监测(泵、风机)、水量监测(流量计等)、安全监测(门禁安防等）。但随着对设施信息化需求的逐步提升，已经对在线水质监测和运行状态监测提出了新的需求。现场运行监测系统一般包括动力设备监测、水量监测、水质监测（本部分主要指在线水质监测）、运行状态监测、安全监测五部分，见表 6-7。除此以外，还包括响应数据采集的物联网网关。

表 6-7 农村生活污水处理设施主要运行监测项目

运行监测系统	监测项目	一般监测位置
动力设备监测	泵、风机	调节池/好氧池
水量监测	流量	进水管（进水提升泵后）/出水管
水质监测	化学需氧量（COD_{Cr}）	调节池/出水井
	总磷（TP）	调节池/出水井
	氨氮（NH_3-N）	调节池/出水井
	总氮（TN）	调节池/出水井
	酸碱度（pH）	调节池/出水井/厌氧池/缺氧池/好氧池
	悬浮物（SS）/浊度	调节池/出水井
	电导率	调节池/出水井
运行状态监测	液位	调节池
	氧化还原电位（ORP）	调节池/出水井/厌氧池/缺氧池/好氧池
	溶解氧（DO）	好氧池
	悬浮污泥浓度（MLSS）	厌氧池/缺氧池/好氧池
安全监测	视频/照片	整体
	断电监测	电箱

2.动力设备监测

泵与风机是农村生活污水处理设施最常见的动力设备，在污水输送、曝气、加药及排泥等过程中被广泛使用。

动力设备监测的作用是监测设备运行工况是否按照设计要求运行，防止设备故障导致设备不运行或违规运行、出水不达标、池体溢出等后果。对设施动力设备运行工况进行实时监测，一旦出现相关问题，立即对问题进行告警。

设备运行：在线监测水泵和风机等动力设备的运行状态，包括启、停、过载、欠载等，保障设备按照设计要求运行。当动力设备产生电流过大、运行时间过长、启停频率过高时，产生告警。同时，对每个设备的能耗进行独立计算与分析，从而通过撤换和减少高耗能设备，降低整体设施的吨水处理能耗。当日设备电流过大或过小、日能耗过大或能耗过小时，产生告警。

设备控制：有条件的地区要提供设备远程控制功能，能根据运行要求远程控制设备启停、及时切换可能发生故障的设备或批量调整运行模式与策略，以应对进水状况及季节等环境变化,从而保障设备正常运行,降低能耗,并延长设备使用寿命。当设施进水发生变化时,通过自动或人工修改运行策略,达到保障出水达标、降低运行能耗的目的。

3. 水量监测

水量监测设备,目前应用于农村生活污水处理相对较多的在线流量计是电磁流量计和超声波明渠流量计。

水量监测的作用主要是防止污水来源变化或管网问题导致进水水量超出设计范围,引起设施超负荷运转、出水不达标,或者缺水导致设施运行负荷过低造成设备空转。

对设施流量进行实时监测,包括瞬时流量和累计流量。当瞬时流量过大或过小、日处理水量过小或超过设施设计日处理水量相应系数值时,产生告警。对于不便安装流量计的站点,可基于水泵功率、水位差、管道参数及水泵的运行时长,用现场测控终端进行模型计算,得出站点参考水量值。

4. 水质监测

农村生活污水处理设施水质在线监测一方面是防止超设计范围的污水进入设施,可能引起设施超负荷运行、无法达标排放甚至设施损坏。另一方面是防止出水超标排放,对周边环境造成污染。一旦水质指标超过设计规范,应立即产生告警,指导设施对运行模式进行调控或对运行参数进行更改。

对于有条件的重点设施,可安装水质在线监测仪。在线监测指标一般包括 pH、COD、氨氮、总氮、总磷、悬浮物(SS)/浊度等。对于条件受限不能安装在线水质监测仪的处理设施,可以安装电导率仪粗略估计水质状态。

5. 运行状态监测

运行状态监测设备,包括监测池体水位的液位设备,以及监测其他运行状态的氧化还原电位仪、溶解氧仪、悬浮污泥浓度计等。

液位监测的作用主要是监测调节池的液位,为提升泵的启停提供依据,同时防止水位过高污水溢出。目前,应用较多的液位监测设备是浮球液位开关或超声波液位计,浮球液位开关只能监测高低液位,廉价而精度较低。超声波液位计可连续监测液位高度,精度高且价格和维护要求亦高。两者均可以设定监测阈值对超高水位和超低水位进行告警。

池体内氧化还原电位、溶解氧、悬浮污泥浓度等是用来指示判断各池体的厌氧、缺氧、好氧环境是否正常,防止生物反应单元过度曝气或曝气量不足,污泥浓度高或低等,应该同步对风机的风管风压进行阈值监测。

6. 安全监测

设施安全监测主要是门禁安防、图像或视频、断电等。

门禁安防设施设备是安全防盗的第一道屏障,可采用电磁感应门禁系统、自动声音报警系统及系统提示报警模式,对非法闯入者进行声光报警,并在管理系统设置非法闯入报警。对持卡合法进入的管理人员和维保人员自动记录进入时间、进入时长以及离开时间,可自动生成运维记录备查。

图像或视频作用是及时掌握设施环境是否遭到破坏、是否出现脏乱等情况。一般来说,处理规模为 30m³/d 及以上的处理设施建议安装远程视频监控。对其他处理设施,可安装工业相机,通过平台端实现远程图像抓拍,包括每日定时抓拍和手动抓拍。

断电监测作用是防止断电未处理导致设施未运行或设备运行故障。当发生设施断电时,应能立即产生告警。

7. 物联网网关

物联网网关是连接现场运行监测系统与通信网络的纽带,可以实现不同类型监测系统网络之间的协议转换。它既可以实现广域互联,也可以实现局域互联。此外,物联网网关还具备设备管理功能,运营商通过物联网网关设备可以管理底层的各监测系统节点,了解各节点的相关信息,并实现远程控制。以物联网网关构建的物联网典型拓扑示意见图 6-3。

图 6-3 以物联网网关构建的物联网典型拓扑示意

常见物联网网关系统功能如下:

(1)接入能力

现在国内外已经在开展针对物联网网关的标准化工作,如第 3 代合作伙伴计划(The 3rd Generation Partnership Project,3GPP)、传感器工作组,实现各种通信技术标准的互联互通。

(2)管理能力

对网关进行管理,如注册管理、权限管理、状态监管等。网关实现子网内节点的管理,如获取节点的标识、状态、属性、能量等,以及远程实现唤醒、控制、诊断、升级和维护等。由于子网的技术标准不同,协议的复杂性不同,所以网关具有的管理能力也不同。采用基于模块化物联网网关方式来管理不同的感知网络、不同的应用,保证能够使用统一的管理接口技术对末梢网络节点进行统一管理。

（3）协议转换能力

应具备从不同的感知网络到接入网络的协议转换、将下层标准格式的数据统一封装的能力。保证不同运行监测系统的协议能够变成统一的数据和信令的能力。将上层下发的数据包解析成运行监测系统协议可以识别的信令和控制指令的能力。

6.3　智慧管理系统通信网络端

农村生活污水处理设施现场端所采集的数据通过网络覆盖的通信信号与数据网关对接，然后利用网络通信技术将数据转换成网络数据链，传输到平台管理系统。平台管理系统对各设施所采集的信号进行综合算法分析后，将设备运行调控信息回传，达到实时交互通信的功能。

6.3.1　农村生活污水处理设施通信网络特点和基本要求

由于我国农村生活污水处理设施分布广，且所处地形复杂，很多无人值守的设备和监测节点在应用有线通信网络的同时，更适合无线通信技术。随着中国三大通信运营商联通、移动、电信的发展，4G 网络的建设已经基本实现全国建制村的全覆盖。然而，仍有部分山区农村，通信网络存在基础设施落后、覆盖程度不足、通信信号差的问题。因此，需要综合考虑农村地区通信网络建设程度，针对污水处理设施的分布特点进行设计与建设，具体通信方式选择应遵从如下总体要求：

（1）数据传输可靠，安全性好。

（2）网络覆盖面广、传输距离长。

（3）初建投资费用低廉，维护简单方便，运行成本低。

6.3.2　通信传输方式

为实现对农村生活污水处理设施高效的数据采集和实时监测，选用合适的远程传输方式起到至关重要的作用。通信传输方式主要有以下几种。

（1）无线数传电台。它是借助无线电技术和数字信号处理技术实现的高性能数据传输电台。它的工作频段范围广，且有效覆盖半径大，目前已广泛应用于气象、电力、航空航天等各个领域。但其缺点是节点的造价高，且没有统一的通信标准协议，大部分厂商提供的无线数传电台都互不兼容。

（2）GPRS（通用分组无线服务技术）。它是 GSM 的延续，其传输速率可提升至 $56\sim114\mathrm{Kbps}$，是 GSM 的四倍以上。GPRS 以封包（Packet）方式进行数据传输，因此，计费方式是以传输资料单位计算，这对用户来说可大大降低使用成本。GPRS 内置 TCP/IP 协议透明传输，常用于长距离通信或控制。目前，随着新技术的发展与应用，部分运营商已经对 2G 网络开始实施退网,转向更高速的无线网络技术。

(3)第四代移动通信技术(4G)。4G 技术包括 TD-LTE 和 FDD-LTE 两种制式,目前普及率较高、费用较低。它集 3G 与 WLAN 于一体,传输速率比 3G 高,推荐使用。

(4)5G 网络。它所指的就是在移动通信网络发展中的第五代网络,在实际应用过程中表现出更强的功能,并且理论上其传输速度每秒能够达到数十 GB,这种速度是 4G 移动网络的几百倍。但 5G 网络目前在农村地区的普及率仍较低,需进一步建设与发展。

(5)窄带物联网(Narrow Band Internet of Things,NB-IoT)。NB-IoT 是 IoT 领域一个新兴的技术,支持低功耗设备在广域网的蜂窝数据连接,也被叫作低功耗广域网(LPWAN)。NB-IoT 构建于蜂窝网络,是一种可在全球范围内广泛应用的新兴技术。其具有覆盖广、连接多、速率低、成本低、功耗低等特点。到 2020 年底,NB-IoT 网络已实现县级以上城市主城区普遍覆盖,但在农村地区的覆盖程度,仍然有待发展。

(6)有线网络。有线网络指的是采用有线传输介质来传输数据的网络,常用传输方式包括双绞线(网线)、光纤等。自 2000 年以来,我国有线网络发展势头十分迅猛,不仅城市有线网络发展很快,在农村特别是经济比较发达的地区,有线网络也在快速发展,并基本完成了集中居住区的基本覆盖。但是,受限于农村地区的现实状况,相对城市网络而言,存在着线长、面广、用户分散等特点。

与无线网络相比,有线网络存在传输速率高、稳定性好及安全性高的优势,但农村地区分布较广,个别点位布线相对困难,运行费用通常采用包月形式。

总体而言,3G/4G 技术作为中国运营商建设的公网,覆盖范围广、无建网初期费用、按流量计费等优点符合农村污水处理设施通信网络数据远程传输的技术要求。因此,推荐采用 3G/4G 无线网络作为主要的远程传输方式,再结合有线网络,形成可靠、高效的系统传输网络。

6.3.3 系统组网方式

1.公用网络

公用网络是指一般由网络服务提供商建设,供公用用户使用的通信网络。公用网络的通信线路是共享给用户使用的,通常是连接不同地区局域网或城域网计算机通信的远程广域网,跨接很大的物理范围。它能连接多个国家(地区),或横跨几个洲并能提供远距离通信,形成国际性的远程网络。虽然,公用网络并不完全等同于互联网,但公用网络常用来指代互联网。

同时,公共网络是相对于内网或专网而言的。内网或专网的计算机得到的 IP 地址是 Internet 上的保留地址,而公共网络中的计算机得到的 IP 地址是因特网的公用地址,是非保留的地址。公共网络的计算机和 Internet 上的其他计算机可随意互相访问。

2.专用网络

专用网络通常用来进行两个以上内网间的专用线路连接,这种连接是两个内部网之间的物理连接。专线是一直连通的,这种连接的最大优点就是安全。除了合法连入专用网络的企业外,其他任何人和企业都不能进入该网络。所以,专用网络保证了信息流的安全性和完整性。

专用网络的最大缺陷是成本太高,因为专线相对昂贵。每对组成专用网络的独立内网都需要一条专线把它们连到一起。例如,若想通过专用网络与7个外部站点建立外部网连接,必须支付7条专线的费用,因此,增加专用网络的数目很困难、昂贵且耗时。

3.虚拟专用网络(VPN)

虚拟专用网络(VPN)是指依靠 Internet 服务提供商(ISP)和网络服务商(NSP),在公用网络中建立专用的数据通信网络的技术,在各类行业系统网络中应用广泛。VPN可通过服务器、硬件、软件等多种方式实现。随着网络的逐年发展,VPN 技术给用户带来了诸多好处,应用非常普遍。随着国内网络带宽的逐渐改善,具备很多优点的 VPN在国内也展开了如火如荼的应用。VPN 的技术特点包括:

(1)动态性。在 VPN 中,任意两个节点之间的连接没有传统专用网所需的端到端的物理链路,而是利用某种公众网的资源动态组成。

(2)安全性。所有的 VPN 方式均可保证通过公用网络平台传输数据的专用性和安全性。在非面向连接的公用 IP 网络上建立一个逻辑的、点对点的连接,通过建立一个隧道,利用加密技术对经过隧道传输的数据进行加密,以保证数据仅被特定的发送者和接收者了解。

(3)高质量。可为系统数据提供不同等级的服务质量保证(QoS)。不同的用户和业务对服务质量保证的要求有较大的差异,并可通过流量预测与流量控制策略,按照有限级分配带宽资源,实现带宽管理,使得各类数据能够合理地被先后传输,预防阻塞的发生。

(4)可扩充性和灵活性。VPN 能够支持通过在 Intranet 和 Extranet 的数据流,方便增加新节点,并支持多种传输媒介。

(5)便捷性。在 VPN 管理方面,可便捷地建立 VPN 管理系统。VPN 支持安全和加密协议,如 SecureIP(IPsec)和 Microsoft 点对点加密(MPPE)。

综上所述,使用 VPN 可在公有网络上安全的实现虚拟专网。在租用线路成本、主要设备成本、移动用户通信成本等方面均具有优势,且扩展能力较强。另外,借助 VPN,系统可以利用 ISP 的设施和服务来完全掌握自己网络的控制权。因此,在有条件的区域,推荐采用 VPN 进行农村生活污水运维管理平台的网络组建。

6.3.4　通信网络的软硬件系统

1.通信网络的硬件结构

通信网络的硬件结构包括数据采集模块和无线传输模块,综合完成数据采集通信功能。

信号采集器的设计主要依据现场各类仪表提供的通信接口。功能是采集现场监测系统的数据信息,需要与现场的监测系统进行通信,因此,其硬件电路板必须具备和现场监测系统相同的通信接口。农村生活污水处理设施的现场仪表输出信号一般为RS485 信号和 4～20mA 电流信号,在设计时硬件电路板需要配置 485 总线接口,4～20mA 接口,同时为匹配不同的运行监测系统,还需预留脉冲信号接口、232 接口等。

数据传输模块作用是将采集的数据上传到平台端服务器,并接收服务器下发的指令,以达到修改参数的目的,相关设计需要考虑到无线传输的稳定性和可靠性。其微处理器将每次采集到的完整数据按照预先定义的协议格式封装成一个数据包,发送到无线传输模块上。每个污水处理设施都配有一个传输模块,每个无线传输模块内含有唯一的 ID,服务器根据 ID 来判断数据来源于哪一个污水处理设施。常用通信网络的硬件结构见图 6-4。

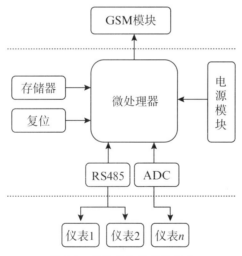

图 6-4　通信网络的硬件结构

2.通信网络的软件系统

通信网络的软件系统要实现现场设备与系统数据之间的通信、将采集到的数据进行计算处理和格式转换以及通信模块和平台服务器之间的无线远程传输等功能。根据功能需要,可将程序划分为初始化模块、RS485 通信模块、ADC 采样模块、数据处理模块、数据存储模块和 GSM 通信模块。通信网络的软件结构见图 6-5。

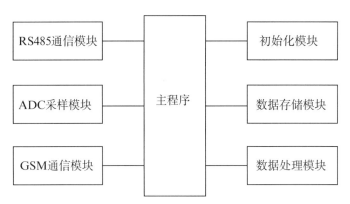

图 6-5　通信网络的软件结构

软件系统执行流程见图 6-6。

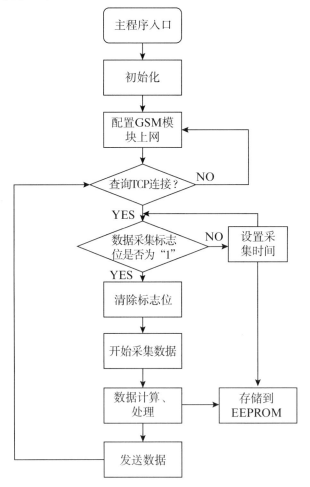

图 6-6　软件系统执行流程

系统上电后,首先执行初始化操作,主程序的初始化函数包含以下几个子函数:各模块的初始化函数,配置定时器功能,从 EEPROM 中读取工艺参数和断电前的工作状态。初始化完成后就开始通过 USART 串口向通信模块发送 AT 指令配置其上网,当通信模块与指定地址的服务器建立 TCP 连接后,等待到达设定的采集时间后,定时器产生定时中断,在定时中断中,将数据采集标志位置设置为"1";中断处理完毕跳回到中断产生之前的主程序中,当检测到采集标志位后,先清除标志位再开始采集 485 信号和 4～20 mA 信号数据,并将数据解析计算后,主程序一方面将数据存储到 EEPROM 中,另一方面将数据整理成一包指定格式的数据帧发送至通信模块,然后通信模块会自动将数据发往上层的服务器;完成整个过程后,重新开始下一次数据采集过程。

6.3.5　网络安全技术

系统的高可靠性和稳定性是监测仪器、网络系统、数据系统正常运行的首要条件,因此在网络结构设计上,要保证网络的高可靠性、稳定性,可以提供不间断服务。系统可通过合理部署安全防御系统(如防火墙、入侵检测等),并通过统一安全管理服务平台等手段实现对各种不同的安全防御设备的统一管理、配置、监控、分析等,提供全面的、基于统一安全策略的网络安全防御,避免来自各个不同目的的攻击、干扰和非法访问问题。

6.4　智慧管理系统平台端

农村生活污水处理设施智慧管理平台是基于互联网、物联网、自动控制、地理信息、大数据等技术对设施运行进行实时感知、全程监控和集中管理的技术手段,可有效提升农村生活污水处理设施运行监管的可视化、智慧化和专业化水平,促进部门之间的信息共享和业务协同,从而实现对区域内连片整治的农村生活污水处理设施的集中监控管理。

6.4.1　平台需求与设计原则

农村生活污水处理设施管理平台是一个复杂的信息系统。它不同于常见的市政污水厂在线监测和控制平台,不仅监控设施的点位数量和动态性远远大于后者,而且需要与现场端设备建立实时通信连接,并进行诊断分析和动态管理。此外,在平台功能设计上,还需要同时满足企业对于设施运维管理和政府部门对于下级单位监督考核的需求。因而,该平台的需求特点与设计原则都有其特殊性。

1.平台需求

(1)企业运维平台

运维企业是农村生活污水处理设施的直接管理者,其对平台的需求主要聚焦于满足企业运维工作的外业和内业。一方面,能够实现设施信息数字化,通过对设施用电量、水质、水量等参数的实时监测、分析,实现设施运行状态的及时感知和预警,定期生成报告推送相关运维管理人员,并做好数据备份。另一方面,能够协助企业高效规划各项资源,优化编制运维活动计划,帮助企业科学决策,实现智能化管理。此外,企业运维平台还需预留与主管部门的数据接口,确保处理设施运维数据能够上传到政府监管平台,方便政府监管。

（2）政府监管平台

政府监管平台除了需要具备企业运维平台基本的设施信息收集、统计、展示等功能,方便主管部门摸清家底、掌握本区域的农村污水处理设施信息资源和当前投入远程监控的设施运行情况以外,更重要的是针对农村生活污水处理设施的运维管理特点,内嵌大数据分析、动态考评管理等功能模块,实时统计分析包括水质、水量、设备、用电等在内的设施运行数据,为政府部门科学决策提供支撑数据。此外,政府主管部门还需针对平台关键数据进行备份数据库的建设,以防止运维企业变更影响政府监管平台对设施基础信息的收集和更新,进而影响对农村生活污水处理工作的监督考核。

2.设计原则

（1）规范性

平台的设计应符合国家和行业的相关标准规范。

（2）统一性

平台应实现对所辖区域农村生活污水设施集中监管及相关数据的统一管理,从而满足平台未来接入更高级别监管平台及其他平台的应用。

（3）共享性

鼓励采用云平台结构,充分利用已有的政务云基础设施,将农村生活污水处理设施智慧管理平台建设与当地电子政务网络、大数据系统等相关信息化项目建设统筹规划。整合各类涉及农村生活污水信息,尤其是要考虑企业运维平台与各级政府监管平台之间数据的互联互通,因而需要制定统一的数据开放接口,即开放应用程序的编译接口。通过开放接口,平台各业务系统之间可以进行复杂的数据交互,高效管理和调用各类资源,也能避免重复建设,防止形成新的"信息孤岛",有效降低平台建设成本。

（4）安全性

平台应按照网络安全等级保护规范,开展定级保护工作。一方面,采用认证等必要措施,保证接入平台的设备、系统和用户使用的安全性;另一方面应采取适当的措施保证信息传输过程的安全性。

（5）易操作性

平台设计应充分考虑操作人员的特点,提供清晰、简洁、友好的人机交互界面,使业务操作简单、快捷,流程清晰。

（6）可扩展性

平台应充分考虑今后技术的发展和平台规模的扩充,在设计中留有一定的扩展度,以满足今后发展的需要。在功能设计方面,应采用模块化设计,将相关功能模块化,便于系统在业务功能上升级扩充;在数据交换方面,平台应留有面向外部系统的标准接口,以实现与其他系统的数据交换,保证系统按需求扩展。

（7）易维护性

平台应具有强有力的系统管理手段，可方便地对系统资源进行集中配置与调整。系统应支持集中、统一的管理视图和图形化管理界面，能够实时监视设备的工作状况；系统各部分应具备相应的软硬件自检、故障诊断和安全保护措施，并有利于用户从事简单的现场维护。

6.4.2 平台架构

1.总体架构

农村生活污水处理设施智慧管理平台总体架构包括 6 个层次、2 个保障。6 个层次即基础设施层、业务感知层、网络传输层、数据资源层、支撑服务层、智能应用层。2 个保障即技术规范及要求和安全体系与管理机制，其逻辑关系见图 6-7。

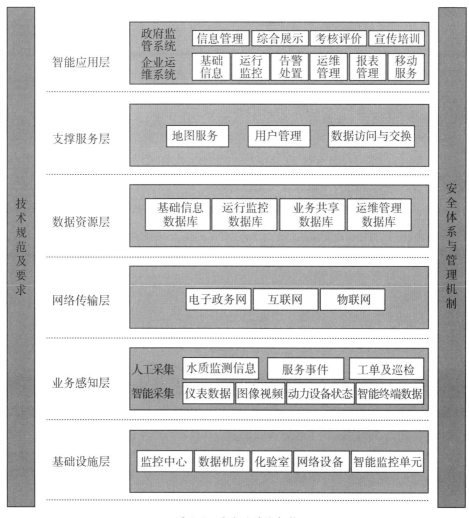

图 6-7 平台端总体架构

基础设施层:是平台建设的基础保障,为平台提供通信网络、运行环境、数据支持等,包括监控中心、数据机房、化验室、网络设备、智能监控单元等。

业务感知层:由液位、水质、流量、电能、压力传感器,动力设备状态监测、视频图像传感器等各种在线仪器仪表以及移动采集终端组成,实现对农村污水处理设施运行情况的全面感知及信息采集。

网络传输层:采用电子政务网、互联网、物联网等通信网络,为平台提供可靠、安全、稳定的数据传输保障。

数据资源层:是智能化管理平台的核心,存储设施运行管理相关的静态和动态信息,包括基础信息数据库、运行监控数据库、业务共享数据库、运维管理数据库等,是企业运维系统、政府监管系统等业务应用的基础。

支撑服务层:主要由企业运维系统、政府监管系统等业务共用的通用工具和通用服务组成。在面向服务体系架构(service-oriented architecture,SOA)下,应用支撑服务主要提供通用工具和支撑服务两类。其中,通用工具主要有企业服务总线(enterprise service bus,ESB)、数据库管理系统(database management system,DBMS)、地理信息系统(geographic information system,GIS)、报表工具等。支撑服务主要有统一地图服务、统一用户管理、统一数据访问、统一目录服务、数据交换与共享服务等。

智能应用层:是平台的主要业务内容,支撑农村污水处理设施企业运维和政府监管两大核心业务工作开展。在应用支撑服务支持下,企业运维系统至少应支持基础信息管理、运行监控、报警处置、运维管理、报表管理、移动服务等。政府监管系统应支撑信息管理、综合展示、监督监管、考核评价、培训宣传、移动应用等,需要其他相关业务信息的,可通过业务协同实现信息共享或共建共享。

2.数据库构建

(1)基本要求

农村生活污水处理设施信息数据库是支撑农村污水处理智慧管理平台应用的基础,为了实现与上级平台及其他业务的信息共享和业务协同,数据库设计与建设应遵循以下要求。

①应采用面向对象方法,建立相关数据模型,并贯穿农村生活污水处理设施相关业务数据库设计建设的全过程,实现平台相关数据时间、空间、属性、关系和元数据的一体化管理。

②应按照国家、生态环境部、住房和城乡建设部等有关标准,采用统一对象代码编码规则,确保对象代码的唯一性和稳定性,为各类智慧平台提供规范、权威和高效的数据支撑。

③应按照平台对象生命周期和属性有效时间设计全时空的数据结构,保障各种信息的历史记录可追溯。

(2)属性数据库

属性数据库主要用来存储平台对象及其属性信息,其数据库结构主要包括以下几个方面。

①平台对象数据表结构,按类存储系统内对象状态信息。

②平台对象基础数据库表结构,按类存储系统内对象基础信息识别和区分不同对象。

③平台主要业务数据库表结构,按类存储管理相关业务信息。

④平台对象关系数据库表结构,存储系统内不同对象之间的关系。

⑤平台元数据库表结构,存储系统内提供描述数据属性或支持数据组织等功能的元数据信息。

（3）空间数据库

空间数据库主要用来存储包括遥感影像数据、辖区基础地理数据、平台对象空间数据、平台专题数据等。主要内容与技术要求如下：

①遥感影像数据主要包括原始遥感图像、正射处理产品等。

②基础地理数据包括居住地及设施、交通、管线、境界及行政区、地形地貌、植被与土质、地名等内容。

③平台对象空间数据主要指行政区划数据、污水处理设施监控点数据、地下排水管网数据、污水处理管理机构数据、河流水域数据等。

④平台专题数据主要指污水处理设施运行管理考核评价数据。

⑤空间数据库采用北斗系统的 CGCS2000 国家大地坐标系,坐标用经纬度表示,高程基准采用 1985 国家高程基准,地图分级遵循《地理信息公共服务平台电子地图数据规范》(CH/Z 9011—2011),地图服务以 OGC WMTS、WMS、WFS、WPS 等形式提供。

（4）实时监测数据库

实时监测数据库主要指更新频率比较高的一些实时数据,一般包括视频监控数据,泵站、闸门等设备实时工情数据,进出水口流量监测数据,能耗、水质、水量等实时数据以及实时报警数据。这些数据更新频率高,需要保存历史数据供异常报警处理、趋势预测分析之用,是农村污水处理设施管理的重要资料。

（5）业务共享数据库

业务共享数据主要包括,水环境监测数据、污染源、排污口、地下排污管网、水量和水质监测等。该类数据通常通过与已有业务系统间交换接口的共享方式获取。数据接口设计应遵循相关接口规范要求。

3.数据共享

农村生活污水治理主管部门应主导建立省、市、县监管服务平台间,以及企业运维平台与政府监管平台之间的数据共享和逐级上传报送机制。各类智慧管理平台应按照数据接口规范提供通用数据接口进行数据报送和交换,见图6-8。

（1）报送原则

①真实性原则。坚持真实、准确、及时和可追溯的数据管理原则。

②原始一致性原则。原始数据应当经过审核。原始数据或真实副本应当按照规定

的期限保存或备份留存,且在保存期内应当容易获得和读取。

③历史一致性原则。新增信息的关键字段等须和在库信息保持一致。

④规则一致性原则。字典、编码应遵循统一管理要求。

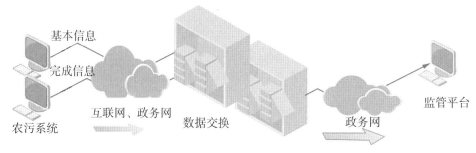

图 6-8　数据向上报送示意

(2)报送责任

按照承诺制原则,数据报送方对数据的真实性、安全性负责。数据报送方须妥善保管监管平台授权许可信息,并在数据报送环节定岗定人。

(3)数据分类

报送数据主要为结构化数据,同时支持图片、文件等非结构化数据报送,一般情况下图片大小不超过 2M,文件大小不超过 5M。文件格式优先采用 PDF 格式。

(4)报送频次

按照接口规范要求,不同的接口在报送频次和报送数据集上有明确要求。报送频次一般分为实时、按天、按月、按年,报送数据集一般分为全量报送、增量报送。数据报送方需严格按照要求进行数据报送。

(5)报送趋势

按照管理要求,通过数据锁定、关键数据审核、数据碰撞等手段逐步强化数据报送的及时性、准确性和规范性。

4.系统安全

平台系统安全是整个系统可靠运行和进行安全防范的基石。系统安全设计需要在统一设计的原则下,在不同的安全层次,在预防、检测和恢复等各个阶段,确保系统持续稳定运行,防止信息被损坏、泄露或被非法修改。系统安全体系结构分为以下五层。

(1)网络安全

在网络安全方面,平台系统的安全概念已经不仅仅是对信息的保护,更是对整个信息和网络系统的保护和防御。因此,不仅包括计算机信息存储的安全性,还要考虑信息传输过程的安全性。具体来说,网络节点处的安全和通信链路上的安全共同构成了网络系统的安全。相关技术详见 6.3.5 节。

(2)操作系统级安全

操作系统级安全是整个系统安全中的第一层保护。它是利用网络操作系统本身的安全机制来实现的,保证只有合法的、授权的用户才能上网,才能登录到服务器。

（3）用户级安全

用户级安全是整个系统安全中的第二层保护。它保证每个授权用户只能操作其权限所允许的功能模块或业务。用户在使用时，系统将从用户安全性列表中读取该用户的权限标识符、用户级别。系统根据用户权限和级别决定用户所拥有的功能和对象的可操作性。用户安全性列表是根据用户的身份、所从事的业务来决定其拥有的权限属性。用户所拥有的权限属性不同，进入系统后用户所面对的功能树就不同，他所能操作的功能模块也就不同，从而实现根据用户权限自动裁剪功能树的目的。

（4）模块级安全

模块级安全是整个系统安全中的第三层保护。它保证授权用户在进入某一功能模块后，只能做其用户级别所允许的操作。用户安全性列表中的用户级别是用户拥有的某一具体权力属性的使用级别。使用级别由低到高，用户对该模块的操作权力也就由小变大，随着级别的变化，用户所面对的操作界面也会自动裁剪变化。譬如说，该用户对本职业务功能是高级使用者，但对相关业务功能则可能只是普通使用者，对这些模块的修改与删除功能就会对他屏蔽，相应控件也会不可见。

（5）数据库级安全

数据库级安全是系统安全体系设计中最核心的一道屏障。数据库级安全遭到破坏的情况主要有三种：第一，数据向未授权用户泄露，或被未授权用户改动。第二，一些合法用户在获得信息时得到权限以外的信息。第三，由于一些具有合法权限用户的误操作，破坏了数据库中的数据。因此，系统用户密码需使用不可逆加密算法（如 MD5），保证用户密码安全。

6.4.3　平台主要功能

智慧管理系统平台端功能设计的好坏将直接影响农村生活污水处理设施的智慧管理效果。企业智慧运维平台和政府智慧监管平台作为两种最主要的农村生活污水管理平台，虽然具体功能需求有所不同，但共同点都是要运用统一的软硬件体系整合区域内涉及农村生活污水处理设施的各类信息资源，构建各类应用功能子系统，达到高效管理农村生活污水处理设施的目的。

1.智慧管理平台主要功能

目前，两类智慧管理平台主要功能均包含基础信息管理、运行监控、运维管理、数据分析、考核评价、公众沟通等。

（1）基础信息管理

针对每一个农村生活污水处理设施的基础信息、设计资料、建设资料、运维资料等建立统一的信息化档案（包含文字、照片或者扫描件形态的各类文件、图纸、报告、资料等）。针对水泵、风机等资产设备的各类信息（如设备名称、类型、生产厂家、联系方式、安装时间、保质期、维修、保养等）建立完整的台账。

所有设施的基础信息、档案、资产等资料均可在平台展现,实现一站一档和资产全生命周期管理,让管理人员能随时准确掌握全区域资源资产信息。

（2）运行监控

以现场监测设备为基础,通过对设施水质、水量、设备运行、用电数据、人员考勤、日常巡检、门禁安防、视频图像等要素的远程监控,实现农村生活污水处理设施运行工况透明化和可视化。运行监控包括实时监控和告警管理。

设施运行实时监控:对包括设备运行参数在内的设施关键指标进行实时监测,并进行动态分析,从而实时监控污水处理设施的运行状况。需要指出的是,当政府部门针对重点设施进行水质、水量在线监测时,应当结合农村生活污水处理设施运维管理法律法规及标准导则等相关文件的要求,采用规定的数据传输协议和传输模式,确保设备端直接和应用平台直传,尽量不要中转。平台端实时监控要求与内容见图6-9。

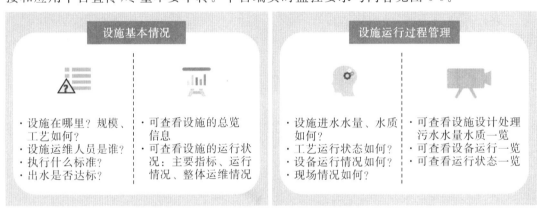

图6-9 平台端实时监控要求与内容

此外,平台以GIS地图、设施透视、工艺组态、视频图像、趋势曲线图表等多种方式对设施实时信息进行展现。平台提供可配置的报表展现组件,用户可根据需要对设施的整体运行与运维状态进行定制化分析展示。同时,平台需要实现对现场设备运行进行远程控制,包括对同一类型的设施运行参数的批量远程配置,以应对大量设施随季节、气候和节假日变化产生的负荷规律性变化。

设施运行告警管理:平台支持对水质、水量、设备运行效果等多类型告警的规则定义,可根据实时数据与组合分析结果进行异常自动检测,进行告警和预警。平台端告警管理要求与内容见图6-10。当某些告警事件频繁地且同时出现时,可以考虑是否为同一个报警,甚至可进行一些关联挖掘,不再进行单独报警。另外,对于一些离散的异常点是否每次都报警,需要对系统干扰有一定的忍耐度,从而解决系统误报的问题。告警管理的关键是进行报警合并,通常的策略是将时间相近、相同监控对象和相同监控策略的报警进行合并。对于不能使用上述方法进行报警合并的异常,通常采用关联挖掘的方法进行精准报警。

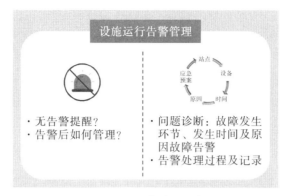

图 6-10　平台端告警管理要求与内容

当异常发生后,根据问题的原因,选择预先定义好的策略,进行故障恢复。对于一些平台系统无法自动处理而需要现场进行查看处理的异常,可制定多样的推送规则,将告警或预警通过预定义的应急通道(如短信、邮件等方式)发送到相关人员手机上,通过移动端软件接收服务请求和告警。

平台支持对告警的区域分布、设施类型分布、处理情况及告警原因进行汇总统计,以达到优化控制、减少故障发生的效果。

(3)运维管理

以事件管理为基础、以工作圈为运维团队协作中心、以持续优化为目标。平台端运维管理要求与内容见图 6-11。

图 6-11　平台端运维管理要求与内容

事件管理:平台对日常运维各类事件进行管理,包括对服务请求、事件上报等进行记录和跟踪。对突发事件进行任务(工单)派发和跟踪;对周期性的工作如日常巡检、维护保养、水质检测等作业进行规范性的定制规划并对执行进行跟踪统计。

工作圈:包含了运维管理的各项日常工作,如事件记录与处理、任务(工单)派发与跟踪、维护保养作业、巡查考核管理、知识经验交流等。有助于运维团队简化工作流程、提高运维效率、降低管理成本。

(4)数据分析

通过对设施运行的水质、水量、设备、负荷、能耗、异常告警情形及处理信息、公众投诉、运维到岗率和台账完整度等各项数据的分析评估,及时、准确地发现运维过程中的问题,加快问题处理速度,提升运维质量。为区域设施运行效果和运维效果评估、设施运行工艺优化、区域统筹管理提供辅助支撑,为更好地提高区域农村生活污水处理设施出水达标率,降低异常或故障发生率,提高管理服务效率,延长设施寿命提供决策支持。平台端数据智能分析要求与内容见图6-12。

图6-12 平台端数据智能分析要求与内容

对监测数据从设施运行、设施负荷、故障告警、运维管理等多维度进行自动分析,并将分析结果进行可视化展现。

设施运行分析:对设备运行、能耗等运行状况进行分析。例如,通过各类工况与设备运行数据间的相互验证与分析,形成动力设备分析报表。根据设施综合因素,形成设施运行能耗模型。辅助工程师远程批量调整设施设备的运行模式,避免单台设备长时间运行、设备运行不足或过度运行等因素带来的设施出水达标率下降、能耗超标、设备寿命缩短等问题。

设施负荷分析:通过对区域设施负荷的统计和时间线分析,可以做出设施处理水量与人口变化、节假日之间的规律曲线,在此基础上可对未来某时段流量情况进行预测,并提前调整工艺运行参数,保障设施出水达标率。同时,通过对设施实际处理水量与设计处理规模、天气等参数进行关联分析,判别管网建设中接户及雨污分流建设质量,定位出管网出现问题的设施,及时维修避免设施故障,从而提高污水处理率和达标率。

故障告警分析:通过对告警发生及处理记录的统计,对告警的类型、原因及处理时长进行关联分析。关联分析指的是找出事件与事件的关联性,然后通过以前发现问题的经验,发现事件的相关强度,最终做出故障诊断,定位问题,并制订专题项目,有针对性地进行预案研究和预维护,降低告警事件发生的次数,加快告警处理过程,提升设施正常运行率。通过设备运行故障率分析,可以筛选出故障率较低的设备品牌及型号,从而达到减少故障率、优化供应链的目的。

运维管理综合分析:通过对运维管理过程中各类数据的分析,为优化管理提供辅助参考。例如,分析和筛选出发生率较高、处理时长较长的同类事件和关联设施;对任务(工单)处理的关联设施、逾期情况、评价等进行统计分析;对人员到岗情况进行统计分析,对到岗及时率、在岗时长进行排名等。针对分析结果可制订专题项目,探索更高效规范的运维管理处理机制。

（5）考核评价

考核评价为管理部门提供针对设施运行情况和运维效果的监管考核功能，包括在线评估、考核管理等功能。平台可汇总和查询各类监管考核内容，包括管理人员对设施及运维管理的综合打分和考核内容，形成考核档案。平台端考核评价要求与内容见图6-13。

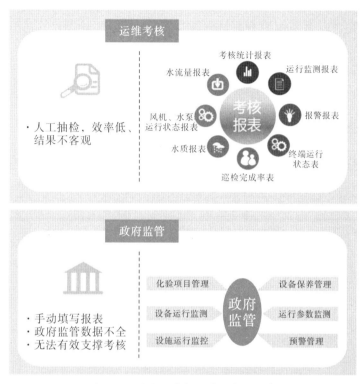

图6-13　平台端考核评价要求与内容

在线评估：通过对处理设施的实时在线监测数据、巡检报告、运维成效统计分析结果等多个维度的数据分析，可以对区域设施的运行情况和运维情况进行在线分析与评估，并定期生成评价报表，直观显示区域农村生活污水处理设施运行健康状况与运维管理的规范程度。

考核管理：平台确保对运维企业和设施进行抽检和考核评价，并将考核结果进行记录和上传。考核管理要充分考虑每年考核办法的变更而引起的考核内容和分值的调整，考核细则可以制作成动态考核模板，考核结果的展示应当考虑以图表为主的可视化程度高的形式。

（6）公众沟通

通过建立社群化的公众沟通平台，环保志愿者及公众通过微信，可以实时查看设施运行数据；可以通过提交服务评价、投诉建议等参与群众监督；还可以按照提示协助进行设施巡检及简单维护操作。

平台可以对注册的环保志愿者及公众进行积分管理，并根据其做出贡献程度进行排名奖励,进一步增加其积极性。

2.移动端软件

移动端管理软件为智慧管理平台体系的一部分。移动端有助于用户对农村生活污水处理设施进行远程实时监控,掌握设施运行状态,调取视频图像,方便查询设施运行监测的历史曲线和报表,以及告警事件,便于运维人员深入分析设施运行状态、远程诊断与控制。同时,涉及日常巡查养护、问题上报、水质取样、任务跟踪、移动运维等内容,将各项日常工作与工作圈紧密结合,实现运维协同管理,强化过程监管和问题库构建,并提高数据汇集能力。移动端服务流程见图 6-14。

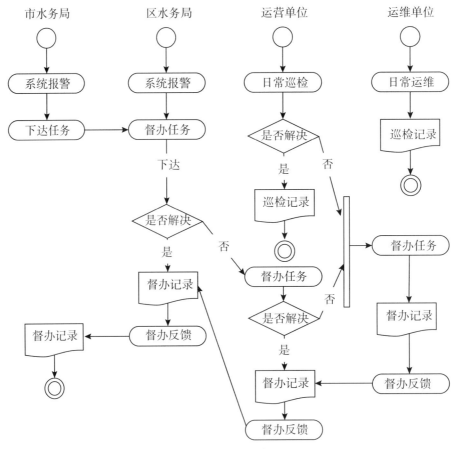

图 6-14 移动端服务流程

6.4.4 平台运行维护

为确保平台端的正常运转,为农村生活污水处理设施的运行、运维和监管提供智慧管理服务,必须制定严格的运行管理要求。

平台的运行管理应有专人负责,平台系统应经软硬件调试和联机调试都合格后方可投入使用。

做好服务器运行情况的检查,对服务器总流量、CPU 和内存使用情况、硬盘使用情况至少每天检查 1 次;对服务器告警、硬件使用情况分析、操作系统日志至少每周检查 1 次。服务器软件每月至少全方位检查 1 次,及时诊断和排除故障,以确保服务的正常运行。管理人员应定时做好服务器的上机日志和存档工作,任何人不得删除运行记录的文档,否则追究相应的责任。

如自建数据中心,服务器应配置不间断电源(uninterruptible power supply,UPS),服务器硬件每月至少全面检查 1 次。数据中心内设备(如交换机、路由器、小型机、UPS等)的维护、配置和升级,以及机房防火、防雷等安全措施,管理员应恪尽职责。数据中心应严格管理网络机房钥匙,未经允许,非网络管理人员不得私自进入网络中心机房。除紧急情况外,任何人不得随意关闭计算机设备供电电源、UPS,服务器、路由器、交换机电源,未经信息管理部门领导同意,不能更改各服务器、小型机的配置,不得私自改变配线架线序。

做好网络设备各项技术参数及传输线路的质量检查,及时诊断和排除故障,确保网络的正常运行。每日需对联网污水处理设施进行不少于 2 次的网络巡检,查看各设施视频、流量、设备运行数据、设施运行状况等情况,发现异常的应及时处理。每周至少检查 1 次平台系统的日志数据。每月至少对污水处理设施整体运维数据进行 1 次整理分析,并归档当月运维管理记录。

做好信息数据的安全保密工作,一旦发现服务器有被侵入及恶意攻击的记录,应及时采取措施遏止,并及时报告有关部门处理。数据安全维护最主要的工作是数据备份与恢复,其中,备份可分为逻辑备份、冷备份(脱机备份)、热备份(联机备份)。此外,还要注意病毒防护,严禁在服务器上安装与工作无关的软件,确保平台系统的正常运行。

6.4.5 平台发展趋势

农村生活污水处理设施运维和监管平台,不仅可以有效提高设施运维和监管效率,也可以节约人工和运行成本,是农村生活污水高效治理的主要抓手。经过近几年的发展,各类农村生活污水处理设施运维和监管平台层出不穷,具体功能各有不同,总体表现出平台智慧化升级和数字化融合的发展趋势。

1.智慧化升级

农村污水处理设施的运行管理正迅速进入信息化 2.0 的新时代,即信息化应用的智慧化阶段,指充分运用新一代的物联网、大数据、云计算技术,使得农村污水处理设施以更加动态的方式进行运行和管理,从而提升"智慧化水平",能够快速地发现问题、分析定位和解决问题。

从信息化到智慧化的转变,本质上是监管思维方式的转变和技术服务的升级。对于农村生活污水处理设施,智慧运行管理是指在运行、维护、管理和服务中利用智能遥感和监测技术、超高速的信息传递、高效的知识共享、智能化的分析和决策以及其他现代信息技术,实现更透彻的感知,更广泛的互联互通。按用户需求提供个性化信息服务,旨在实现"智能传感""动态监测""预警和预控""可视化管理""效率分析""智能决策"等全过程管理,可以大大降低人力成本,提高运营效率,实现区域整体化管理。

基于互联网的远程集中智慧管理是解决农村生活污水处理设施专业化运维问题的可行途径,亟须充分发挥信息化建设的基本优势,探讨智慧监控运行管理平台的功能体系构建,研究农村生活污水治理智慧监管策略并构建相应的监管模型,对实时数据进行分析的同时,智慧监管策略能挖掘数据管理、数据价值和数据应用集成新潜力,可大幅度提升运维企业应急反应能力和政府监管部门的日常监管效率和管理决策能力,降低运维监管人力成本。

2.数字化融合

近年来的数字化改革,涉及经济、政治、文化、社会、生态文明建设全领域并向各行业延伸。农村生活污水处理设施运维和监管平台是农村生活污水治理数字化建设的集中体现。一方面,农村生活污水处理设施政府监管平台应注重与其他政府平台的数字化融合,尤其是涉及民意反馈的民众监督功能板块,这也是打破信息孤岛,实现数据共享,提升监管效益的主要手段。另一方面,运维企业作为农村生活污水处理设施运行维护的直接参与者,是设施运行数据的主要来源,政府监管平台应进一步打通和运维企业的数据通道,获得及时、真实、有效的运维数据以辅助主管部门做出正确决策。

主要参考文献

[1]耿嘉伟,谭学军,朱仕坤,等.农村分散污水处理设施远程监控与信息管理系统设计[J].中国给水排水,2015,31(2):70-72,76.

[2]万学道.农村信息化网络平台建设与管理[M].北京:中国林业出版社,2010.

[3]Xiaoyan Song,Rui Liu,Qiangqiang Yu. et al. Management mode construction for operation and supervision of rural sewage treatment facilities:Towards the information-to-intelligence strategy [J]. Bioresource Technology Reports,2020,11,100481.

第7章

农村生活污水处理设施
运维的组织实施

农村生活污水处理设施的运维组织是在农村地域上开展的、为确保生活污水处理设施正常运行的管理活动,其过程涉及大量人力和物资的调配、交通运输的调度、设备和设施的监控、人员安全的保障以及广大农村居民关系的协调。因此,农村生活污水处理设施运维的组织工作有别于城镇生活污水处理设施的运维活动。运维组织的有序开展是污水处理设施正常运行的前提和保障,而规范运维组织的各个关键环节,如前期准备、过程管理、监督考核、运维移交等,对提高运维效率具有十分重要的意义。

　　本章将系统地介绍运维组织实施的概念、内容、形式与费用构成及运维组织实施相关单位和所面临的问题,并分别从政府和企业的角度归纳运维组织实施全过程管理的内容,以期为政府的运维招标、费用控制、过程管理以及企业的运维投标、成本估算、运维方案编制等方面提供参考。

7.1　运维组织实施的基本概况

7.1.1　运维组织实施的概念

　　农村生活污水处理设施运维组织实施是指由业主单位牵头组织,以国家和地方相关法律、法规、标准、政策等为准则,开展的全过程管理活动,包括运维项目前期管理、运维项目结束管理、运维项目的监督管理和安全环保管理等。具体管理内容为:通过公开招投标或者其他形式来确定运维单位,主导实施项目交接、过程监督等工作,从而保障农村生活污水处理设施安全正常运行、出水达标排放。

　　运维中的巡查是指通过实地观察、台账查核、现场问询等方法对处理设施的设置、运行情况进行日常定期或不定期查看,并判断设施状态的运维手段。

　　养护是指对处理设施进行栅渣清理、浮油清理、污泥清掏、管道疏通、湿地除杂草等运维活动。

　　维修是指对破损、老化的处理设施零部件和设备进行修理、更换、添补等运行维护活动。

　　运维记录是指对日常运维过程中的生产行为做好记录,力求做到详尽、真实、有迹可循。运维记录应进行有限期的保存,用于项目交接或运维优化。

7.1.2　运维组织实施的内容

　　运维组织实施的核心内容是为实现运维工作正常运行所开展的一系列资源配备的合规流程,主要包括管理部门配备、技术人员配备、资金配备、资料配备、车辆设备及实验室建设等。该流程既要符合国家法律法规的要求又要实现运维目标。

　　管理部门配备主要指业主单位和运维服务机构均需建立可以实现运维工作开展的

管理部门,建立相应的部门便于实施调研、招投标、日常运维等工作,并建立相应的管理规则和制度,保障运维工作的正常进行。业主单位管理部门配备旨在完成运维目标的设定、保障运维资金的落实、选择符合条件的运维服务机构并持续监督管理运维活动的正常有序开展。运维服务机构管理部门配备旨在完成业主要求的目标,并根据运维区域建立符合运维目标的组织架构,科学布局、快速反应,提高运维工作效率,保障运维工作质量。

技术人员配备是指业主单位和运维服务机构均需在相应的管理部门中配备可以实现工作开展的具有相关业务能力的工作人员。对业主单位来说,是具有与运维服务管理相匹配的工作人员,能通过前期的调研和资料收集掌握辖区内农村生活污水治理的现状,做好技术资料的储备。对运维服务机构来说,需配备满足运维项目工作开展的管理与技术人员,主要包括项目负责人、运维管理人员、工艺与工程技术人员、实验检测人员等。

资金配备主要是指业主单位为实现运维工作的正常开展,根据项目的运维目标配备所需要的专项资金。专项资金包括业主开展运维工作所需的管理经费和支付给运维服务机构开展运维工作所需要的合同经费。目前,管理经费和合同经费主要来源于行政转移支付。

资料配备是指业主单位和运维服务机构为了正常开展工作所需的前期技术资料准备和运维过程中的技术资料收集。业主单位的资料主要是指通过辖区内调研及多渠道收集农村生活污水治理现状的资料和日常运维所产生的资料;运维服务机构的资料,主要是指运维开始之前业主单位提供的现状资料与达到对应运维要求的准备资料,以及在日常运维过程中收集的资料。

物资配备主要是运维服务机构为开展日常运维工作所要配备的工具、车辆、实验室、管理平台、易耗易损材料和劳动防护用品等。

运维机构的选择是指业主单位在项目实施前通过招投标、考察、业内优选等方法选择专业的运维企业满足实施要求。

7.1.3　运维组织实施的形式

我国开展农村生活污水治理工作的时间不长,各地农村生活污水治理的实施条件和经验也不同,因而形成了多种运维组织实施形式。这些运维组织实施形式主要可按运维服务设施范围、运维承运服务机构、设施建设与管理类型的不同分为如下几类。

1.按运维服务设施范围分类

按运维服务设施范围分类,一般有收集与处理设施整体运维和单独分段运维两种模式。整体运维是指业主单位将收集与处理设施作为一个项目进行招投标,委托一家运维机构开展运维管理工作,此种方式有利于明晰职责,减少沟通成本,节省运维费用,但不利于业主单位对整个运维项目的把控,易造成对运维服务主体的过度依赖。单独分段运维是指政府将收集与处理设施分成两个项目进行招投标,委托两家运维机构分别运维。此种运维模式一方面有利于不同运维服务主体形成良性竞争,并可通过将低技术能力要求的管网运维交给村镇自管等方式,降低运维成本;但另一方面分段运维容易导致双方责任不清晰,出现问题容易相互推诿,导致运维质量下降。

2.按运维承运服务机构分类

按运维承运服务机构分类,一般有村镇自行运维管理、委托第三方专业运维机构运维管理及由专业运维机构和村镇日常管理相结合三种模式。村镇自行运维管理模式具有较高的故障响应速率和运维费用较低的优点,但因运维团队整体专业化水平较低,对运维过程中产生的技术问题无法及时解决,以致运维质量难以保证;第三方专业运维机构运维管理模式,因其有专业的工种,整体专业化水平较高,并且运维工作有一定的计划性,其解决运维技术问题的能力较强,但运维费用较高;至于专业运维机构和村镇日常管理相结合的运维模式,其在一定程度上做到了分工合作,降低了运维费用,但对双方的配合度要求高。

3.按设施建设与管理类型分类

按设施建设与管理类型分类,一般有"建管一体化"和"建管分离"两种模式。建管一体化模式指的是针对处理设施的设计、施工由同一家单位组织实施,在工程竣工验收合格后,仍然由施工单位组织运维管理的一种方式。这种方式的优势在于,设计施工阶段就会考虑运维问题,能有效地进行后续运维工作的开展,并能控制成本,但是由于设计施工和运维是同一家单位,容易出现包庇问题,而且会造成业主单位对运维方有一定的依赖性。建管分离模式指的是针对处理设施的设计、施工由几家不同单位组织实施,在工程竣工验收合格后,再委托其他相关单位对污水处理设施进行正常运维管理,这种模式在建设施工阶段和运维阶段都能公平公开地开展竞争,有利于业主单位挑选合适的运维服务机构,但是相对管理成本较高,运维管理工作会产生与设计施工脱节的问题。

总而言之,选择何种运维组织实施模式,应根据当地农村生活污水治理现状来选择。

7.1.4　运维组织实施的费用构成

运维组织实施的费用构成主要包括管理部门的管理费用、运维机构的综合费用以及运维设施维护费用。

管理部门的管理费用是指政府管理部门对运维服务机构的运维行为进行监督管理所产生的费用,其中包括管理人员工资、管理平台维护费、办公经费、培训宣传费及检测费等。

运维机构的综合费用是指运维服务机构对农村生活污水处理设施运行日常维护的费用。它由农村生活污水处理设施运维费、农村生活污水处理户外管网设施运维费两部分组成。参考建设工程费用组成划分方法,可将运维服务机构的运维费划分为直接费、间接费、利润、税金四个部分。其中,直接费应包含现场运维人工费、车辆燃油费、化验设备及耗材费(包括监测药剂等费用)、日常维修费及其他材料费等;间接费应包含运维服务机构管理人员工资、房屋使用费、办公费、运维车辆使用费、物联网费及社会保障费等;利润为运维服务机构完成所承包项目获得的盈利;税金为按国家税务部门相关规定应缴纳的增值税。户内管网的运维主要是疏通管道。户内隔油池、化粪池的清掏等,因涉及入户运维,并且和农户的使用习惯密切相关,所以不纳入运维服务机构的运维费用,而是由农户自行维护。

　　运维设施维护费用是指农村生活污水处理运维过程中会产生运维设施大修费和设施运行电费。大修费是指不属于日常维修范围的,以恢复处理设施正常功能所需的维修费用,其费用产生时,由管理部门向财政专项计提。设施运行电费根据业主不同的要求由管理部门向财政计提或计入农村生活污水处理设施运维费用。农村生活污水处理设施运维费用构成见图 7-1。[1]

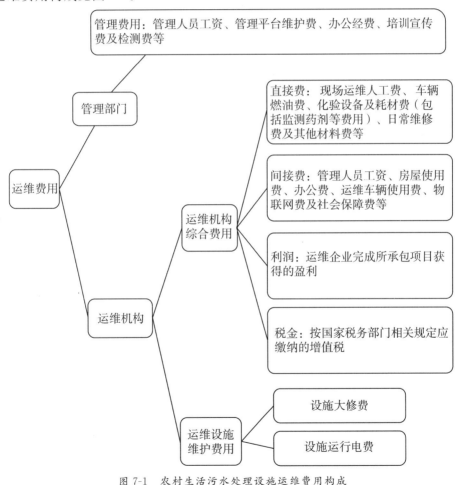

图 7-1　农村生活污水处理设施运维费用构成

7.1.5　运维组织实施的相关单位

浙江省在实践中提出，运维组织实施是以县级政府为责任主体、乡镇政府（街道办事处）为管理主体、村级组织为落实主体、农户为受益主体、第三方运行维护服务机构为服务主体的"五位一体"管理体系，清晰地描述了运维实施各相关单位的定位和主要责任，政府主导、群众分担、权责分明、市场运营、管理规范，确保处理设施"一次建设、长久使用、持续发挥效用"，这一管理方式可供其他地区参考。

业主单位是农村生活污水处理设施运维服务的购买方，通常是区县级人民政府、乡镇政府或村委会。其主要工作内容包括：处理设施现状统计调研、确定运维模式、落实运维经费、组织运维招标、指导相关部门开展运维组织管理、对运维方及下级管理部门进行监督考核工作等内容。

运维单位是承接农村生活污水处理设施运维服务的机构，简称运维服务机构。其主要工作内容包括：项目特征和需求分析、成本测算和组织投标、专业运维团队组建、物资与车辆准备、日常管理制度建设、运维人员的管理和培训、运维过程的规范化和科学化管理及各项措施的落实。

监督单位是负责检查农村生活污水处理设施运维管理质量好坏的政府行政监管单位。其主要工作内容包括：对运维管理开展监督检查、政策引导、协助标准规范的制定等。广义的监督还包括社会公众监督，特别是当地农户对处理设施的监督。

产生污水的农村居民在此是指污水收集与处理范围内的村民及其他向污水处理设施排放污水的单位和个人，排污方应当增强生态文明意识，依照法律、法规和本条例规定以及村规民约建设改造、合理使用污水处理设施，有权举报破坏污水处理设施的行为。

行业协会是指农村生活污水处理设施运维服务机构进行行业自律性管理的机构。其主要工作内容包括：对农村生活污水处理设施运维服务机构进行技术评估、人才培养、技术标准规范的编制、开展技术交流和行业竞赛等活动。

7.1.6　运维组织实施面临的问题

农村生活污水处理设施运维工作的实施还处在一个不断完善的过程中，涉及相关各方都在摸索中前行，虽然我国某些地区在设施运维中取得了一定的成绩，但同时也面临很多问题。

1. 政府面临的问题

在运维组织实施中政府既可能是业主单位也可能是监管方，所以政府在整个运维组织实施的过程中是全程参与的。

在运维组织实施前，政府作为业主单位遇到的常见问题有：①如何设定运维目标；②项目验收后如何与运维单位交接；③如何设立适合的运维招标评分指标体系；④如何确定不同自然、社会和工艺类型下的运维价格。

在运维组织实施过程中,政府作为监管方遇到的常见问题有:①如何设计不同层级和不同条线的政府部门对于运维管理工作内容和考核的措施;②如何对运维服务机构的阶段性和整体运维质量与业绩进行考核和监督;③如何协同其他行政部门更好地发挥区域治理的作用;④处理好运维服务机构与当地农户的关系;⑤如何统筹财政资金向设施运维服务机构拨付;⑥如何完成项目交接,做好下一阶段的运维工作计划。

2. 运维服务机构面临的问题

运维服务机构作为运维组织实施的服务主体,在运维过程中面临多种问题,主要包括:

(1)前期资料缺失。运维服务机构在交接过程中,经常出现交接资料不齐或者资料与实际设施情况不符的问题。

(2)设施无人运维。在运维实施过程中,前期其他运维机构运维计划不合理、运维分工不明确等,致使处理设施无人运维,出现管道堵塞、污水满溢、出水不达标等问题。

(3)设备材料丢失。在运维实施过程中,前期其他运维机构运维管理不到位,由于靠近农户聚集区,且无法实现 24h 值守,所以出现运维材料被农户拿用,被偷接电线等问题。

(4)突发事件。在运维实施过程中,出现污染源、水质水量等运维条件发生重大变化以及非生活污水进入设施等不可控因素。

7.2 运维组织实施的全过程管理

运维组织实施的全过程管理是指工程项目竣工验收后所开展的运维组织管理工作,主要包括运维组织实施的前期管理、日常管理、监督管理和结束管理。工作涉及业主单位、招标代理公司、行政监督机构、行业管理机构、社会群众等。运维组织实施全过程管理旨在通过运维组织实施的招投标、项目交接、合同签订、运维过程管理等主流程各环节的管理,实现运维目标。

7.2.1 运维组织实施的前期管理

运维组织实施的前期管理主要涉及业主单位和投标单位(运维服务机构)运维项目的招投标前期准备工作、项目交接工作等。对业主单位来说,主要包括核查项目现状、明确运维目标、选择合理的运维模式、确立合理的招标模式和费用,合法合规地开展招投标活动和确定中标单位;对投标单位来说,主要是分析招标内容,撰写标书并完成投标工作,中标后按照合同约定的运维内容开展相关准备工作,并做好项目交接工作。

1. 业主单位的前期准备工作

业主单位既是运维组织实施的发起者,也是运维目标的制定者,还是运维组织实施的全程监督者,其在很大程度上决定了运维活动的质量和效果,在运维组织实施过程中发挥极其重要的作用。除此之外,业主单位也是运维组织实施过程中专门的组织机构,牵头方可以是市级行政主管部门、县级行政主管部门,也可以是乡镇基层人民政府或乡村基层村委,甚至是围绕运维组织实施工作组建的政府联合专班机构。除了区域内行政主管部门、辖区内基层政府,还可以让专业技术顾问和当地用户代表共同参与业主机构前期的准备工作。业主机构应该在机构内部明确运维组织工作小组各自的联络、宣传、调研、组织招标等工作的分工。以各种形式存在的业主单位其目的就是更好地完成某一区域的农村生活污水处理设施运维的组织实施工作,其准备阶段的工作内容就是充分了解当地农村生活污水处理设施建设情况,设置合理的招标模式和评标原则,明确招标项目名称、内容、范围、规模、资金来源,开展和完成运维组织实施的招标工作。业主单位在运维组织实施前的准备工作主要包括以下内容。

(1)运维招标范围内设施的核查

业主单位在开展运维组织实施前最主要的工作就是核查招标范围内农村生活污水处理设施建设的现状情况,结合其人口、环境、现有处理设施建设情况等资料,充分核查、了解当地的用户数量、处理设施的分布情况、受益人口数、工艺类型、处理规模、执行标准、管网情况、设计施工验收情况、污染源类别及可能的发展趋势等,列出处理设施数量清单及明细表,对于运行有问题的设施进行统计分析并列入维修调试清单,对于有可能出现的新污染源要特别加以关注,并提出相应的处理方法和建议。

(2)运维目标的确定

运维目标的确定决定了后续整个运维工作的开展,也是一切运维活动要素组织实施的依据。业主单位在前期调研的基础上,依据相关的法规条例、行政管理部门发布的政策文件和管理要求,以及行业内参照的标准规范,从设备运行、管网通畅、修复及时、出水达标、环境卫生、人物安全、过程监测、固废处理与处置以及运维经济性等方面考虑,最终确定招标范围内的农村生活污水处理设施的运维目标。

运维目标主要包括:一是达到合同的要求,针对污水处理设施建设方面存在的问题进行查漏补缺,确保处理设施、设备完整且保持正常运行,进出水顺畅,定期检查、及时清掏修剪且保持环境整洁,运维废弃物妥善处理处置等;二是运维优化要求,针对不同的处理设施、不同的处理工艺的运行参数进行优化提升调整运行,确保处理设施出水水质达标排放,从整个区域的角度达到污染物削减、区域污染物减排和人居环境提升。

(3)运维模式的选择

业主单位应根据运维目标,结合工程建设的情况以及待运维项目的特点,从运维服务范围、运维服务机构能力、设施建设管理方式三方面考虑,选择准确合适的运维模式。这样不仅可以明晰各方责任,有效解决遇到的各种问题,而且可以降低运维费用,提升运维管理效率。

根据运维服务范围选择运维模式:当出现两家(或以上)单位共同运维农村生活污水处理设施的情况时,为杜绝两家(或以上)运维机构直接责任不清晰,遇到问题不整改等情况,可采用管网和终端设施一体化运维模式。如果管网和终端设施是由不同施工单位建设致使竣工验收日期不一致或者施工合同中有明确的质保、运维期限等规定的,也可采用管网和终端设施分开运维的模式。

根据运维服务机构能力选择运维模式:对于规模小、工艺简单、操作简便、维护技术要求不高的农村生活污水处理设施,可采用村镇自行管理模式;对于需要一定或者较高管理能力的、采用动力(微动力)生物处理方式的设施,建议实行委托专业公司运行管理的模式,由村镇委托第三方进行运行维护或由县级主管部门代表乡镇(街道)与第三方签订委托运行协议;此外,还可采用专业公司和日常管理相结合的模式,集中式终端设施委托给专业公司进行统一管理,村内污水收集管网由村确定专人进行日常管理。

根据设施建设管理方式选择运维模式:为有利于明晰责任,从设计、施工等源头解决许多后续运维不方便的问题,可采用建管一体化模式;为有利于在项目交接过程中,客观公正地评判设施的好坏,理清、理全设施存在的问题,可采用建管分离模式。

总之,运维模式各有利弊,在确定运维模式之前,业主单位可以征求辖区内相关乡镇及建制村意见,综合考虑各种运维模式的优缺点及运维项目的特点和当地的实际情况,选择最优的运维模式,为落实运维经费和招投标做好基础性工作。

(4)运维经费的来源与落实

运维经费的来源主要有以下 5 个方面:一是财政预算投资,指由政府预算安排的、并列入年度基本建设专项计划的运维项目资金。二是自筹资金,指各地区、各部门按财政制度提留、管理和自行分配用于固定资产再生产的资金,一般包括地方自筹资金,部门自筹资金,企事业单位自筹资金。三是银行贷款,指的是利用银行信贷资金发放的项目贷款。四是利用外资,例如国际金融组织贷款、国外银行贷款等。五是利用有价证券市场筹集资金。

运维经费的落实指地方政府通过结合运维目标、运维模式编制设施运维规划或计划、考核规则以及实施方案等文件,综合当地经济条件、物价及人力成本、交通及气候条件、民风习俗等因素制定运维组织实施的预算,财政审计等部门参与复核,保障运维目标的实现。由于各地政府财政实力不同,有些资金有限的地区有采用政府和社会资本合作(public-private partnership,PPP)和建设—经营—转让(build-operate-transfer,BOT)等建设投资和运营相结合的模式来落实运维费用,有些地方政府通过计收水费、其他处理费用的形式或资产证券化的形式来筹集运维费用;还有地区通过区域内居民筹资的方式来解决运维费用。

(5)运维招投标的组织

①招标文件的编制

招标文件的编制需要符合农村生活污水处理设施运维特点,根据辖区内农村生活污水治理现状,做好运维目标设施、运维模式选择,以及运维费用匡算。

编制工作除了行政主管部门及财政审计部门人员参与外,还应该邀请运维专家顾问、基层政府、村民代表等共同参与。业主单位在物色招标代理时,应选择有运维项目招标经验的代理机构进行合作,并与招标代理充分沟通。

在招标文件编写中除了明确服务期限、地点及运维范围等基础信息外,还应明确运维的具体要求,并提供现状情况的资料,如:确保污水处理终端系统及配套机电设备的正常运行、出水水质达标、保障台账资料齐全、保障运维智能监控平台正常运行等;根据农村生活污水处理设施运维的特点,文件中还应提出设置运维服务站的具体数量和覆盖半径;根据监管需要,还可以把运维监控平台作为招标要求的重要条件之一,需要明确采购设备明细和运行要求;最后需要明确具体考核办法和支付方式。

②招标评价指标的设置

对于招标评价指标的设置,除了按照招投标的规范要求外,还要体现设施运维项目的特点和要求。例如:技术指标设计可以包括运维实施方案、应急方案、运维项目质量保障措施、运维项目现场勘察反馈以及运维物资配备等方面。商务指标设计可以包括企业业绩、人员技术储备、管理制度和组织构架等因素,充分体现农村生活污水处理设施的运维特点。企业业绩是否具备同类型的运维项目经验;人员技术储备中技术人员、运维人员和技术文件,以及运维技术专利、标准的参与都可以作为设置指标;管理制度和组织构架中需要针对招标运维项目开展所满足的快速覆盖运维区域的组织管理能力。此外,价格指标可以单列,也可以包含在商务指标体系里。在招标评价指标体系中,商务指标与技术指标的评分比例原则上应侧重技术指标,价格指标评分占比最小。

③业主组织招标需要注意的问题

组织运维实施的招标过程中,除了招标文件的编写和招标指标的设置以外,还需要注意以下几个问题:选择合适的评标专家,特别是选择在运维领域有丰富经验的技术专家参与评标,会帮助业主单位筛选出合适的中标单位;关注项目负责人和团队业绩,农村生活污水处理设施运维工作需要经验丰富和坚持长期作战的团队,在招标过程中不仅要关注运维服务机构的业绩,更要关注项目负责人的经验和团队的能力。

2.运维服务机构前期准备工作

(1)运维服务机构前期实施的准备工作

运维服务机构前期实施,首先运维服务机构负责人需要充分了解业务的开展模式,其次了解其主要的成本构成和考核标准,从技术和管理人员储备、规章制度建立和启动资金筹备这几个方面开展准备工作。技术和管理人员储备一般考虑有技术背景、有运维经验的人员,还应考虑需要持证上岗的人员,比如电工、化验员等。规章制度的建立,主要是为后续运维工作规范化开展做准备,明确各工种岗位责任和运维操作流程,制度的建立并不是一成不变的,应根据项目实际情况进行调整。启动资金筹备至少应包括在业主支付第一笔运维费用之前所涉及的所有费用。

(2)运维服务机构的投标准备工作

运维服务机构的投标准备工作主要包括以下内容。

①资格条件分析

投标单位应根据招标文件要求的资质和资格,相应工作经验和业绩,相应的人力、物力和财力,法律法规和招标文件规定的其他条件,分析自身是否满足相应资格条件。

②自身能力分析

投标单位应结合自身人员结构、质量管理、成本控制、进度管理和合同管理等方面的能力、优势和特长,对投标的可行性进行综合分析和评价,选择适合自己承受能力、项目优势较为明显、中标可能性大的项目进行投标。

③项目特征和需求分析

投标单位分析招标项目的运维范围和要求、规模和标准、运维质量、运维费用、运维期限等方面内容,梳理技术规范、运维方案,通过踏勘现场、参加投标预备会、市场调研等形式,尽可能全面把握招标项目的整体特点和资源需求状况。

④成本估算

为了提高中标率,投标单位应及时掌握市场动态,了解价格行情,能基本判断拟投标项目的竞争情况,认真研究招标文件中的运维管理内容和要求,善于运用竞争策略,制定出恰当的投标报价策略。

⑤实施方案编制

做好运维项目投标文件的编制工作,首先运维服务机构要充分了解项目要求和当地实际,根据自身专业技术力量和物资储备包括车辆、工具、实验室、平台等,编制出为指标项目"量身定制"的方案,其次在编制过程中要突出运维服务机构以往的业绩优势,最后体现遇到问题的快速规范的应变处理能力等,争取方案能充分体现运维服务机构的优势,实现中标。

3.运维服务机构中标后项目交接

(1)运维项目交接管理

项目交接是业主单位根据合同约定把运维范围以内的设施,经资料交接、实地核查、问题协调、设施移交、合同签订等环节交由运维服务机构,完成交接后正式运维管理即可开始。

项目交接主要有两种类型,即新建首次运维项目和已有历史运维项目。新建首次运维项目是业主单位把验收合格的新建设施移交运维服务机构运维;已有历史运维项目则是在业主单位把设施从上家运维服务机构移交到下家。已有历史运维项目也有两种情况,即项目运维期满重新招标非原运维服务机构中标,或原运维服务机构无法保质保量完成运维被业主按合同要求清退。

运维项目交接是否能顺利开展直接影响到后续的运维实施质量。在此过程中,业主单位需要掌握项目目前的整体情况、原运维服务机构遗留问题和历史遗留问题;原运维服务机构需要明确整改范围,划清法律界限,完成整改后顺利交接离场;运维接收单位需要快速熟悉项目整体情况及存在的困难,有利于后续运维服务的顺利开展。另外,项目交接各方应相互配合、及时沟通,配合项目顺利交接,避免出现上下家互相推诿、项目问题评估不足等情况,从而造成运维延误和成本增加。

①资料交接

运维资料交接主要涉及项目立项、施工建设、调试运行和后期管理过程中所保留下来的各项材料,非首次运维设施,还涉及上家运维服务机构的历史运维资料。业主单位应在运维工作开展前把相关资料向运维服务机构移交,资料移交是整个项目接收的基础,是对农村生活污水处理工程进行检查、验收、移交和后期维护的原始依据。项目移交应提供的基础资料见表7-1。

表 7-1 项目移交应提供的基础资料

类别	内容
区域基础性资料	涉及的农村生活污水治理专项规划、运维区域内设施清单汇总(如处理水量、处理工艺、排放要求、达标情况、存在问题等)、县(市、区)等地方政府关于农村生活污水治理的政策性文件及政府部门的工作计划方案等
设施建设资料	处理设施设计方案、施工图纸、竣工图纸、竣工验收资料、运行调试记录、接户信息等
前期运维记录资料	设施巡查、养护、维修记录,与工艺相关的流量、水质检测、工艺状况记录等资料

运维服务机构在收集相关资料后,应对这些资料进行认真阅读、分析,充分了解运维对象的工艺、建设质量、存在问题、历史状况,以便进一步完善和细化运维方案。

②实地核查

资料交接完成后,还需要尽快开展实地核查,查明资料记录与现状是否符合。从浙江省数年的运维经验来看,经常出现前任运维服务机构没有严格按照业主要求进行记录,或项目重新招投标的时间空当期过长,造成资料记录与现状情况存在偏差,或业主单位在建设期收集保存的资料本身存在偏差。这些资料与实际情况不符会引起后期运维纠纷。因此,运维机构应尽快制定实地核查方案,组织人员对设施进行实地核查。资料和实际现状不符或不全,主要集中在工程建设内容与资料纪录内容之间存在的偏差、工程建设内容存在重大安全隐患以及现场妨碍运维管理有效实施的问题等,在开展实地核查中,把这几类情况列入实地核查的重点,形成汇总和整改方案,并及时和业主单位沟通,核查结果可为合同的签订提供参考,核查重点主要集中在以下三方面。

A.工程建设内容与资料内容的偏差

具体表现:竣工图纸与现场实际不相符。例如,管网走向、管径大小、管道材质与现场不符;接户情况不符,存在虚接、漏接等情况。

核查重点:依据处理设施竣工图纸、处理设施基本信息表、处理设施接户信息表等资料,重点核查处理设施的真实性和准确性,对于存在明显偏差或重大错误的地方应予以记录,书面上报至业主单位。

B.工程建设内容存在重大安全隐患

具体表现:电气设备漏电或者短路,易导致人员触电或者引发火灾;井座、井盖破损,无防坠网,易导致人员坠落;场地湿滑易导致人员摔倒受伤;处理设施未封闭、控制房未上锁等现象,易导致无关人员进入场地,存在安全隐患。

核查重点：仔细查看电控系统及设备的运行情况，打开每个检查井进行查看，观察整体场地、场貌有无安全隐患等。

对于资料符合但现场存在重大安全隐患的地方应予以记录，并提供给业主单位。

C. 现场妨碍运维管理有效实施的问题

具体表现：检查风机、水泵、流量计、监控等设施设备是否完好、运行是否正常；检查各处理单元清掏情况、填料是否完好；查看标识牌、围栏、控制房等附属设施完好情况；可根据需要采集进出水水样，了解真实的处理效果和出水水质情况；查看管网是否存在堵塞、满溢、渗漏、沉降等问题。

核查重点：根据业主单位提供的运维记录和资料，现场核查运维管理方面的问题，可以按照《农村生活污水运维项目排查问题记录表》(见附录16)进行核查，将遗留问题进行汇总，并提交至业主单位。

对于核查出的偏差与问题，运维服务机构应向业主单位提出整改建议，要求整改达到运维条件后方可移交，或提出部分移交或者移交后整改，并在签订合同时做相应的说明与约定。

③问题协调

运维服务机构在签订合同前对于实地核查出的偏差应与业主单位商讨，提出整改建议、明确问题的来源和责任方。对于未按照设计资料建设、没有按照资料实现出水回用等功能，或者设计本身存在重大安全隐患等问题造成的偏差，应建议业主单位进行提升改造，验收合格后再进行设施移交；对于前任运维服务机构遗留的问题，建议业主单位督促责任人及时完成整改，整改符合要求后，经前任运维服务机构、业主单位和项目接收方各单位签字、盖章确认后，才能完成设施移交。对于一时无法整改或者整改不到位的设施，运维服务单位应与业主单位协商，在签订合同时做相应的说明，进行部分移交或者移交整改，同时在签订的运维合同中予以明确各方的责、权、利。

④设施移交

设施移交是项目交接的重要步骤，项目设施通过此步骤真正移交给运维接收单位。设施移交是经过问题协调，运维服务机构与业主单位都达成统一意见，经各单位确认，并签字盖章后完成移交。移交后需要有文字记录，可参考《农村生活污水运维项目设施移交清单》(见附录17)、《项目运维资料移交清单》(见附录18)进行填写，并签字盖章确认移交完成。

⑤合同签订

招投标确定的运维服务机构，在设施移交的同时，应及时与业主单位协商运维合同签订的内容，根据实际移交情况和业主新增需求，增减条款，签订运维合同。合同签订代表运维服务机构正式接收项目运维工作，并开始履行合同义务，承担相应的责任。运维合同是运维服务机构和业主单位明确双方权利、义务的协议，是解决运维中双方争议的重要法律依据。运维合同一般包括以下内容。

A. 项目概况，包括运维项目名称、运维项目区域、运维项目内容、运维项目服务范围等。其中,运维项目服务范围,应明确项目所在的县、市、区、乡镇、街道及建制村、自然村等,应明确处理设施的数量、接户数量,细化到纳入污水处理厂的处理设施数量、集中处理设施数量、主支管总长度、提升泵站数量以及户用处理设备(服务于单户或经协商指定户主的多户,设计规模在 $5m^3/d$ 及以下处理农户日常生活污水的处理设备)数量、设计日处理能力等,还包括合同服务区域内新增的集中处理设施、户用处理设备、简易设施、公共化粪池、户内化粪池数量等内容。必要时可增设附图、附表等附件加以说明。

B.合同服务期限,即运维项目约定的服务期限,应载明合同服务的年限、项目起止时间、合同生效时间,以及合同服务期到期后应如何处理,超期运维或未到期放弃运维的相关处理措施均需要在合同中加以说明。

C.合同服务费用,即运维服务机构按照合同约定的运维目标开展农村生活污水处理设施运行维护活动所需要的经费,包括运维成本与运维服务机构利润。合同中应明确运维费用的计算方式、附加条件、支付方式等内容。

D.运维目标,合同中应有清晰的运维目标,约定考核方法以及未达到约定目标的处理措施,如对设施出水水质监测时的采样方法、监测单位、分析方法以及合格的判定标准等。

E.污染源变化的约定,即运维区域污染源发生变化的处理约定,根据浙江省的运维经验,农村地区污染源发生变化是比较普遍的情况,因此,在合同中要明确处理污染源的方式与原则。

F.专用合同条款,是对于双方违约、不可抗力以及其他争议的解决途径与方法。

G.其他文件,由于农村生活污水处理环境、社会等复杂,有时需要相关附件作为合同的组成部分,如运维项目投标文件、中标通知书等。

7.2.2 运维组织实施的日常管理

运维组织实施的日常管理是运维活动的核心工作,主要实施主体是中标后的运维服务机构。运维项目的日常管理包括项目交接完毕合同签订后运维服务期满期间的所有环节的管理,主要包括组织架构管理、运维服务管理等内容。在这个过程中,业主单位根据合同约定对项目过程进行监督和考核,并支付相应的费用。

1.运维项目架构组建管理

运维项目架构组建管理是指运维服务机构根据合同约定,开展运维项目架构设计、组建和管理。运维项目架构组建不同于准备阶段的组织设计,除了运维基本准备以外,还需要针对合同约定的内容进行增补,如部分设施整改提升、设备物资配备数字化平台建设,甚至部分项目施工时进行一些项目架构组建的设计。这块工作是运维活动顺利开展的重要手段,具有战略部署的作用。它体现了运维工作开展的基本要求,提供了开展运维工作的具体内容。运维项目架构组建工作的开展,可以从具体的运维项目规模、范围,组建专业的运维团队,配置足够的物资车辆,建立完善的运维规章制度,在合同项目所在区域建设固定的运维服务站,配套建设农村生活污水处理设施水质检测化验室等方面着手,保证运维工作按照预定的目标进行。

(1)运维团队组建

一个运维区域,在处理设施正常运行的前提下,一个运维项目一般应配备项目负责人、运维负责人、技术负责人、化验室水质检测人员、运维平台监控中心管理人员及养护、巡检、维修等人员组成的运维团队。维修人员(电工)等人员还应具备相应的执业资格证书。企业需定期对从业人员进行各类安全、岗位知识培训及技能演练,做到相关工种的应知应会,提高实践操作能力。团队组建的具体组织构架见图7-2。

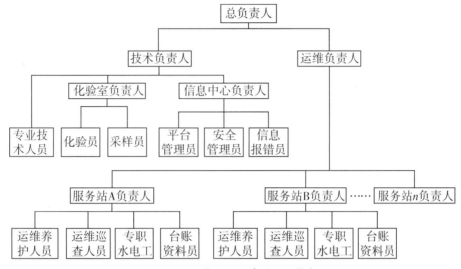

图 7-2 运维团队组建的组织构架

(2)物资车辆配置

物资车辆配置指的是通常按照"规定时间响应的服务半径"(按照浙江省运维实践,约为30min响应的服务半径为宜)的要求,根据运维工作开展及项目合同的要求配备的用于养护、巡查及维修的运维工具、运维车辆、运维过程中的易损易耗材料的备件及运维过程中安全警示和劳动防护用品等。同时根据需要,运维服务机构还应配备各种物资储存和暂存的仓库。

运维工具主要为针对户内设施(如有必要)、管网设施、终端设施开展运维工作应配备的各种工具(见图7-3)。比较常用的有:①检查井井盖开启工具如洋镐、铁钩等;②废物清掏工具如网兜、水桶、垃圾收集桶等;③管道疏通、清洗、检测工具如通管器、PP-R管、铁铲、汽油泵、污泥泵、高压水枪、CCTV管道检测仪等;④绿化养护清洁工具如剪刀、扫把、拖把、抹布等;⑤设施设备维修工具如螺丝刀、老虎钳、污泥钳、万用表等;⑥水质检测采样工具如便携式水质检测仪、采样水瓢、采样器、采样瓶、样品存放保温箱等;⑦安全防护工具如警示牌(桩)、安全护栏、通风机、手电筒等。[2]

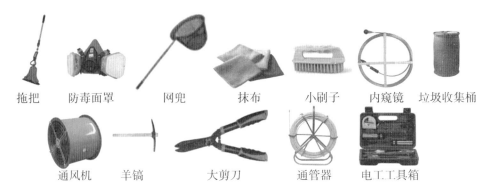

| 拖把 | 防毒面罩 | 网兜 | 抹布 | 小刷子 | 内窥镜 | 垃圾收集桶 |

| 通风机 | 羊镐 | 大剪刀 | 通管器 | 电工工具箱 |

图 7-3　运维工具

运维车辆是指运维过程中巡检、养护、维修的车辆,如面包车、皮卡、三轮车等。根据项目情况必要时还应配备吸粪车、高压冲洗车、疏通车等(见图 7-4)。

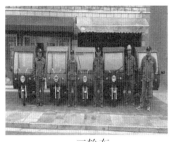

| 三轮车 | 面包车 | 皮卡 |

图 7-4　运维车辆

运维过程中的易损易耗材料的备件主要为检查井、风机、水泵等设施设备的易损易耗材料的备件,如检查井的井盖、风机的皮带、水泵的口环、橡胶圈、水管配件等(见图 7-5)。

| 井盖 | 橡胶圈 | 管材堵头 | 管材弯头 |

图 7-5　运维过程中的易耗易损材料备件

运维过程中安全警示和劳动防护用品指的是安全警示牌、安全护栏、安全帽、防毒面具、防护手套、消毒水等(见图 7-6)。

| 防护手套 | 安全帽 | 安全护栏 | 防毒面具 |

图 7-6　运维过程中安全警示和劳动防护用品

必要的窨井盖开启、管道疏通、设备维修、清洗等设备及栅渣污泥收集桶、安全警示牌、安全护栏、防毒面具、防护手套等工具,应在巡检、养护、维修时随车携带,满足现场临时运维工作的需要。

（3）规章制度建立

运维工作开展所要建立的各种规章制度主要包括人事管理制度、生产管理制度、安全管理制度（见表 7-2 和图 7-7）。

表 7-2   开展运维工作所需建立的规章制度

制度类别	制度内容
与人事相关的管理制度	（1）运维人员招聘制度 （2）运维人员培训制度 （3）运维人员绩效管理制度 （4）运维人员薪酬和职级管理制度 （5）运维团队组织和职位管理制度 （6）运维人员出勤制度 （7）其他
与运维生产相关的管理制度	（1）运维中心管理制度 （2）档案管理制度 （3）运维现场管理制度 （4）运维车辆管理制度 （5）仓库管理制度 （6）水质实验室管理制度 （7）应急管理制度 （8）异常情况上报制度 （9）岗位操作规程 （10）其他
与安全相关的管理制度	（1）安全生产操作规程 （2）安全生产和岗位责任制 （3）安全监督和检查制度 （4）从业人员安全管理制度 （5）安全例会制度 （6）安全培训和教育制度 （7）其他

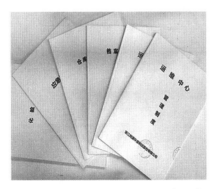

图 7-7   运维工作开展必要的部分规章制度文件

人事管理制度是用于规范运维人员的行动、办事方法等一切活动的规章制度,包括运维人员的招聘制度、培训制度、绩效管理制度、薪酬和职级管理制度、出勤制度等。它是针对劳动人事管理中经常重复发生或预测将要重复发生的事情制定的对策和处理原则。主要作用是用来规范运维人员的行为准则、协调理顺运维团队各管理层之间的关系,也是运维人员的基本保障和工作基础。

运维生产管理制度主要规定了运维人员的工作对象、工作内容、工作方法、工作流程与步骤等,为运维人员的工作和活动提供依据。与运维生产相关的管理制度包括:运维中心管理制度、档案管理制度、运维现场管理制度、运维车辆管理制度、仓库管理制度、水质化验室管理制度、应急管理制度、异常情况上报制度、岗位操作规程等。

安全管理制度以保障运维工作合法、有序、安全地运行,将安全风险降到最低。建立健全安全生产规章制度既是运维管理工作的重要保障,也是运维服务机构保护从业人员的安全与健康的重要手段。它主要包括安全生产操作规程、安全生产和岗位责任制、安全监督和检查制度、从业人员安全管理制度、安全例会制度、安全培训和教育制度等。

(4)服务站点建设

运维服务站点是指由运维服务机构在合同项目所在区域,为了实现规定时间内的响应服务以及区域内运维工作开展而设立的有固定场地、人员和运维设备的分支机构,也可以是独立开展运维工作的项目部(见图7-8)。运维服务站点的建设应满足以下几个原则。

①交通便利原则。运维服务站一般建立在合同项目所在区域,满足"半小时服务圈"的要求。

②场所固定原则。用作运维所需的办公室、运维人员的休息室及相关设备、设施存放的仓库等场所,能够满足日常办公、例会、培训会议等需要。

③人员充足配置原则。原则上应满足站点辖区内的运维工作,包括技术性工作与管理类工作。

图7-8 建成的运维服务站

运维服务机构还应当在村内适当位置公示运行维护范围、标准、巡查时间、工作人员及其联系电话、责任人监督电话等内容,接受社会监督。

（5）化验室建设

运维服务机构为了评判运维质量和效果,应配备化验室,通过定期和不定期检测,评估区域内运维工作的开展情况。浙江省对运维服务机构化验室的建立,在《浙江省人民政府办公厅关于加强农村生活污水治理设施运行维护管理的意见》(浙政办发〔2015〕86号)和《农村生活污水治理设施出水水质和结果评价导则》等文件和标准导则里都有体现。水质检测要求自行检测,宜采用运维服务机构自有化验室开展,无自有化验室的,应委托具备法定检测能力的检测机构开展检测。

水质检测化验室应选择合适的场地、购置必要的实验仪器设备、配备必要的人员和物质资源,建立必要的实验室管理、安全和质量控制文件,并有效执行。水质化验实验室应考虑选在清洁安静、光线充足、通风良好的场所。同时,在总体布局上应注意实验区域、辅助区域、公共设施区域、三废处置设施区域等区域的划分。实验区域包括化验室工作区、化验室缓冲区、样品间、试剂及耗材间等;辅助区域包括接待室、资料档案室、数据处理区、办公室等;公共区域包括暖通、空调、给排水、纯水区等;三废处置设施区域包括通风橱、废液缸、废物桶等的安装位置或放置场所。[3]

水质化验室应购置必要的实验仪器设备,设备配置应考虑满足日常运维监测所需和运维服务机构科研所需。一般要求化验室具备 pH、化学需氧量、氨氮、总磷、动植物油、悬浮物、粪大肠菌群、总氮等的检测能力。相关的仪器设备有分光光度计、天平、冷藏柜、烘箱(干燥箱)、振荡器、水浴锅、消解仪、高压蒸汽灭菌锅、显微镜、无菌操作台、红外测油仪、超纯水机等。

水质化验室应配备的人员和物资:在人员方面,要求设置一个实验室负责人及若干名检测人员,相关人员应具备基本的实验操作能力和数据分析能力。在物资方面,应配备水质检测所必需的标准样品、药剂、各类实验耗材等。

水质化验室应建立实验室管理制度、安全管理制度和质量管理制度等,并且应打印出来悬挂上墙。

2.日常运维工作开展

农村生活污水处理设施在日常管理中,要运行好各村设施、设备,管理好运营工作,调动和保护运维人员的积极性和责任心,取得环境、社会、经济效益,必须建立起以岗位责任制为中心的一整套管理制度,使运维项目的管理人员、操作人员等人员能够根据每日工作安排围绕"设备正常运行、水质达标排放"这一中心任务,做好养护、巡查、维修、检测等一系列各自责任内的工作。

（1）日常工作计划安排

为了提高、优化运维人员的工作效率,合理安排日常养护、巡查等运维任务,便于管理与考核,降低日常作业的人力成本,运维服务机构应制订每日工作安排表。通常是先把运维日常工作进行详细列单,包括户内设施、管网设施、终端设施。表单内容应细化到人,确定好工作频次,再根据人员配置情况把工作落实到具体人员上,实现分工具体、职责明确的目标,并据此制订出片区运维人员日常工作安排表。

工作安排表的制订要求为:具有可操作性,工作落实到人;工作频率和人员配备应符合招标文件或合同规定;在工作量的安排上,应留有适当余量,以便出现意外情况时可以灵活调度;运维工作应涵盖所有运维范围和内容,避免漏项。

(2)明确岗位职责

运维服务机构需要根据项目的实际情况设置工作岗位,方便运维项目的组织实施。可考虑设置管理岗位和技术岗位两种,从管理层级上设置负责人岗位和操作岗位,管理岗位主要包括项目负责人、运维负责人、技术负责人、化验室负责人、监控中心负责人,技术岗位主要包括采样岗位、化验操作岗位、设备管理岗位、巡查岗位、养护岗位、维修岗位、资料岗位、库管岗位、平台岗位、网络管理岗位。在明确各自岗位职责的情况下进行项目实施,使得运维的人力配置得到最合理、最充分的发挥。

项目负责人:负责整个项目的正常运作,编制运维计划,搞好调度指挥,抓好人员管理,保证完成年度运维计划;负责整个项目的行政管理;负责对外、对上级的联系;负责财务管理,合理使用各项资金,杜绝不合理开支和浪费现象;负责落实各种培训教育,提高全体人员的专业技能和水平;负责安全工作,认真执行国家的有关政策规定,定期组织安全教育,做好安全检查工作;关心员工身体健康,定期检查身体,采用预防措施,防止疾病传染;负责项目设施管理,定期检查、维护;负责重大设施改造、更新的审批,对上申请。

运维负责人:负责年度运维计划、各项制度的编制、有效实施和执行监督工作;负责整个项目的设备管理,抓好各类材料、设备、物资的采购、保管和使用;负责运维培训工作,定期组织业务考核,提高员工的业务技术水平;协助项目负责人做好安全工作,制订各种应急预案,组织预案演习,如抢救中毒人员等;负责组织好运维过程中的登记统计工作,按期汇总上报;负责会议的召集、记录和服务工作,催办、查办会议决议事项的贯彻落实;负责各类运行资料的收集、整理、存档工作。

技术负责人:负责工艺管理工作,提高污水处理水质达标率;负责搞好运行优化,确保工艺运行良好,系统稳定运行;负责技术资料的收集、整理、存档工作;负责日常化验管理工作;组织业务技术的培训、考核和技术评比工作。

化验室负责人:负责化验室的安全和生产工作,组织制订化验室的各项安全操作规程和规章制度,并组织实施、检查和总结;组织制订和审定化验室年度工作计划,并组织各项计划的具体落实;负责审核检验报告,对化验室出具的检验报告承担主要责任;控制化验室的预算和成本,在保证化验质量的前提下,节约用水、用电、用药;熟悉化验室的各个岗位,能随时指导、培训化验人员和上岗操作,不断提高业务水平。

监控中心负责人:负责制订监控中心的管理制度,报项目负责人批准后组织实施;负责制订监控中心人员的岗位责任制度与职责规范,并保证制度的贯彻落实;负责人员的综合素质及业务技能提高的教育、培训工作;负责做好监控中心工作总结汇报。

采样岗位:实施采样工作,发放和保存水样,认真执行样品交接传递手续;严格采样工作,保证样品容器清洁,容器材质符合有关规定,采样地点、采样时间按照制订的计划完成;严格遵守安全操作规程和各项规章制度;做好样品汇总资料,及时提交情况反映说明。

化验操作岗位:掌握专业理论和业务知识,了解工作计划进度和工作方法,参加具体的化验工作;严格遵守各项规章制度和工作流程,按照有关标准操作规程进行化验工作;努力学习业务知识,提高技术水平,按时参加上岗考核;认真做好化验工作,力求减少质量差错;爱护仪器设备,正确使用,及时登记,做好维护保养工作;不得擅自对外公布检测数据。

设备管理岗位:做好仪器设备的管理工作,建立台账,做到账、物相符;做好仪器设备送检和自检工作,对于超周期及不合格的仪器设备有权做出停用决定;及时做好仪器设备的维护保养工作,并做好设备档案资料;仪器设备发生故障,应及时上报,并协助做好维修工作,保障设备完好;对确实已损坏无法修复的仪器设备应及时贴停用证,报各级领导批准后报废。

巡检岗位:负责带领、组织、安排人员对各设施、设备进行巡视、检查、监督;组织人员对仪器仪表进行巡视,熟悉掌握工艺运行状况和常规调整,及时处理运行过程中出现的各种技术问题,并提出改进方案,保证工艺运行质量;负责对故障设备按程序报修、标示、交接;故障处理后的检查、标示和恢复使用,对重大问题应及时上报;定期组织检查养护工作到位情况,做好每月设施自查自评工作;负责监督各设施在日常运维工作中产生的垃圾、废弃物的处理处置工作;开展规范规程、操作培训、安全管理培训等工作。

养护岗位:遵守执行运维导则、运维技术规范,坚持科学养护与规范化管理,提高养护质量;按要求认真完成各项养护工作任务;养护工作做到勤保养、勤检查,发现问题应及时上报;妥善保护养护工具,如有损坏和丢失,应及时上报,如需添加设备工具,应在得到相关人员批准后购买,并保存好发票;积极协调好与住户的关系,不允许与住户发生争吵、斗殴现象;积极做好安全防护工作,严格执行各项安全条例。

维修岗位:按期、按质、按量完成维修的各项工作;负责设备维修管理,组织实施各污水处理系统的电气设备的维护、维修计划,落实临时维修任务,及时抢修和按期保养设备;负责设备大、中修,临时维修,供电配电和控制、仪表等的维护,部分技改工作;负责维修材料申购、领取、退库;完成维修记录和各种报表的填写、上报工作。

资料岗位:建立电子归档和查阅系统,负责运维过程中各种规章制度、技术文件、日常运行维护记录、重大故障报告及处理结果记录、设备定期检修和水质检测记录等文件和资料的收集和整理;注意收集并保管好有关的法律技术标准、规范、规程和标准检测方法;保管好各项规章制度、通知和要求;严格按照档案管理规定做好借阅工作。

库管岗位:负责各种物资、材料、零配件、工具的计划统计和材料采购工作以及购回后的领用通知工作;掌握合格供方情况,根据设备维修、改造的需要及时采购优质的材料、器材、工具,并提供相应的技术证件;负责材料、库房管理及相关的标识管理;做好仓库材料、物资收支月报表;严格按照物资、器材的领用规定做好发放工作,做好出、入库记录。

平台岗位:认真执行各项规章制度和监控系统操作规程,熟练掌握监控设备的操作程序和规范。负责监控中心设备的维护、保养和管理,发现设备故障,进行记录并及时排除。如故障排除有困难,应及时上报,配合维修人员修复,保证设备正常运转。未经许可,禁止非监控中心工作人员入内。值班人员不准脱岗或睡岗,不得干与工作无关的事情。值班时,需持续监视所有站点出水口、全景、设备间轮循画面,平台软件实时监控情况,平台系统报警情况。发现异常情况及时记录,并手动生成工单,通知相应运维服务机构前往处理。按照值班日志要求做好详细的监控中心值勤情况记录,包括电子版及签名纸质版日志。异常情况还需截图录像,以做必要时查证使用。发生火警以及其他重大灾害时,须及时将报警位置准确报告部门领导和相关部门,并做好应急处置以及跟踪反馈。负责室内及设备设施的日常清洁工作,防止灰尘对设备设施造成损害。做好保密工作,不得向无关人员泄漏工作任务和平台数据。认真做好工作记录和交接班记录。

网络管理岗位:掌握与外部网络的连接配置,监督网络状况,发现问题后第一时间解决,如无法处理的,应及时上报并跟踪情况。制定、发布网络基础设施使用管理办法并监督执行。在网络运行过程中,网络操作管理员应随时掌握网络系统配置情况及配置参数变更情况,对配置参数进行备份。确保各种网络应用服务运行的不间断性和工作性能的良好性,出现故障时应将故障造成的损失和影响控制在最小范围内。对涉密计算机以及网络用户的工作情况进行全面管理和监控。掌握监控中心数据通信电缆布线情况,在增减设备时确保布线合理,管理维护方便。管理监控中心的温湿度、通风状况等条件,提供合适的工作环境。配合其他部门,做好监控中心网络运行日志,并定期汇报网络运行状况。

总的来说,明确项目运维人员的岗位职责,能够充分发挥每个运维人员的作用,提高运维管理效率,同时也是开展岗前培训和日常运维工作成果考核的依据,在运维日常管理中起着非常重要的作用。

(3)运维日常管理的具体工作流程

运维服务机构实施日常的工作流程主要包括:运维养护、运维巡查、运维维修,它直接影响运维效果和运维质量。

①运维养护

运维养护(简称养护)是指对污水处理设施进行日常养护。日常养护是运维工作的基础,需要养护人员在日常养护过程中,按照规定的时间间隔,常态化地携带工具,到现场进行清理淤塞、检查设备运转情况、绿化修剪等工作,保持设施管网畅通、运行正常,保持设备运转正常以及绿化美观。养护人员包括管道工、养护工等,应熟悉岗位职责和工作内容,掌握基本的操作规范;配齐运维工具,完成日常养护工作;具有沟通协调能力及应对突发事件的处理能力。养护工作主要包括农户端设施养护、管网设施养护、终端设施养护和绿化养护。养护工作流程见图7-9。

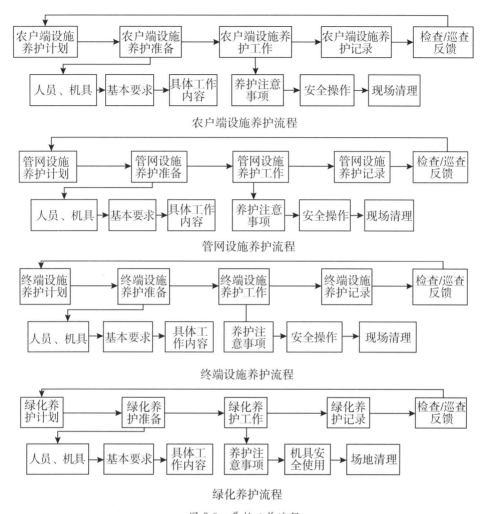

图 7-9　养护工作流程

②运维巡查

运维巡查是指在运维养护的基础上对污水处理设施进行定时或不定时的巡查,是及时发现设施设备故障,避免事故发生的关键。通过巡查,观察设备有无异常声音、是否空转,有无过热、倾斜现象,有无损坏或其他妨碍运行的情况。巡查人员可以是乡(镇)、村(社)巡查员或者是运维机构巡查员。

巡查要求:对管辖的设施、设备认真地按时巡查一遍,并对异常状态要做到及时发现,认真分析,正确处理,做好记录。若发现异常情况应及时向有关上级部门汇报;巡查应按一定的路线进行,一般在高峰负荷时巡查。

遇到下列情况应增加巡查次数:设施过负荷或负荷有明显增加时;设备经过检修、改造或长期停用后重新投入运行,新安装的设备投入系统运行时;遇到大风、雷雨、浓雾等恶劣气候,事故跳闸和设备运行中有可疑的现象时;法定节假日及上级部门通知有重要任务期间。

巡查时遇到严重威胁人身和设备的安全情况,应按事故处理或按有关规定进行处理,同时向上级领导汇报。

巡查有运维机构巡查和乡(镇)、村(社)巡查两种,运维机构巡查除了确保设施正常运作外,还应对养护工作进行检查。乡(镇)、村(社)巡查是对运维机构的工作进行检查。运维巡查流程见图 7-10。

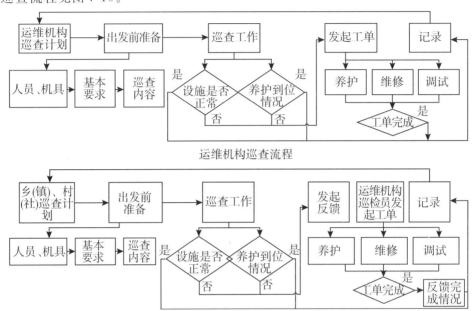

运维机构巡查流程

乡(镇)、村(社)巡查流程

图 7-10 运维巡查流程

③运维维修

运维维修是指按照技术操作规程、检修规程和维护保养规则进行设备的维修及保养。当设备发生故障后,应认真进行故障分析,并对其进行维修。运维维修包括准备工作、维修工作和统计工作。维修流程见图 7-11。

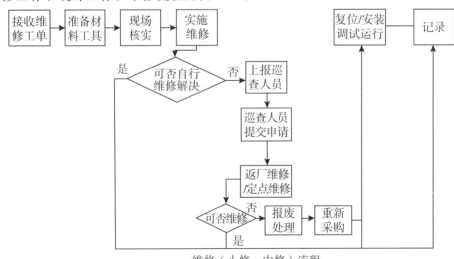

维修（小修、中修）流程

图 7-11 维修流程

维修人员要遵照设备说明书的规定,不得随意拆卸,以免影响设备的精度和性能;加强保养、设备点检和预防性维修工作,有计划地进行强制性预检预修;库存备件应齐全,随机附件完整,妥善保管维护,暂时不用的应合理存放;做好设备故障记录,认真填写设备故障修理记录和原因分析,及时汇总和上报;对多发生性故障或设备缺陷进行检验分析,可以摸清故障发生的原因,找出规律和对策对设备进行改装和改善修理。

准备工作:拟订维修方案及维修措施;核对、校准更换零部件;提出修理更换件的材料、型号;确定维修时间,落实更换件是否齐全。

维修工作:组织维修具体操作人员;明确维修要求方案、维修内容、更换零部件等情况;合理控制维修进度;维修完工后安排验收。

统计工作:维修时长、消耗材料、费用等的核算;维修工作总结与经济分析,研究提高及改进措施。

(4)运维日常管理的辅助工作流程

运维服务机构日常管理的辅助工作包括:采样检测、仓库管理、材料采购及领用管理、记录管理、运维计划表和统计报表管理。辅助工作虽然看起来和核心工作不在一个主线上,但它是做好运维核心工作必不可少的工作流程。它为运维日常管理工作的开展起到辅助配套和评价的作用。辅助工作完成的情况往往影响核心工作的完成情况。

①采样检测:采样检测不仅是运维服务机构衡量自身运维质量的重要措施,也是业主单位对运维服务机构进行考核的重要标准,同时通过进出水水质检测和分析,还能帮助运维服务机构分析设施运行状况,进一步优化运维方式和效果。采样检测工作流程见图7-12。

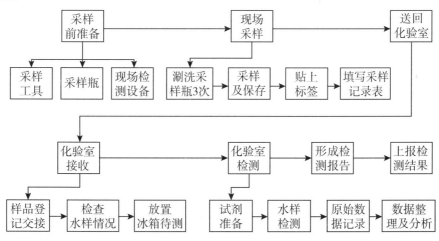

采样及化验流程

图7-12 采样检测工作流程

②仓库管理:指出入库管理的过程,通过仓库管理提高运维效率。仓库管理必须做到账卡相符、卡物相符,发现问题及时上报;仓库物品必须堆放整齐,各种材料、物品防止受潮霉变;严格做好防火防盗工作,仓库管理人员要及时学习消防知识并掌握消防器材

的使用。

③材料采购及领用管理:材料采购要根据运维情况及库存量的多少,做好采购计划,并报负责人签字确认后方可进行采购,要做到既能及时供应又不积压;材料采购要满足现有需要;大宗材料、设备采购需要有合格证等,防止购入假冒伪劣或"三无"产品;领用物资须填写材料申购单及领用单;有剩余材料而又长时间不用,应及时送回仓库并做好登记,以免丢失和浪费。

④记录管理:指对运维过程中各项行为的记录过程,通过记录管理发挥数据统计、分析、管理的作用。

在污水处理运维工作的日常管理中,需要记录各种工作过程的轨迹,这些记录是管理和技术人员对运维过程和绩效进行分析、核实与总结的基础资料,所以记录要及时、准确、完整、清晰,实事求是地反映运维情况。相关人员应对记录进行收集、整理、保存,并把结果向有关领导、管理人员汇报,便于汇编成册存档和指导下一步工作。运维服务机构在开展运维活动过程中,除了自身做好各种现场操作、运维记录和统计分析工作之外,还应对上级主管部门监督检查出具的整改意见、村民的反馈及老百姓的投诉、建议等信息及时安排相关人员尽快处理,并将整改落实处理结果上报有关部门。

工作记录指运行记录、设备维修及档案记录、安全工作记录、化验数据记录、其他工作记录。以用计算机系统记录为主,并以数字、图表打印或显示,以人工记录为辅。纸质的原始记录需做好存档。

运行记录主要包括:监控中心值班记录、处理设施巡查记录、管网设施巡查记录、设施养护记录、水质检测记录、设施异常情况报送登记等。

设备维修及档案记录主要包括:设施维修记录、管网维修记录、设备维修记录、化验设备及档案、备品备件库存记录等。对于设备,应有详细的记录和编号,便于查找;设备记录内容有设备名称、技术数据、厂家名称、维修改造等原始数据。

安全工作记录主要包括:安全教育培训记录、安全器材档案记录、工伤分析和处理记录、安全事故分析调查处理记录、安全检查记录等。

化验数据记录主要包括:化验原始记录、化验检测记录等,是配合系统运行而做的各种化验所得数据,并加以分析、统计和汇总,将化验数据制成图表报给有关领导和技术人员分析,为运维过程中工艺的调整提供依据。

其他工作记录主要包括:收发文件记录、会议记录、值班记录、人事档案、绿化工作记录、考勤记录、各种规章制度档案、运维用品器具发放记录等。

⑤运维计划表和统计报表管理:在污水处理运转过程中,积累了大量的原始记录,结合年度运维计划,完成计划的统计报表,对其统计分析,进行汇总整理,更好地完成运维计划。统计工作是在设备维修中及时、准确统计各种设备运转时间,中、小修的规律,设备的故障统计和抢修统计等。每一项统计工作都应有专人统计、校核,防止误报、漏报。统计工作的成果是报表,统计报表是在原始记录基础上汇编而成的。报表可分为运行、设备、化验、安全、财务等报表,要求定时、专业、系统、准确、精练地反映污水处理系统

运行管理,应分别报送上级主管部门和有关领导、管理和技术人员。

(5)运维日常管理的应急工作流程

为有效应对各类突发情况,做好突发事件的应急处置工作,提高应对和处置突发事件的能力,保护处理设施和运维人员生命安全,运维服务机构应成立以企业法人为组长,各分管领导、部门负责人为成员的应急管理工作领导小组,明确职责和分工。应急管理工作是运维服务机构的职能所在,涉及的工作有多方面,主要有天气异常情况、设施运行异常情况、进出水水质水量异常情况。

①异常天气情况

运维过程中经常发生天气异常情况,如雨雪天气、低温天气、台风天气等。运维管理工作应从人员、物资、材料准备、处理设施保护几个方面开展。

对于可预见性的,应提前做好人员、物资、材料准备,保护处理设施。

对于突发事件,应急管理小组及时组织人员、物资进行处理,减少损失,上报公司、主管部门,后续走大修流程,并做好台账记录。

②设施运行异常情况

运维过程中发生的设施运行异常情况主要有堵塞满溢、沉降塌陷、缺相漏电、设备老化损坏、罐体渗漏上浮等。

日常管理工作流程如下:巡查人员(运维机构巡查人员、村协管员或村民)→上报/联系服务站负责人→发起工单→现场处理→台账记录。

若现场存在无法解决的问题,则采取应急措施,并及时上报,走大修程序,做好台账记录。例如,发现沉降塌陷情况时,首先应做好相关防护工作,提醒并保护过往人员和车辆,然后逐级向服务站负责人、项目负责人、主管部门上报,走大修程序,及时完成修复,并保留影像资料(见图7-13)。

图7-13 管道抢修

③进出水水质水量异常情况

运维过程中出现进出水水质水量异常,如进水水质水量超标、出水水质水量超标、出水浑浊等,应及时分析原因,如是人为因素造成的,则第一时间上报并处理,向破坏人进行索赔,并做好台账记录。例如,巡查时发现有大量酒糟水流入处理设施,已经破坏微生物生长环境,造成出水发臭等不良影响,应第一时间向服务站负责人、项目负责人、主管部门上报,同时组织力量排查污染源,协调专业技术人员开展系统调试,恢复菌种生长环境等工作。

(6)运维日常管理的提升措施

①培训促使运维管理提升

项目运维服务机构通过专业培训提升员工技能、员工的忠诚度和凝聚力,以保证企业人才输送的及时性和有效性(见图 7-14 和图 7-15)。

图 7-14　浙江省农村生活污水处理设施运维管理培训

图 7-15　内部培训

培训目标:通过培训提升管理岗位和操作岗位人员的专业技能,确保农村生活污水运维机构(公司)持续经营以及农村生活污水处理设施能得到有效的运行维护,并持续改进。

培训对象:项目负责人、运维负责人、技术负责人、化验室负责人、监控中心负责人等管理岗位;采样岗位、化验操作岗位、设备管理岗位、巡查岗位、养护岗位、维修岗位、资料岗位、库管岗位、平台岗位、网络管理岗位等操作岗位。

培训方式:管理岗位着重培养管理协调和技术管理能力,操作岗位着重培养实际操作和处理现场问题的能力,采取差异化培养方式。

管理岗位培训方式宜采用当面授课、经验交流、考察学习、自我学习等方式,充实管理人员的专业知识和管理知识,重点在于法规政策学习、技术理论学习、安全管理学习、企业管理和实践运用学习。

操作岗位培训方式宜采用授课、操作演示、经验总结交流等方式,培养操作人员全面掌握具体操作的技术要点,通过实践不断提升实际操作的效果和效率、实操中安全生产意识和措施,重点在于基础专业和某一技术领域的深入学习和实践。

定期培训可以根据运维机构每年制订的培训计划,分为新人培训、制度培训、岗位培训、专业技术培训;不定期培训可以根据管理需要,开展对新政策新规定的学习、新技术的学习、对疑难杂症的讨论、技术交流等形式的培训。

培训制度化管理:运维机构需建立培训制度,针对管理岗位和操作岗位制订年度培训计划,根据运维人员现状和运维机构发展规划,由技术负责人和运维负责人共同参与培训计划的编制。通过专业化培训提升各岗位人员技能,鼓励一线员工反馈需要补充学习的技术领域以及培训效果。积极参加行政主管部门和专业行业协会组织的外部培训,通过行业内交流和学习,了解政策方向和行业规范。运维机构内部建立人员培训及考核档案,建立人才培养的岗位规划。

②评价促使运维管理提升

自我评价是运维服务机构为检验自身运维工作的好坏,进一步提升运维管理水平和效率,总结运维管理经验的一个重要环节。自我评价包括对运维人员的评价、对运维设施的评价以及对运维过程的标准化评价。

A. 对运维人员的评价:有利于监督考核工作成效,包括对运维员工、管理人员、项目负责人的评价。

对运维员工的评价。运维员工是运维工作的主体,也是运维管理好坏的关键所在。其水平的高低,直接决定运维的成效。因此,管理人员需密切关注养护员、巡查员、专职水电工等工种的工作情况,对日常行为规范、发现解决问题的能力等方面及时做好记录,并于每月月初整理绩效考核表。同时,借助监控平台定期检查运维人员的签到率、迟到早退情况、巡查养护报告、工单处理情况等。

对管理人员的评价。对管理人员的评价不仅可以提高工作积极性,还可以提升运维管理水平。项目负责人可利用区域管理人员互查、技术部检查等形式,监督检查管理人员的履职情况,并形成报告。

对项目负责人的评价。对项目负责人的评价有公司内部管理评价,以及结合甲方评价、项目回款等内容做出的综合评价。

B. 对运维设施的评价:有利于突出工作重点,能更有目的性地做好运维管理工作,包括按排放标准和整体效果评价。连续检测处理设施进出水的水质,可按照排放标准将处理设施分为一级排放标准设施、二级排放标准设施、超标排放设施。评价达标的处理设施应保障出水稳定达标。针对超标的处理设施,运维服务机构应查找分析原因,优化工艺参数,提高出水水质。如果超标因素为设计建设质量问题,那么应做好记录,为后续提升改造工作提供依据。整体效果需要综合考虑户内设施接户规范、管网设施通畅、终端设施(水清、无味、点绿、景美)等情况。

C. 对运维过程的标准化评价:主要是针对运维过程中管网设施、处理终端、运维服务机构、运维人员、运维记录、安全管理六个方面进行评价,可以参考浙江省出台的《浙江省农村生活污水处理设施标准化运维评价标准》相关规定,评价要素完整、评价指标全面,可以体现运维工作的完成程度。特别是设施建设先天不足或环境发生变化等造成的出水水质不达标,无法评判运维工作是否满足合同要求时,运维标准化评价可以作为运维工作开展的实际评价工具,也可以是运维服务机构进行自我运维评判的衡量标准。

③改善环境关系促使运维管理提升

农村生活污水处理设施运维是一个牵扯面广、关系复杂的工作,它涉及业主单位、基层政府、行政部门、行业管理、周边居民等关系的协调,处理好和各相关方的关系,是提升运维工作效率和质量的有效途径。因此,运维机构应积极配合各部门做好运维相关工作,主要包括以下几方面。

积极配合业主单位按照合同约定完成阶段性检查、第三方检测、考核、交接等工作;积极配合业主单位的反馈做好整改和改进工作,并在资料收集和编写、人员配合和现场解说等方面做好相应的配合工作,提高业主单位的工作效率;积极配合业主单位其他项目的咨询都是提升业主单位关系的具体措施。

积极配合基层政府和行政部门完成日常监管工作,接到监督检查和抽检、年检等任务,应积极组织人员配合检查队伍开展资料填报、现场引导讲解等工作,事后积极做好整改等工作。

配合做好行业管理,参与完成行业规则、行业技术共识、新技术应用试点等具体事项,积极参与运维领域的技术研发,促进行业的市场规范和诚信行为,推进行业的良性发展。

积极做好设施运维作用和安全宣传工作,做好居民户内设施维护的指导,提升设施周边人居环境"洁化、绿化、美化"水平,处理好周边居民关系。

④加强技术升级促使运维管理提升

农村生活污水处理设施运维行业虽然发展时间不长,但是该领域的技术迭代迅速,从刚开始的人工管理发展到数字化平台和在线监测设备的使用。随着互联网和物联网的发展,设施运维的组织实施方式也有新的发展模式出现。

平台化的组织管理实施。可以看到,目前运维组织实施已经通过平台化进行组织管理,管理人员巡查工作内容、轨迹、频率等工作,实现运维工作的记录、报表等数据积累,运维服务机构的技术人员可以通过数据分析对运维项目提供指导,对运维过程中出现的具体问题能快速应对。平台化的组织方式大大减少了人工管理的成本,提高了运维管理的效率,能有效地帮助运维服务机构对多地运维项目同时进行管理。

在线监测和传感设备开始代替人工巡查,成为直接监控运维项目的有效手段,运行成本大大降低,并具有实时监控、实时分析的优势,可以有效防止污染事件的发生。通过传感监控设备也可以随时了解污水处理设备的运行状况,降低了运维过程对技术人员的依赖性,有效破解了运维技术人员不足的难题(见图 7-16)。[4]

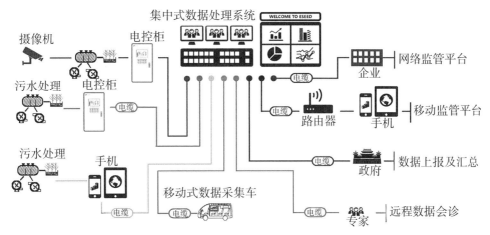

图 7-16　农村生活污水物联网化管理平台架构

数据管理优化运维实施方案。数据管理是基于平台化和数字化技术在设施运维中的应用,大数据时代的到来,使得人工智能等可以应用于海量数据分析,通过平台和数字化手段积累的数据来预警和分析运维提升和运维优化将成为可能。

综合性功能的运维服务机构将出现。农村生活污水处理设施的运维服务机构,一直以来都是处在单领域开展工作,这与招标方式和组织方式都是密不可分的。但是随着村镇业务的融合,特别是区域面源治理的开展,农村生活污水处理设施将是综合治理中的一个环节。综合治理对于区域的治理效率和治理质量都会有明显的提升,综合性功能的运维服务机构将会有更大的发展空间。

7.2.3　运维组织实施的结束管理

运维组织实施的结束,一般指运维合同到期,运维服务机构中止运维活动的阶段。在这个过程中,运维服务机构要对整个运维服务过程进行盘点和汇总。这一项目工作不仅是运维方对照合同约定总结汇报运维机构运维活动是否达到运维目标,还需要把运维过程中发现的问题和需要改进的地方向业主单位说明,作为下一阶段运维组织实施的依据。

1.业主单位

负责监督和指导两家运维服务主体之间的移交工作,提供监管服务系统内区域管理、设施基础资料,做好移交清单的档案管理工作,并核对每次检查考核的奖惩情况,按时支付运维费用尾款。

2.乡镇街道

具体负责运维交接的组织实施;按计划组织召开动员、协调、总结会议,向运维服务主体提供设施建设期间的竣工图纸、运行维护记录等资料查阅条件;明确移交任务,督促问题整改,落实移交清单,并告知各相关建制村;移交清单由乡镇(街道)和两家运维服务主体三方签字、盖章确认。

3.现运维服务机构

应当清查每个处理设施存在的问题,梳理问题汇总表,并对属于自己责任范围内的问题及时销号整改,其他问题上报乡镇(街道)决策。除此之外,还应积极配合后续接手的运维服务机构勘查现场、清点核查设施设备是否完好、移交运维资料,以及积极解决现运维服务机构提出的合理化建议。

4.后续运维服务机构

负责制定处理设施实地核查方案,对设施进行实地核查,对水质检测报告进行核查,对不符合运维目标要求和存在明显偏差的情况及时进行记录,出具复核报告提交乡镇(街道)。具体工作内容可参照 7.2.1 中的运维项目交接管理内容。

运维服务期移交管理主要包括运维资料移交、设施移交、问题协调报告等工作。处理设施运维资料移交主要涉及调试运行、设备检修和运维管理期间存档等基础资料。移交资料需分类整理、留档。

7.2.4 运维组织实施的监督管理

运维组织实施的监管目的是运用监督考核的手段督促运维服务机构按照法律法规、合同约定的范围完成运维目标,持续保障运维质量。运维组织实施的监管有日常监管、考核监管、意见反馈等,主要涉及业主单位、政府部门、行业协会以及社会公众等,他们都有对运维服务机构的运维实施过程进行监督管理的权利和义务。

1.业主单位的监管

业主单位以运维合同为监督管理依据,主要采用的形式包括抽查考核、阶段性考核、突发事件考核、年度考核和项目结束评估。业主单位对企业运维实效的监管考核,包括对运维服务机构基本条件的评估、对运维人员的评价以及对运维实效的监管考核。针对运维服务机构的基本条件,业主单位主要检查企业规章制度、从业人员配备、人员培训、主要运维设施设备配置情况、运维记录、信息上报和整改落实情况、化验室、企业运维平台运行状况等;针对企业运维人员,主要针对其从业资格、职业素养、培训情况、行为规范等方面开展评价;针对企业运维实际成效的监管考核,应包括现场检查接户设施、管网设施及处理终端的运行状况,并通过水质达标情况判断设施运行的效果。

2.政府部门的监管

政府部门主要以相应法律法规、规章制度、标准准则和政策文件作为考核依据。政府部门有时候就是业主单位,也会共同履行业主单位的监管责任。

（1）各级政府部门的监管作用

国家各部委拟定农村生活污水治理的方针、政策和法规，制定行政规章，监督检查农村生活污水治理情况，指导和协调解决环境问题。省、市两级管理部门进行年中检查、年底考核，下达运维管理工作任务并检查落实情况，编制标准规范、行动计划、考核办法等。区、县管理部门进行定期检查、年底考核，督促相关部门处理和解决各级管理人员上报的问题。乡镇街道管理部门进行定期抽查工作，检查运维管理任务落实情况，协调和督促抽查发现的问题，将长时间未整改问题报上级管理部门，并对企业进行运维实效的考核。村组织设置村级监督员，在村民中开展宣传教育，做好日常巡查及管理工作，及时协调和督促巡查发现的问题及村民投诉，对协调、督促处理无效的问题，按照规定履行报告职责。

明确省、市、县三级政府农村生活污水处理设施的建设监管、运维监管、出水水质监管、资金保障职责，明确农村生活污水处理设施运维监管的主管部门，建立部门间协调机制，组织相关部门配合监管工作。

（2）监管规则

科学合理的运维管理工作成效评价体系能保障监管工作更加公平有效地开展。各级政府和相关部门应制定相应的运维监管考核办法，落实各级管理部门的职责。在考核内容上，由于各级管理部门监管工作的侧重点不同，相应的考核评价标准应做出区分：对设区市的考核应包括是否建立监管机制、制定考核与资金管理办法、组织检查考核与培训等；对县（市、区）的考核应在此基础上增加资金拨付情况、开展督查巡查情况、制定年度重点工作计划和实施情况等；对乡镇（街道）的考核应包括管理队伍和日常管理制度的建立情况、巡查记录完整性、信息上报及时性等。在考核形式上，除主管部门应牵头各相关部门开展年度考核以外，还应将此项工作列入政府目标责任制考核、乡村振兴相关的专项行动考核中，提高管理部门、运维服务机构对工作的重视程度，压实各级管理人员的监管职责。

业主单位的监管规则，包括对运维服务机构的监管考核，对运维实效的监管考核，以及对下级管理部门的考核。

（3）监管结果

业主单位会对监管考核结果进行反馈，并配套建立相应的奖惩措施，激励运维服务机构、管理部门重视农村生活污水处理设施运维管理工作，及时发现、整改问题。

通过政府监管服务系统实时对处理设施进行监管。区、县主管部门负责开展县级农村生活污水治理监管服务系统的建设、运维、应用，做好与上级监管服务系统的互联互通。系统需围绕覆盖率、达标率等核心指标，对农村生活污水治理全过程实现一网管控，动态展示治理工作基本信息、进度和成果。各级主管部门应通过县级监管服务系统对农村生活污水治理开展效果评价、问题整改，推动落实管理工作。

3.行业协会的管理

（1）行业管理概念

行业管理是按照行业规划、行业组织、行业协调以及按照行业沟通形成的一种行业管理的体制。行业管理一般通过行业协会统一规划、协调、指导和沟通行业企业的生产经营活动来促进行业发展。农村生活污水治理也是通过行业协会发挥共识行业规则、深化技术管理协同、推广试点示范等作用。

（2）行业管理作用

共识行业规则：通过行业协会，组织政府、学术专家、企业组织，共同参与制定农村生活污水治理行业公认的技术标准和执行规范，对农村生活污水治理水质检测合格标准、水质取样方式、水质取样周期、农污设施运维内容、设施设备大修范围界定、运维指导价等方面进行协商确定，实现农村生活污水设施标准化运维和全过程运维。

深化技术管理协同：为提高技术的可落地性和管理的可操作性，以农村生活污水处理设施的长效运维为根本目标，不过分追求单项技术、设备或管理理念的先进程度，而是应深化技术与管理的融合协同，因地制宜开展技术工艺的更新迭代以及管理机制的创新升级。通过行业管理，在技术和管理上，可以对已建设施的运行效果评价和资产管理，进行长期效果跟踪和反复整改，总结经验，反思问题，设计系统性的规划—建设—运维—监管—保障方案，科学指导后续规模化建设工作的开展。

推广试点示范：通过行业管理，可以推动在水环境压力较大、经济基础条件较好的区域率先实行农村生活污水处理设施长效运维监管成套技术和模式应用试点。在做好顶层制度设计的基础上，科学制定阶段管理目标和管理要求，参考明确各级部门管理责任分工，建立部门间工作协调机制，加强工作考核评估；以智慧监控运行管理平台为抓手推动落实标准化运维、信息化监管；同时加强宣传、教育和人才培训，提升社会对农村污水治理的整体认识水平。

（3）行业管理应用案例

以浙江省为例，浙江省村镇建设和发展研究会下设农村生活污水处理设施运维机构评价中心承担了农村生活污水治理设施运维机构服务能力评价工作，对运维机构的实际运维工作开展自律性检查和信用评价等工作。

浙江省村镇建设与发展研究会制定了《农村生活污水治理设施运维机构服务能力评价管理办法》和《农村生活污水治理设施运维机构服务能力评价指南》，作为农村生活污水治理设施运维服务机构能力评价的指导性文件，根据行业自律性和自愿性原则，按照规定的评价指标和程序，对相关单位农村生活污水治理设施运维服务的能力从经营基础、人员、检测能力、平台、设备、业绩要求、管理要求和服务站要求这几个方面进行评价，并将评价结果向社会公开，供公众监督和有关部门、机构及组织采用。开展农村生活污水治理设施运维服务机构的能力评价，主要包括技术审核和现场审核。技术审核重点是根据申报材料，按照评价指标，进行技术审核。现场审核重点是核实申报材料、检查运维质量管理情况，随机抽查运维项目现场运维情况和运维项目服务业站运行情况，以及运维项目当地各级政府和农户的满意度。现场审核应成立现场审核组,邀请技术专家及运维管理相关方参与,并形成现场审核报告。专家审核后,由农村生活污水处理设施运维机构评价中心技术委员会进行会审定级,并颁发评价证书,每年对运维机构进行年审,督促运维机构持续保持运维能力。浙江省村镇建设与发展研究会下设的评价中心行业服务方,在农村生活污水处理设施运维机构信用评价体系、农村生活污水处理设施评价体系、农村生活污水处理设施运维技术工法体系、农村生活污水处理设施运维机构共享资源体系、农村生活污水处理设施运维技术导则标准体系等方面做探索。

4. 社会公众的监督

社会公众应自觉爱护处理设施,可以通过处理终端内标志牌上的监督电话、市长热线等方式进行监督。村民应协助乡镇(街道)和村(居)委员会对农村生活污水治理工作开展监督,自觉维护户内处理设施。社会媒体应承担社会监督的责任,鼓励爱护处理设施的良好行为,监督反馈破坏设施、环境的不良行为,报道鼓励优秀运维服务机构,曝光不作为和不负责的运维服务机构,促进运维市场的良性发展。

7.3 运维组织实施的安全生产

农村生活污水处理设施的运维是众多生产活动中的一种,对安全生产的要求与其他生产活动的要求一样,应尽可能减少和控制不安全因素及其产生的危害。安全生产贯穿于整个运维组织实施的全过程,是非常重要的一个运维措施。运维服务机构应高度重视安全生产,同时行政部门、地方政府和业主单位在监督管理中也应该把安全生产列为重点关注的方面。运维组织实施的安全生产涉及运维实施过程中的所有要素,不仅是设施的安全运行和周边的环境安全,还包括组织实施的人员、设备车辆、实验室等要素的安全,运维组织实施的安全生产需要了解预警预防、现场处理,以及后续改善等一系列工作的内容。

7.3.1 安全生产的相关概念

安全生产是指生产经营活动中,为避免发生人员伤害和财产损失的事故而采取相应的事故预防和控制措施,使生产过程在符合规定的条件下进行,以保证从业人员的人身安全与健康、设备和设施免受损坏、环境免遭破坏,保证生产经营活动得以顺利进行的相关活动。

安全生产管理是指运用人力、物力和财力等有效资源,利用计划、组织、指挥、协调、控制等措施,控制物的不安全因素和人的不安全行为,实现安全生产的活动。安全生产管理的最终目的是减少和控制危害和事故,尽量避免生产过程中发生人身伤害、财产损失、环境污染以及其他损失。

生产安全事故是指在生产经营活动中发生的事故。依据《企业职工伤亡事故分类

（GB 6441—1986）》，按事故致害原因的不同，可分为物体打击、机械伤害、起重伤害、触电、高处坠落、坍塌、中毒和窒息等 20 个类别。依据《生产安全事故报告和调查处理条例》，按生产安全事故造成的人员伤亡或者直接经济损失，可将事故分为特别重大事故、重大事故、较大事故、一般事故四个等级。特别重大事故是指造成 30 人以上死亡，或者 100 人以上重伤（包括急性工业中毒，下同），或者 1 亿元以上直接经济损失的事故；重大事故是指造成 10 人以上 30 人以下死亡，或者 50 人以上 100 人以下重伤，或者 5000 万元以上 1 亿元以下直接经济损失的事故；较大事故是指造成 3 人以上 10 人以下死亡，或者 10 人以上 50 人以下重伤，或者 1000 万元以上 5000 万元以下直接经济损失的事故；一般事故是指造成 3 人以下死亡，或者 10 人以下重伤，或者 1000 万元以下直接经济损失的事故。

7.3.2 运维安全生产责任

运维组织实施的安全生产落实责任在于运维服务机构，运维组织实施安全生产的监管责任在于政府监管部门。

1.运维服务机构的安全生产责任体系

对于运维服务机构来说，安全生产涉及每个员工，如果不明确各参与方的安全管理责任，就会造成安全生产责任落实不到位、运维现场安全管理混乱、事故隐患不能及时发现和整改等生产安全事故的发生。建立一个既有明确的任务、职责和权限，又能互相协调、互相促进的安全生产责任体系，确保农村生活污水处理设施运维过程中各项活动处于有效的规范和约束之中。安全生产责任体系主要包括生产安全的相关责任人、专管人员、相关部门以及运维安全生产相关的制度。

（1）运维服务机构安全生产责任人

运维服务机构安全生产责任人包括单位负责人、负责运维安全生产的专管人员及安全生产管理员、具体负责日常运维的运维小组及运维人员。责任人从运维组织实施各个环节关注生产安全，各自承担相应范围的安全生产责任。

运维服务机构负责人是本单位安全生产的第一责任者，全面负责安全生产工作。其主要安全责任如下：建立健全本单位安全生产责任制；组织制定本单位安全生产规章制度和操作规程；组织制订并实施本单位安全生产教育和培训计划；保证本单位安全生产投入的有效实施；督促、检查本单位的安全生产工作，及时消除生产安全事故隐患；组织制订并实施本单位的生产安全事故应急救援预案；及时、如实报告生产安全事故。

安全生产管理员是从事生产工作现场安全、监督、检查、管理的人员。其主要安全职责包括：组织或者参与制定本单位安全生产规章制度、操作规程和生产安全事故应急救援预案；组织或者参与本单位安全生产教育和培训，如实记录安全生产教育和培训情况；督促落实本单位重大危险源的安全管理措施；组织或者参与本单位应急救援演练；检查本单位的安全生产状况，及时排查生产安全事故隐患，提出改进安全生产管理的建议;制止和纠正违章指挥、强令冒险作业、违反操作规程的行为;督促落实本单位安全生产整改措施。

运维小组是做好运维服务机构安全生产工作的关键,运维小组一般由组长和若干运维人员组成,组长的主要职责是贯彻执行运维单位对安全生产的规定和要求,督促本小组遵守有关安全生产规章制度和安全操作规程,切实做到不违章指挥,不违章作业,遵守劳动纪律;运维人员的主要职责是接受安全生产教育和培训,遵守有关安全生产规章和安全操作规程,遵守劳动纪律,不违章作业。

（2）运维安全生产责任制度

运维安全生产责任制度是根据我国的安全生产方针"安全第一、预防为主、综合治理"和安全生产法规,针对运维服务机构各岗位人员在运维生产过程中的安全生产职责所建立的制度。机构负责人对运维安全生产全过程负责;职能部门从预防、处理、报告、善后、持续改进等方面对安全生产过程进行监督和跟进;技术人员认真执行相关安全技术规定,保障施工生产中的安全技术措施的制定与实施;岗位操作人员按照安全生产规章制度进行具体的作业。

运维安全生产责任制是运维服务机构安全生产职责的具体体现,也是运维服务机构安全生产管理的基础,对运维实施过程中所有的安全预警、隐患和相关责任人以制度的形式加以明确。运维安全生产责任制的内容一般包括安全目标、安排培训和教育、安全监督检查、安全隐患排查治理、危险工作管理、安全事故报告、员工劳动安全纪律、应急救援和救护、安全应急预案等。

2.政府监管部门的运维安全生产监管责任

政府监管部门的运维安全生产监管,是运维安全生产工作的重要保障力量,在整个运维安全生产过程中起到预警预防安全生产事故发生、维护运维安全生产正常秩序、保障安全生产顺利开展的作用。运维监管部门的运维安全生产监管,主要开展以下几方面的工作:进入农村生产污水运维现场进行检查,调阅有关资料,向有关运维服务机构和人员了解情况;对检查中发现的安全生产问题,当场予以纠正或者要求限期改正;对依法应当给予行政处罚的,依照有关法律、行政法规规定作出行政处罚决定;对检查中发现的事故隐患,应当责令立即排除;重大事故隐患排除前或者排除过程中无法保证安全的,应当责令从危险区域内撤出作业人员,责令暂时停产、停业或者停止使用相关设施、设备;重大事故隐患排除后,经审查方同意,方可恢复生产和使用;对不符合安全生产国家标准或者行业标准要求的设施、设备、器材予以查封或者扣押,并依法作出处理决定;建立举报制度,受理有关安全生产的举报。

7.3.3 运维安全生产管理

运维工作的安全生产管理是通过安全防护和预警防止安全事故的发生,如果一旦出现安全事故,则应及时处理,将安全事故带来的损失降至最低。在事故发生以后,重新总结操作流程和制度规范,改进生产流程、预防安全事故再次发生、提升安全事故应对策略。运维服务机构主要安全生产管理内容见图 7-17。

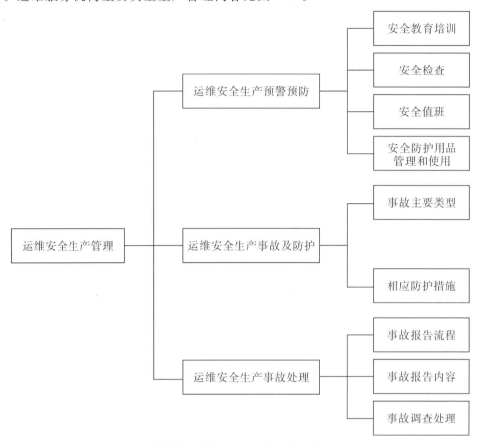

图 7-17　运维机构安全生产管理内容

1.运维安全生产预警预防

(1)运维安全教育培训

运维安全教育培训主要是指运维服务机构内部开展的教育培训,是确保运维安全生产的重要环节。培训对象主要是机构主要负责人、安全生产管理人员、新入职的运维人员、普通职工。主要类型有各级岗前培训,年度安全教育培训,作业人员转场、转岗和复岗安全培训,季节性安全教育培训以及其他形式的安全教育培训。运维安全生产的培训主要是让各岗位人员了解运维安全生产知识,掌握运维安全生产流程,做好安全事故处理和后续整改。

运维安全培训内容主要有:国家安全生产方针、政策和有关安全生产的法律、法规、规章及标准;安全生产管理基本知识、安全生产技术、安全生产专业知识;重大危险源管理、重大事故防范、应急管理和救援组织以及事故调查处理的有关规定;职业危害及其预防措施;国内外先进的安全生产管理经验;典型事故和应急救援案例分析;职业危害及其预防措施;运维设备结构性能、安全操作规程和排除不安全因素的紧急措施,劳动保护用品的使用等;从事工种可能遭受的职业伤害和伤亡事故;所从事工种的安全职责、操作技能及强制性标准;运维区域安全生产状况及规章制度等。

（2）运维安全检查

运维安全检查,这里指的是运维服务机构内部开展的检查工作,主要是消除事故隐患,预防事故,保证安全生产的重要手段和措施。为了不断改善运行条件和维护环境,使作业环境达到最佳状态,可采取有效对策,消除不安全因素,保障安全生产。

对农村生活污水处理设施运维,安全检查的主要内容有:下井下池的防护,运维用电、机电设备安全设施、操作行为、劳动防护用品的正确使用,安全防火设施、化学药品的使用等。

安全检查的方法主要有:定期检查、突击性检查、专业性检查、季节性和节假日前后的检查。

运维服务机构项目负责人应根据运行维护现场具体情况定期对安全生产情况进行检查;各运维班组应对运维安全进行自检,随时消除安全隐患。对有可能发生重大伤亡事故、设备事故、交通、火灾事故等的区域,应组织突击检查。

对于运行维护中存在的特殊问题,如设施设备、下井下池、临时用电等,可组织单项检查,必要时进行专项治理。

针对气候特点,如冬季、夏季、雨季可能给运行维护工作造成困难,应提前做好冬季防冻、防寒、防滑、防火,夏季防暑降温,雨季防汛工作;针对重大节假日前后,防止职工纪律松懈,思想麻痹,要认真做好安全教育,落实安全防范措施。

对检查出事故隐患的,应及时予以处理,重大事故隐患要填写事故隐患指令书,落实专人限期整改。

（3）运维安全值班

加强农村生活污水处理设施运行维护的安全管理,消除生产过程中的不安全因素和安全管理中的薄弱环节,安全生产值班制度地制定可把农村生活污水处理项目安全工作落到实处。

①运维项目人员安全值班制度

运维项目成员轮流安全值班。值班期间,做好安全管理工作详细检查各作业面的安全生产情况,发现事故隐患,应立即整改。值班期间,不得离开作业现场,上下班都需要清查人数。运维项目安全值班人员负责值班期内发生的工伤事故调查、分析和值班记录。

②运维现场值班人员安全责任

运维现场值班人员,应保证通信畅通,重要时期不离岗、脱岗。特殊岗位人员需24小时值岗。值班人员要认真填写安全值班记录。

运维现场值班人员,除做好自身的安全防护工作外,还应对进入现场的外来人员,提供必要的劳动防护用品,并在危险区域应当悬挂或者喷涂符合国家标准要求的警示标志。

运维现场值班人员,对值班管辖范围内发生的事故或有重大隐患但未发生的事件,要认真参加事故处理。按照事故原因未查清不放过、责任人员未受到处理不放过、事故责任人和周围群众没有受到教育不放过、事故制度的切实可行的整改措施未落实不放过的"四不放过"原则,以实例教育员工,采取切实可行的防护措施,预防事故再次发生。

(4)运维安全防护用品管理和使用

对于运维服务机构安全生产的一个重要预防环节就是安全防护用品的管理和使用。防护用品往往在安全事故发生时起到很好的自身保护作用,也是运维服务机构在实施安全生产之前应该妥善保护的重要物资。这里所指的劳动防护用品是由农村生活污水运行维护单位为从业人员配备的,使其在运维过程中免遭或者减轻事故伤害及职业危害的个人防护装备。使用劳动防护用品,是保障从业人员人身安全与健康的重要措施,也是农村生活污水处理日常安全生产的重要工作内容。运维安全防护用品主要有以下几类。

头部防护用品:头部防护用品是指为防御头部不受外来物体打击、挤压伤害和其他因素危害配备的个人防护装备,如处理设施运维过程使用的防护帽、工作帽、安全帽等。

呼吸器官防护用品:呼吸器官防护用品是指为防御有毒有害气体由呼吸道吸入,或向使用者供氧,保证尘、毒污染或缺氧环境中运维人员能正常呼吸的防护用具。在农村生活污水处理设施运维过程中,厌氧生化等过程产生的硫化氢等有毒有害气体对人体有较大伤害,必须得到有效防护,接触这类气体的人员应佩戴防毒面罩、空气呼吸器等。

眼面部防护用品:眼面部防护用品是指用于运维作业人员的眼睛及面部免受粉尘、颗粒物、金属火花、烟、化学飞溅物等外界有害因素的个人防护用品。例如,在农村生活污水处理设施运维过程中,常用的有焊接护目镜和防护面罩等。

听觉器官防护用品:听觉器官防护用品是指能够防止过量的声能侵入外耳道,使人耳避免噪声的过度刺激,减少听力损失,预防噪声对人身引起的不良影响的个体防护用品,如耳塞、耳罩等。在农村生活污水处理设施运维中,一般没有高噪声声源,但在有高噪声声源的特殊场合应佩戴耳塞等防护用具。

手部防护用品:手部防护用品指保护手和手臂,供运维人员工作时戴用的手套(劳动防护手套),如一般工作手套、防静电手套、绝缘手套、防化学品手套、防机械伤害手套、防酸碱手套、焊接手套等。

足部防护用品:足部防护用品指防止生产过程中有害物质和能量损伤运维作业人员足部的护具,通常称为劳动防护鞋,如作业人员运维过程中穿的防寒鞋、防静电鞋、电绝缘鞋等。

躯干防护用品:躯干防护用品即通常讲的防护服,如农村生活污水运维过程中下池作业用的防水服、防寒服等,尤其是化粪池的清掏,必须穿戴好躯干防护服。

坠落防护用品:坠落防护用品指防止高处作业坠落或高处落物伤害的防护用品,如管网和处理设施检查井(孔)的安全网,下井(池)安全带等。

正确使用劳动防护用品是保护职工安全、防止职业危害的必要措施。按照"谁用工,谁负责"的原则,运维服务机构应依法为运维人员提供符合国家标准的、合格的劳动防护用品,并监督、指导正确使用。运维服务机构应确保配备劳动防护用品专项经费的投入,建立完善劳动防护用品的采购、验收、保管、发放、使用、更换、报废等规章制度,加强劳动防护用品的储备和管理。

劳动防护用品应当按照要求妥善保存,及时更换。公用的劳动防护用品应当由运维服务机构统一保管,定期维护。运维服务机构应当对应急劳动防护用品进行经常性的维护、检修,定期检测劳动防护用品的性能和效果,保证其完好有效。运维服务机构应当按照劳动防护用品发放周期定期发放,对运维过程中损坏的,运维服务机构应及时更换。安全帽、呼吸器、绝缘手套等安全性能要求高、易损耗的劳动防护用品,应当按照有效防护功能最低指标和有效使用期,到期强制报废。

2.运维安全生产事故及防护

由于农村生活污水处理设施所处的地理位置往往在农村户外,地形比较复杂,所以在运维过程中往往会存在多种安全生产的隐患。运维服务机构需要通过各种措施和运维人员的经验加以识别,防患于未然。运维安全生产事故及防护措施主要包括以下几种。

(1)触电安全事故及防护措施

农村生活污水处理站点常采用电力设备,存在一定的用电安全问题,容易发生触电伤亡事故。触电事故中,绝大部分是人体接受电流遭到电击导致人身伤亡。当人体接触电流时,轻者立刻出现惊慌、呆滞、面色苍白,接触部位肌肉收缩,且有头晕、心动过速和全身乏力。重者出现昏迷、持续抽搐、心室纤维颤动、心跳和呼吸停止。触电事故造成的后果比较严重,因此,运维服务机构的每个员工都必须高度重视安全用电,掌握必备的电气安全技术知识。主要的防护措施如下:

①运维服务机构的防护措施

应建立、健全用电设施的运行及维护操作规程,运维人员必须学习、熟悉安全用电的操作规程。运维涉电工种必须持证上岗,无证人员不得从事电气设备及电气线路的安装、维修和拆除,严禁私拉乱接电源;严禁在高压线下方搭设临时用电设施;在高压线一侧作业时,必须保持至少 6m 的水平距离,达不到上述距离时,必须采取隔离防护措施。

②现场运维人员的防护措施

在搬运运维设备、管材配件时,不能触摸、拉动电线或电线接触钢丝和电杆的拉线。较长的金属物体,如监控支架等材料时,应注意不要碰触到电线;在检修保养污水处理设备,如水泵、风机等,必须先切断电源,不得带电操作;电动工具(如手持切割机、电钻等设备)发现绝缘损坏,如电源线或电缆护套破裂、接地线脱落、插头插座开裂导致接触不良等问题时,应立即修理;定期检查处理设施的接地装置,电气设备明显部位应设"严禁靠近,以防触电"的标志。

（2）人畜跌落（水）安全事故及防护措施

农村生活污水处理的某些单元的水深或池高可达到 3m 甚至更深。部分站点建在农户居住户附近，孩童、人畜有落入的危险。一旦落入水中，水、有毒有害气体和污泥水吸入肺内或喉部有可能造成落水伤亡事故，必须做好防护措施。主要防护措施如下：

①运维服务机构的防护措施

规范污水窨井设施的质量标准和技术条件。对井盖型号、材质、标识要求进行统一规范，根据道路荷载要求，达到相应的强度标准。如有行人、机动车辆通过的污水窨井，其井盖应满足车辆通行承重的要求；对于无全日值守的站点，不宜设敞开式的污水池；每个农村生活污水处理站点设护栏，护栏悬挂"严禁攀爬，禁止翻越"告示牌；设在主路面上的井盖，管网路线复杂致使检查井盖增多的地方，运维服务机构编制管线检查井巡检计划和管理办法，明确相关人员工作内容及责任。

②现场运维人员的防护措施

加强有安全隐患污水池的巡检频次，确保盖板封盖到位，必要时应加锁防开盖。维修井的检查人孔设置防坠网，防止行人、小孩及牲畜掉入池内；丢失污水池和管网窨井盖时，需在其周围设置醒目的安全防护栏和警示标志，夜间设置红色警示灯。

（3）物体打击安全事故及防护措施

物体打击伤害是各行业常见事故中"五大伤害"之一，农村生活污水运维也不例外。打击伤害大部分是作业人员违章操作或不按规定穿戴劳动保护用品造成的。主要防护措施如下：

①运维服务机构的防护措施

加强现场运维人员的安全教育和培训，树立安全责任意识、培养安全规范行为、熟悉工艺设备操作并保持整洁规范的作业现场；如发生物体打击，应马上组织人员抢救伤者，拨打 120 尽快将伤者送往医院进行救治。

②现场运维人员的防护措施

运维人员在开启和关闭污水池、管网井盖时，穿戴劳动防护用品，持专业开井盖工具操作，严禁用手指开盖。检修作业中使用绳索、钩子等应当牢固无损坏，防止物件坠落伤人；在检修设备时，作业场所必须设置检修工具存放箱。防止作业人员传送物品失手或摆放不稳时，工具掉落砸伤自己或旁边的作业人员。拆除、拆卸作业时，四周必须有明确的安全标志，配备监护人员或指挥人员；在处理设施检修过程中，严格按生产作业安全要求进行操作，不得为图省事，将作业需用物料、拆卸的辅助材料、剩余材料、用完的工具、清理的废弃物等以扔代运、以扔代传的方式进行操作。

（4）有毒有害气体中毒事故及防护措施

农村生活污水处理设施主要的有毒有害气体为甲烷、硫化氢、一氧化碳和二氧化碳等。这些气体主要来源是厌氧生化，比如调节池、厌氧池、泵站、污泥消化池和化粪池等。工作人员进入这类封闭区域时，如果操作不当有可能发生中毒事件。主要防护措施如下：

①运维服务机构的防护措施

运维各处理设施站点的有毒有害区域和地点,必须设立醒目的警示标志牌、围栏、警戒线等,以提醒人们注意,禁止接近;定期培训有毒有害区域或危险区域工作的运维人员,确保运维人员懂得足够的防中毒常识及中毒后的急救办法;如发生运维作业人员有毒有害气体中毒事件,应马上组织人员抢救伤者,拨打120尽快将伤者送往医院进行救治。

②现场运维人员的防护措施

运维人员在生产过程中应加强通风排毒。有可能产生有毒有害气体的场所应安装通风设备,且应事先进行通风换气,检测硫化氢等相关气体指标,必要时采用活鸡、活鸭等试验,必须严格遵守"先通风、再检测、后作业"的原则,决不可凭嗅觉判断是否含有有毒有害气体;对测得有硫化氢的作业场所,应加强人身防护,工人进入时应佩戴氧气呼吸器或有灰色色标滤毒罐的防毒面具,且必须有责任心强的工人在外监护,严禁单人作业。

(5)易燃、易爆气体爆炸事故及防护措施

农村生活污水处理过程中产生的易燃、易爆气体主要是沼气(甲烷),其主要来源是污水的厌氧生化过程,如调节池、厌氧池、泵站、污泥消化池和化粪池等。工作人员在进入相关区域时,必须采取有效措施防止发生爆炸事故。主要防护措施除需按有毒有害气体进行通风外,还应采取如下防护措施。

①运维服务机构的防护措施

对从事涉及易燃易爆气体的运维人员必须进行上岗前的安全培训,确保其熟练掌握安全操作规程,严格执行安全消防管理;相关的电气设备必须符合国家现行有关易燃易爆危险场所的电气安全规定;此外,易燃易爆的危险区域应配有适用的消防器材或灭火措施。

②现场运维人员的防护措施

在有可能产生易燃、易爆气体站点作业前,相关人员应检测易燃、易爆气体浓度,严格控制检测值在该气体易燃、易爆下限以内。

(6)机械伤害事故及防护措施

农村生活污水处理设施配有水泵、风机等常用机械设备,在操作不当时其转动部件会对人员造成机械伤害事故。机械伤害事故主要是人的不安全行为、机械本身的不安全状态、环境及管理不善所造成的。主要防护措施如下:

①运维服务机构的防护措施

制定详细的机械设备操作规程,并对相关人员开展培训,加强安全意识、提高操作能力、增进业务水平;发生机械设备伤害事故,应马上组织人员抢救伤者,拨打120尽快将伤者送往医院进行救治。

②现场运维人员的防护措施

定期对污水处理设备进行检查,及时处理设备存在的安全隐患问题,使机械设备的各种安全防护措施处于完好状态;运维作业时必须配备合格的个人劳动防护用品并能正确使用。

（7）生物感染事故及防护措施

农村生活污水中常含有各种病原体,如寄生虫、真菌、细菌、螺旋体、支原体、立克次体、衣原体、病毒等。作业人员如在无防护措施下,通过受污染的水接触到这些病原体时,就会有很大的感染风险。主要防护措施如下:

①运维服务机构的防护措施

定期对现场运维人员进行安全教育培训,增强运维人员生物感染的防护意识及防护行为,了解生物感染相关知识及防护措施。

②现场运维人员的防护措施

运维操作人员在开展具有潜在感染可能性的污水作业时,应佩戴合适的手套、安全眼镜、面罩或其他防护设备;手套用完后,应先消毒再摘除,随后必须洗手;水质分析人员在化验分析过程中,必须配置个人防护用品,工作完毕后应及时洗手、消毒,清除或减少皮肤上病菌的密度。

（8）火灾事故及防护措施

农村生活污水处理设施很少发生火灾,但由于在运维过程中存在易燃、易爆气体和用电设备,仍有发生火灾的可能性,所以运维服务机构应制定相关的安全技术措施。作业前应采取必要的通风措施并远离火源;对运维作业人员进行岗前培训,防止违章作业并配备必要的消防器材。除前已述及的易燃、易爆气体防护和用电安全防护措施外,还应采取以下防护措施。

①运维服务机构的防护措施

由于大多数农村生活污水处理站点建在室外,电气线路易老化、线路隐患多且隐蔽性强,隐患不易发现,加之站点数量众多,管理难度大,因电气故障引发火灾事故的风险比较高。因此,需加强电气线路的检查以防火灾发生;如农村生活污水处理站点建有木质设备房,应配备灭火用具,按照国家、行业有关规定定期检验并取得安全证书;污水处理材料(如生物填料、药剂)的堆放、保管,应符合防火安全要求,库房应用非燃材料搭设;易燃、易爆物品应专库储存、保管,分类单独堆放,保持通风,用火符合防火规定;易发热和易产火花的电气设备应与易燃气体(污水中沼气)应保持一定的距离。

②现场运维人员的防护措施

污水处理设施避雷装置要注意检修保养,保持接地良好。有静电时还要做好由静电引起火灾的防护;电气设备确保其严格按设计负载运行,做好检修保养并保持通风良好;火灾发生时,一时难以扑灭或有可能引起严重后果时,应立即通知公安消防部门,不可延误时机。

（9）蛇虫咬伤事故及防护措施

农村生活污水处理设施分布地形多样,不少站点杂草丛生,运维人员在巡检过程中,很容易受到野外吸血昆虫、蜱和螨的叮咬或被毒蛇咬伤。轻则造成皮肤瘙痒、红肿,重则有可能感染造成严重的伤害甚至死亡。主要防护措施如下：

①运维服务机构的防护措施

定期安全培训内容中应包含防蛇、昆虫方面的知识；一旦被蛇或昆虫咬伤出现不良症状，应立即拨打120急救电话，尽快将伤者送往医院进行救治。

②现场运维人员的防护措施

作业人员务必每人带手杖、木棍等，穿戴好手套、防滑鞋、便于穿脱的外套、长袖长裤，扣紧衣领、袖口、裤口；尽量避免在草丛中行走，如果必须穿越草丛的，先用木棍敲打草丛，以起到"打草惊蛇"的效果，驱赶蛇虫；也可采用花露水、风油精、清凉油等有驱虫作用的用品喷洒身上的方法。

（10）极端恶劣天气下的安全事故及防护措施

恶劣天气是运维中经常遇到的事，应做到早预料、早准备，一旦自然灾害来袭，能有备无患，减少对运维质量的影响。主要防护措施如下：

①运维服务机构的防护措施

确保运维中心24小时有人值班，手机24小时开通，随时做好应急处理准备；与当地有关政府部门保持联系，当遇到暴风雨时，及时报告当地政府，必要时请求支援。

②现场运维人员的防护措施

运维人员须提前到污水处理站点对站点设备进行排查，必要时进行加固、关闭动力设备，做好物资准备。根据项目特点，车辆保持完好状态，准备好发电机、水泵、水管、空压机、工业用盐等防灾物资；灾害结束后，及时进行相关污水处理站点的现状排查，对所有设备进行检查，对于出现故障、损坏的设备及时进行设备维修与更换；设备检查完毕后进行通水通电，启动调试处理设施，确保出水水质正常。

（11）行车安全事故及防护措施

由于农村生活污水处理设施站点分布比较分散，在开展巡检、养护、维修等现场工作时，一般须配备机动车辆作为交通工具。站点又多分布在农村户外，地形比较复杂，故容易发生行车安全事故。

①运维服务机构的防护措施

制定车辆管理制度，规范各类运维车辆管理、私车公用管理、驾驶员管理，以确保行车安全、车辆良好的运行状况以及保养和维修的及时、经济、可靠。

②现场运维人员的防护措施

驾驶员须遵守《中华人民共和国道路交通安全法》，确保行车安全；出车前，对车辆的安全技术性能进行认真检查，不得驾驶安全设施不全或者机件不符合技术标准等具有安全隐患的车辆；行车执行运维工作任务时，严格遵守交通规则，安全行车。严禁酒后驾车、疲劳驾车和带"病"驾车等，杜绝一切事故的发生；出车使用完后，严格按规定停放在运维服务机构指定的地点或位置并做好车辆的定期保养和卫生清洁工作。如遇车辆于行驶途中发生故障或其他损耗，驾驶员应立即将车停靠到道路右侧安全地带，在来车方向距故障车50~100m(高速公路不低于150m)处摆放故障车警示牌，亮起示宽灯。妥善安置故障车后,初步判定故障原因,排除故障。难以自行排除的,应维护现场秩序,确保车辆、随车物品的安全,同时报告运维班组负责人,等待救援。

3.运维安全生产事故处理

在运维实施过程中,一旦发生生产安全事故,运维服务机构应按照现场应急处理方案实施处理,如果现场靠运维服务机构处理不了,应该及时联系医疗求助或者寻求警方、消防等政府应急部门的帮助,此外,还需要及时开展生产安全事故报告。运维服务机构的事故报告动作应及时,报告内容应准确、完整,不可迟报、漏报、谎报或者瞒报。

(1)事故报告的流程

①运维服务机构的事故报告流程

运维安全生产事故发生后,事故现场有关运维人员应当立即向运维服务机构负责人报告;运维服务机构负责人接到报告后,应当于1小时内向事故发生地县级以上人民政府安全生产监督管理部门和负有安全生产监督管理职责的有关部门报告。

情况紧急时,事故现场有关运维人员可以直接向事故发生地县级以上人民政府安全生产监督管理部门和负有安全生产监督管理职责的有关部门报告。

②安全生产监督管理部门的报告流程

安全生产监督管理部门和负有安全生产监督管理职责的有关部门接到事故报告后,应当依照下列规定上报事故情况,并通知公安机关、劳动保障行政部门、工会和人民检察院。

特别重大事故、重大事故逐级上报至国务院安全生产监督管理部门和负有安全生产监督管理职责的有关部门;较大事故逐级上报至省、自治区、直辖市人民政府安全生产监督管理部门和负有安全生产监督管理职责的有关部门;一般事故上报至设区的市级人民政府安全生产监督管理部门和负有安全生产监督管理职责的有关部门。

安全生产监督管理部门和负有安全生产监督管理职责的有关部门依照规定上报事故情况,应当同时报告本级人民政府。国务院安全生产监督管理部门和负有安全生产监督管理职责的有关部门以及省级人民政府接到发生特别重大事故、重大事故的报告后,应当立即报告国务院。必要时,安全生产监督管理部门和负有安全生产监督管理职责的有关部门可以越级上报事故情况。安全生产监督管理部门和负有安全生产监督管理职责的有关部门逐级上报事故情况,逐级上报期间时间间隔不得超过2小时。

(2)事故报告的内容

事故报告应当包括下列内容:事故发生单位概况;事故发生的时间、地点以及事故现场情况;事故的简要经过;事故已经造成或者可能造成的伤亡人数(包括下落不明的人数)和初步估计的直接经济损失;已经采取的措施;其他应当报告的情况。事故报告后出现新情况的,应当及时补报。

自事故发生之日起30日内,事故造成的伤亡人数发生变化的,应当及时补报。道路交通事故、火灾事故自发生之日起7日内,事故造成的伤亡人数发生变化的,应当及时补报。

（3）运维事故调查处理

事故调查处理应当坚持实事求是、尊重科学的原则，及时、准确地查清事故经过、事故原因和事故损失，查明事故性质，认定事故责任，总结事故教训，提出整改措施，并对事故责任者依法追究责任。

①运维事故调查

运维事故调查旨在弄清楚事故发生的原因，明确责任人和责任范围，对于事故调查也要根据事故严重程度，分别通过不同的机构实施。重大事故、较大事故、一般事故分别由事故发生地省级人民政府、设区的市级人民政府、县级人民政府负责调查。省级人民政府、设区的市级人民政府、县级人民政府可以直接组织事故调查组进行调查，也可以授权或者委托有关部门组织事故调查组进行调查。未造成人员伤亡的一般事故，县级人民政府也可以委托事故发生单位组织事故调查组进行调查。

运维事故发生后，运维服务机构应当第一时间根据事故的具体情况，遵循精简、效能的原则组成事故调查组并展开调查，在最短的时间内查明事故发生的经过、原因、人员伤亡情况及直接经济损失；认定事故的性质和事故责任；提出对事故责任者的处理建议；总结事故教训，提出防范和整改措施；并提交事故调查报告。

②运维事故处理

对于运维过程中出现的事故可以总结为：一是防护或预警工作做得不到位，出现操作失误或者人员伤亡，如触电、虫咬或者极端天气下作业出现事故。如果在运维服务机构已经有规范的流程和预警机制时，需要从运维工作流程机制上找出哪个环节出现错漏导致事故的发生。二是外部环境出现重大变化，给运维工作带来巨大的影响而出现的事故，比如突发的交通事故、疫情等影响，应该积极总结事故发生的原因及防范经验，改进应急预案，提升应对效果。另外，某些事件发生后，运维服务机构本身缺乏一定调动资源的能力，为防止事态扩大，应积极寻求广泛的社会力量共同控制事故的二次发酵。三是新技术、新方式带来的运维工作不适应造成的运维事故，运维服务机构应进一步强化自我提升机制，对运维人员、运维服务机构的运作模式都应进行提升学习和重新架构。

运维机构在事故调查以后，应当认真吸取事故教训，有针对性地落实防范和整改措施，防止事故再次发生，并对涉事项目部整改防范措施的落实情况进行强化监督，对其他有类似性质的项目部进行安全隐患检查，对项目部负有事故责任的人员进行罚款、调岗、辞退等处理。

主要参考文献

[1]沈慧.浙江省农村生活污水处理设施运维服务指导价研究[D].杭州:浙江工业大学,2019.

[2]浙江省住房和城乡建设厅.农村生活污水治理设施运行维护技术管理150问

［M］.北京:中国建材工业出版社,2016.

　　［3］沈晓南.污水处理厂运行和管理问答［M］.2版.北京:化学工业出版社,2012.

　　［4］余佳龙,余晓燕.农村生活污水处理设施长效运维管理模式分析［J］.现代农业科技,2015(9):223-225.

附　录

名称	二维码
附录 1　pH 测定	
附录 2　悬浮物测定	
附录 3　化学需氧量（重铬酸盐法）	
附录 4　化学需氧量（快速消解分光光度法）	
附录 5　五日生化需氧量	
附录 6　氨氮（水杨酸分光光度法）	
附录 7　氨氮（纳氏试剂分光光度法）	
附录 8　氨氮（蒸馏中和滴定法）	

续表

名称	二维码
附录 9 总氮(碱性过硫酸钾消解紫外分光光度法)	
附录 10 总氮(流动注射-盐酸萘乙二胺分光光度法)	
附录 11 总磷(钼酸铵分光光度法)	
附录 12 总磷(流动注射-钼酸铵分光光度法)	
附录 13 石油类和动植物油类	
附录 14 粪大肠菌群(多管发酵法)	
附录 15 粪大肠菌群(滤膜法)	
附录 16 农村生活污水运维项目排查问题记录表	
附录 17 农村生活污水运维项目设施移交清单	
附录 18 项目运维资料移交清单	